建筑工程建设与项目管理

熊中洋　刘　梅　刘志磊　主编

中国·广州

图书在版编目（CIP）数据

建筑工程建设与项目管理 / 熊中洋，刘梅，刘志磊主编． -- 广州：广东旅游出版社，2025.4. -- ISBN 978-7-5570-3560-0

Ⅰ．TU712.1

中国国家版本馆 CIP 数据核字第 20256FX938 号

出 版 人：刘志松
责任编辑：魏智宏　黎　娜
封面设计：刘梦杳
责任校对：李瑞苑
责任技编：冼志良

建筑工程建设与项目管理
JIANZHU GONGCHENG JIANSHE YU XIANGMU GUANLI

广东旅游出版社出版发行
（广东省广州市荔湾区沙面北街 71 号首、二层）
邮编：510130
电话：020-87347732（总编室）020-87348887（销售热线）
投稿邮箱：2026542779@qq.com
印刷：廊坊市海涛印刷有限公司
地址：廊坊市安次区码头镇金官屯村
开本：710 毫米 ×1000 毫米　16 开
字数：303 千字
印张：18.5
版次：2025 年 4 月第 1 版
印次：2025 年 4 月第 1 次
定价：76.00 元

[版权所有，翻版必究]
本书如有错页倒装等质量问题，请直接与印刷厂联系换书。

编委会

主　编　熊中洋　刘　梅　刘志磊

副主编　陈　建　杨　潇　李　杨

　　　　李传贵　刘　洋　刘　彪

　　　　王献礼　杨建新

前　言
PREFACE

　　建筑工程建设与项目管理是当今社会经济发展的重要支柱之一，其影响力贯穿国民经济的多个领域。作为一种复杂的社会生产活动，建筑工程建设不仅涉及资源的高效利用和空间的创造，还与城市化进程、环境保护和社会进步密切相关。在全球化和现代化的浪潮下，建筑行业的技术水平不断提高，项目管理理念也日益成熟，这为建筑工程的高质量发展提供了强有力的支持。然而，伴随着建设规模的扩大和技术的复杂化，建筑工程建设与项目管理的重要性更加凸显。科学的项目管理能够有效降低资源浪费、提升工程质量、缩短建设周期，并保障施工安全。它已不仅仅是工程执行的技术支持，还是一种战略工具，能够优化资源配置，实现项目整体效益的最大化。因此，建筑工程建设与项目管理在这一背景下显得尤为重要，它为建筑工程的顺利实施提供了理论支持和实践指导。

　　尽管建筑工程建设与项目管理取得了长足的进步，但现实中仍然存在诸多问题和挑战。一方面，在工程项目的实施过程中，质量管理常常因监管机制不完善而出现漏洞，导致工程质量隐患难以及时发现并消除。另一方面，成本管理的精准性有待提高，由于预算控制和实际执行之间存在偏差，许多项目难以实现预期的经济效益。此外，施工现场的安全管理也面临巨大压力，事故发生率仍居高不下，尤其是危险源的识别和应对机制不够完善，直接威胁着施工人员的生命安全和项目的顺利实施。同时，随着绿色建筑和可持续发展理念的普及，如何在工程建设中平衡经济效益与环境效益，成为一项长期的挑战。以上问题不仅反映了行业现状的复杂性，也对从业者的管理水平提出了更高的要求。本书旨在系统分析建筑工程建设与项目管理领域的理论与实践，并对行业中的主要问题提出针对性的改进建议，希望为行业从业者和研究人员提供有益的借鉴和指导。由于作者水平有限，书中难免存在不足之处，欢迎广大读者批评指正，以助于进一步完善内容。

目 录
CONTENTS

第一章　建筑结构的分类与体系 …………………………………………… 1

　　第一节　建筑的构成与建筑物的分类 ……………………………………… 1

　　第二节　建筑结构的发展与分类 …………………………………………… 5

　　第三节　建筑结构体系种类 ………………………………………………… 10

第二章　土方工程施工 …………………………………………………………… 22

　　第一节　岩土的工程分类及工程性质 ……………………………………… 22

　　第二节　土方工程量计算及场地土方调配 ………………………………… 24

　　第三节　土方工程施工方法 ………………………………………………… 28

　　第四节　基坑开挖与支护 …………………………………………………… 33

　　第五节　施工排水与降水 …………………………………………………… 41

　　第六节　基坑验槽 …………………………………………………………… 47

第三章　地基处理与基础工程施工 …………………………………………… 49

　　第一节　地基处理 …………………………………………………………… 49

　　第二节　浅基础施工 ………………………………………………………… 59

　　第三节　桩基础施工 ………………………………………………………… 70

　　第四节　地下连续墙施工 …………………………………………………… 76

第四章　钢筋混凝土工程施工 79
第一节　模板工程施工 79
第二节　钢筋工程施工 84
第三节　混凝土工程施工 91

第五章　装饰工程施工 98
第一节　墙面抹灰 98
第二节　饰面工程 105
第三节　墙体保温工程 110

第六章　建筑工程组织管理 117
第一节　建筑工程项目的组织管理 117
第二节　建筑工程项目的施工成本 124
第三节　建筑工程项目施工进度控制 130
第四节　施工项目进度计划的总结 138

第七章　建筑工程资源管理 140
第一节　项目资源管理概述 140
第二节　项目人力资源管理 143
第三节　项目材料管理 147
第四节　项目机械设备管理 151
第五节　项目技术管理 154
第六节　项目资金管理 158

第八章　建筑工程招标与合同管理 164
第一节　建设工程招标与投标 164
第二节　建设工程合同管理 174

目 录

第九章 建筑工程项目质量控制管理 …… 188

第一节 工程质量控制与监理工作 …… 188
第二节 验收阶段与施工阶段质量控制 …… 194
第三节 建筑钢筋分项工程的质量控制与主体结构工程质量控制 …… 198

第十章 建筑工程项目成本管理 …… 206

第一节 建筑工程项目施工成本管理的原则与措施 …… 206
第二节 建筑工程项目成本控制与核算 …… 214

第十一章 建筑工程监理组织 …… 227

第一节 组织结构与组织机构活动基本原理 …… 227
第二节 建筑工程项目组织管理基本模式与监理模式 …… 233
第三节 建筑工程项目监理实施程序与原则 …… 240
第四节 建筑工程项目监理机构组织建立与人员配置 …… 247

第十二章 建筑工程安全危险源监控与事故处理 …… 255

第一节 建筑工程施工危险源监控 …… 255
第二节 建筑工程施工安全隐患与处理程序 …… 263
第三节 建筑工程安全事故的特点与处理 …… 269

结束语 …… 281

参考文献 …… 282

第一章 建筑结构的分类与体系

第一节 建筑的构成与建筑物的分类

一、建筑的构成要素

建筑的构成要素主要包括建筑功能、物质技术条件、建筑形象。这三大要素相辅相成,共同决定了建筑的综合品质和价值。

(一)建筑功能

建筑功能是建筑设计和建造的核心要素之一,反映了人们建造房屋的目的和对使用需求的具体要求。这一要素对建筑的平面布局、空间组合、结构形式以及整体形态设计有着决定性的作用。建筑的功能需求直接来源于人们的生活、生产及社会活动。例如,住宅需要满足居住、休息等需求;工厂则需提供高效的生产环境;学校建筑则应满足教学和学习的要求。这种功能需求不仅体现了当下社会发展的阶段性特征,也在不断变化和升级。

随着科学技术的快速发展和经济的繁荣,建筑功能的要求也在不断提高。现代人对建筑的要求已经不再局限于满足基本需求,而是更加注重舒适性、便利性以及环境的适应性。例如,绿色建筑的兴起就是人们对建筑功能提出更高要求的体现。此外,不同建筑类型的功能并非固定不变,它们会因社会发展、用户需求和技术条件的变化而不断调整,以更好地适应社会和经济的多样化需求。

（二）物质技术条件

物质技术条件是实现建筑功能的物质保障，包括建筑材料、结构形式、施工工艺及设备系统等内容。它不仅决定了建筑的安全性、稳定性，还影响建筑的经济性和可持续性。

建筑技术的发展始终与社会生产力水平和科学技术的进步息息相关。从传统的砖石、木材到现代的钢筋混凝土和高性能复合材料，建筑材料的革新为建筑设计提供了更大的自由度。同时，新型建筑设备和技术手段的引入，如智能化建筑系统、模块化施工技术等，也为实现复杂的建筑功能创造了条件。

此外，结构体系的创新，如大跨度结构、高层建筑技术、轻型结构材料的广泛应用，使得现代建筑能够满足更多元的功能需求，并在空间布局和外观形式上取得突破性发展。例如，体育场馆的大跨度空间设计、超高层建筑的稳定结构，都依赖于技术条件的提升。

（三）建筑形象

建筑形象是建筑内在功能和外在形式的视觉表现，是建筑设计艺术性的重要体现。建筑形象的构成包括形体、空间、色彩、材质、线条以及细部设计等内容，直接影响建筑给人的视觉和心理感受。

建筑形象的设计需要遵循一定的美学规律，同时也受到时代背景、民族文化、地域特色等多种因素的影响。例如，某些建筑以其庄严雄伟的形象彰显权威性，如执法机构的办公大楼；学校建筑则通常强调朴素和实用的设计风格；而住宅建筑则追求简洁、温馨的氛围。优秀的建筑形象设计应兼顾功能与美观，体现时代特征、民族特色和地方文化色彩。例如，北京的四合院不仅具有独特的建筑美感，还满足了中国传统居住方式的需求；而现代都市中高层建筑的玻璃幕墙设计则反映了当代科技和美学的融合趋势。

建筑功能、物质技术条件和建筑形象是一个相互联系、彼此依存的有机整体。这三者之间的关系是辩证而统一的：建筑功能引导物质技术条件的选择和建筑形象的设计；物质技术条件为建筑功能的实现和形象的塑造提供支持；而建筑形象则是建筑功能和技术条件的综合体现，最终服务于人们的需求。

二、建筑物的分类

建筑物是人类社会活动的重要场所，用以满足人们生活、学习、工作及生产等多种需求的空间载体。它包括房屋及其他辅助设施，如水池、水塔、支架、烟囱等。这些供人们直接使用的设施统称为建筑物，而间接为生产生活服务的设施则称为构筑物。建筑物可从多方面进行分类，常见的分类方法有以下几种。

（一）按照使用性质分类

建筑物的使用性质，又称为功能要求，是区分建筑物的重要标准之一。根据功能需求，建筑物可以划分为民用建筑、工业建筑和农业建筑三大类。

1.民用建筑

（1）居住建筑。居住建筑是专为人们的生活居住而设计的建筑类型，它包括住宅、学校宿舍、别墅、公寓、招待所等多种形式。这类建筑的核心设计理念在于提供舒适性和安全性，确保居民的生活质量。例如，住宅区通常会配备完善的基础设施和安全措施，以满足居民的基本生活需求。

（2）公共建筑。公共建筑则是为了满足社会公共活动的需求而建造的，包括办公楼、行政中心、教育文化设施（如学校和图书馆）、商业设施（如商场和超市）、医疗服务设施（如医院和诊所）、邮电设施（如邮局和通信枢纽）以及展览馆、交通枢纽、广播站、园林建筑等。这些建筑往往规模较大、功能多样，能够同时满足多种公共活动的需求。

2.工业建筑

工业建筑是为生产和生产服务提供场所的建筑物，按其用途和结构形式可细分为以下几类：

①单层工业厂房，主要用于重工业生产，如钢铁、机械加工等。

②多层工业厂房，多用于轻工业生产，如纺织、电子加工等行业。

③层次混合的工业厂房，这种建筑适用于化工行业，因其需要在不同层次进行分区操作，以满足复杂的生产流程。

3.农业建筑

农业建筑是为农业生产活动而设计的建筑，包括温室、禽舍、粮仓、农副产品加工厂及种子库等。这类建筑强调对自然环境的适应性和生产效率的优化，旨在提高农业生产的效率和质量。例如，温室可以控制内部的温度和湿度，为农作物提供最佳的生长环境；禽舍则需要考虑到动物的福利和卫生条件，以保证产品的质量和产量。

（二）按照层数或高度分类

根据建筑物的层数或高度，可以将建筑物划分为以下类别：

1.低层或多层建筑

低层或多层建筑，指住宅建筑高度不超过27.0 m，公共建筑高度不超过24.0 m，以及高度超过24.0 m的单层公共建筑。这类建筑一般为普通的民用建筑，如住宅小区、公寓楼和低层办公楼等。

2.高层建筑

高层建筑，指住宅建筑高度超过27.0 m或公共建筑高度超过24.0 m但不超过100.0 m的建筑。这种建筑形式广泛应用于城市开发中，常见于商业中心和住宅楼群。

3.超高层建筑

超高层建筑，指高度超过100.0 m的建筑，如摩天大楼、超高层办公楼等。这类建筑通常是城市地标，其设计需要特别关注安全性、风荷载影响及抗震性能。

（三）按照建筑结构形式分类

根据结构形式，建筑物可以分为四种基本类型：墙承重结构、骨架承重结构、内骨架承重结构和空间结构承重。

1.墙承重结构

墙承重结构是一种以墙体为主要承重构件的建筑结构形式。在这种结构中，墙体不仅要承担建筑的全部荷载，还要兼顾围护和分隔的功能。这种结构形式通常适用于空间需求较小、高度较低的建筑，例如，传统民居或简单的工业厂房。

2.骨架承重结构

骨架承重结构则由钢筋混凝土或型钢构成的梁柱体系来承受建筑的主要荷载，而墙体仅起到围护和分隔的作用。由于这种结构形式具有较大的跨度和较强的荷载能力，因此，非常适合用于高层建筑和大型工业厂房。

3.内骨架承重结构

内骨架承重结构的特点是建筑内部的梁柱体系承担荷载，而外墙则起到部分承重作用。这种结构形式适合于那些局部需要较大空间的建筑，如商业建筑或综合体。

4.空间结构承重

空间结构承重形式利用钢筋混凝土或钢材组成空间结构来承受建筑的主要荷载。这种结构形式包括网架结构、悬索结构和壳体结构等，常用于大跨度建筑，如体育场馆、展览馆和机场航站楼。

第二节　建筑结构的发展与分类

一、建筑结构的历史与发展

（一）建筑结构的历史

我国最早使用的建筑结构形式为砖石结构和木结构。隋代建筑师李春在公元595—605年设计建造了河北赵县的安济桥，这是世界上首座空腹式单孔圆弧石拱桥。该桥净跨37.37 m，拱高7.2 m，宽度达9 m，整体造型优美，结构受力合理，展现了当时极高的建造水平。

我国也是世界上最早使用钢铁结构的国家之一。早在汉明帝时期（公元60年前后），我国便已开始用铁索建桥，比欧洲早了70多年。此外，用铁建造房屋的历史同样源远流长，例如，湖北荆州玉泉寺的13层铁塔，这座铁塔建于宋代，至今已有1000多年的历史。随着经济的快速发展，我国的建筑事业蒸蒸日上，目前已建成数万幢高层建筑。

（二）建筑结构的发展

建筑结构经过漫长的发展历程，在多方面取得了显著进步。

1.建筑结构设计理论的发展

随着建筑技术的进步和研究的深入，建筑结构设计理论得到了全面提升。早期的建筑结构设计多采用简单的近似计算方法，这些方法因数据基础薄弱而较为粗糙。随着统计数学的引入，结构可靠度理论逐渐发展起来。该理论以统计数学为基础，逐步应用到建筑结构设计、施工与使用的全过程中，不仅提高了结构安全性，还推动了极限设计方法的科学化和系统化发展。同时，钢筋混凝土结构的研究也有了革命性突破。一门新兴的分支学科——"近代钢筋混凝土力学"正在逐步形成。这一学科结合了计算机技术、有限元理论与现代测试技术，将钢筋混凝土的理论研究和试验手段推向新高度。通过这些技术的融合，建筑结构的计算理论和设计方法不断得到完善，并向更高阶段迈进。

2.建筑材料的发展

在建筑材料方面，现代科技推动了新型材料的不断涌现，极大地丰富了建筑结构的应用选择。例如，混凝土从早期抗压强度低于20 N/mm²的低强度混凝土，发展到抗压强度为20～50 N/mm²的中等强度混凝土，以及抗压强度超过50 N/mm²的高强度混凝土。

轻质混凝土的研究也取得了重要进展，广泛采用轻质集料作为核心材料。其中，天然轻集料包括浮石、凝灰石等；人造轻集料涵盖页岩陶粒、膨胀珍珠岩等；工业废料如炉渣、矿渣、粉煤灰和陶粒等也被广泛利用。目前，轻质混凝土的强度一般为5～20 N/mm²，未来将致力于开发高强度轻质混凝土，以满足更多应用需求。

为了改善混凝土的抗拉性能和延性，在混凝土中掺入纤维材料成为一种重要技术手段。这些纤维包括钢纤维、耐碱玻璃纤维、聚丙烯纤维以及尼龙合成纤维等。此外，许多特种混凝土也在研发和应用中，如膨胀混凝土、聚合物混凝土以及浸渍混凝土等，这些新型材料为建筑结构的多样性和耐久性提供了保障。

3.结构形式的发展

在结构形式方面，建筑结构的发展趋于多样化和高效化。空间结构、悬索结构和网壳结构成为大跨度建筑的主要发展方向。例如，空间钢网架的跨度已经超过100 m。2000年悉尼奥运会的一系列体育场馆，包括国际水上运动中心和球类比赛展览馆，采用了材料不同的网壳结构，充分展示了这一技术的灵活性和优势。

组合结构也是现代建筑结构的重要发展方向。目前，钢管混凝土和压型钢板叠合梁等组合结构已广泛应用于建筑工程中。在超高层建筑中，采用钢框架与内核心筒共同受力的组合体系，能够充分发挥不同材料的优势，进一步提高结构性能。

二、建筑结构的分类

建筑结构是指建筑物由若干基本构件按照特定规则组成，并通过符合要求的连接方式形成的空间受力体系，能够承受并传递各种外部作用，通常被称为建筑的"骨架"。根据承重结构所使用材料的不同，建筑结构可以分为混凝土结构、砌体结构、钢结构和木结构等。而从结构的受力特点来看，建筑结构又可以划分为砖混结构、框架结构、排架结构、剪力墙结构以及筒体结构等。

（一）按材料的不同分类

1.混凝土结构

混凝土结构是由混凝土和钢筋这两种主要材料组合而成的建筑结构类型，它们通过共同作用形成了高强度和高承载力的结构体系。自1824年波特兰水泥发明以来，混凝土逐渐成为工程建设中不可或缺的材料，而钢筋混凝土结构自1850年问世后，便得到了迅速推广。目前，这种结构广泛应用于建筑工程、桥梁、港口码头、水利设施、特种建筑等多个领域。

之所以选择混凝土作为建筑结构材料，是因为其原材料丰富且价格低廉。混凝土的主要成分如砂、石等自然资源储量充足，而其配合少量钢筋即可达到高承载力和较大刚度。此外，混凝土结构防火性能优越，经济性突出，因此被广泛使用。钢筋混凝土技术于1903年引入我国后，逐步成为高层建筑的主要结构材料。伴随着技术的不断创新，钢与混凝土组合结构也取得了显著发展，并已在超高层建筑中获得实际应用。例如，钢结构外包混凝土形成刚性混凝土结构，或者在钢管内部填充混凝土形成钢管混凝土结构，这些新型组合形式显著增强了结构的适用性和强度。

2.砌体结构

砌体结构是以砖、砌块、石材等为主要材料建造的建筑结构形式，通常被称为砖石结构。这种结构形式在我国建筑工程中非常普遍，占据了主导地位。其中，砖石砌体结构占砌体结构的95%以上，主要用于多层住宅、办公楼等民用建筑的基础、墙体、门窗过梁及墙柱等构件。此外，砌体结构还广泛应用于一些跨度较小、结构高度有限的建筑和构筑物，如跨度小于24 m的俱乐部、食堂等民用建筑，以及跨度在15 m以下的中、小型工业厂房。同时，砌体结构在60 m以下的烟囱、料仓、地沟、管道支架以及小型水池等工程中也有较多使用。在抗震设防烈度为6度的地区，烧结普通砖砌体住宅可以建到8层。

3.钢结构

钢结构是指建筑物的主要承重构件全部由钢板或型钢制作而成的一种建筑结构形式。由于钢结构具有承载能力强、质量轻、塑性好、韧性高、制作与施工便利、工业化程度高等诸多优点，因此，被广泛应用于现代建筑工程中。钢结构常见于大跨度建筑、高层及超高层建筑、重工业厂房、受动力荷载作用的厂房、高耸构筑物等场景，是工业与民用建筑不可或缺的重要结构形式。

（二）按结构的受力特点分类

1.砖混结构

砖混结构是指由砌体和钢筋混凝土材料共同承受外部荷载的结构形

式。这种结构形式主要依赖砌体材料承受竖向荷载，同时借助钢筋混凝土构件提高整体强度。然而，由于砌体材料强度相对较低，墙体易出现开裂现象，且整体性较差，砖混结构在建筑工程中的适用范围受到限制。因此，砖混结构通常被用于层数不多的民用建筑中，例如，住宅、宿舍、办公楼及旅馆等。这类建筑高度有限，能够充分发挥砖混结构在成本和施工简易性方面的优势，同时满足建筑功能需求。

2.框架结构

框架结构是由梁与柱构件通过铰接或刚接方式连接而成的承重骨架。作为建筑工程中应用较广的一种结构形式，框架结构具有显著的灵活性和适用性。一方面，框架结构的平面布置非常灵活，能够满足多样化的建筑设计需求。另一方面，框架结构主要承受竖向荷载，并能较好地防水和隔声，同时具有优异的延性和整体性，使得其在抗震性能方面表现出色。然而，框架结构作为柔性结构，其抗侧移能力较弱，容易在强风或地震作用下发生较大的水平位移。

框架结构适用于多层工业与民用建筑，特别是在建筑高度不超过30 m（层高约3 m时不超过10层）的范围内，其经济性和稳定性均能得到有效体现。

3.排架结构

排架结构是一种由柱子和屋架（或屋面梁）组成的建筑结构形式，其柱子与屋架（或屋面梁）通过铰接方式连接，同时柱子与基础牢固固定。材料方面，排架结构主要采用钢筋混凝土结构，也可以使用钢结构。这种结构形式广泛应用于单层工业厂房，特别是跨度较大的厂房环境中。排架结构的跨度范围通常在12～36 m，可适应多种工业生产需求。

由于排架结构的构件布置简单，施工过程较为便捷，且具有良好的承重和抗震性能，因此，成为工业建筑中常见的结构形式之一。

4.剪力墙结构

剪力墙结构是由整片钢筋混凝土墙体和楼（屋）盖共同组成的一种建筑结构形式。该结构通过钢筋混凝土墙体承受所有的水平荷载和竖向荷载，因此其整体刚度较大、抗侧移能力较强。在抗震设计中，剪力墙结构因其优异的抗侧移性能，被广泛应用于建筑高度较高的住宅、宾馆和酒店等场景。但是，剪力墙结构也存在一定的局限性。由于其整体刚度较大，建筑空间的划分受到一定限制。此外，与其他结构形式相比，剪力墙结构的造价较高。因此，剪力墙结构通常用于横墙较多且对建筑刚度要求较高的高层建筑。其合理建造高度通常在15～50层。

第三节　建筑结构体系种类

一、单层钢架结构体系

刚架结构是一种梁与柱之间通过刚性连接形成的结构形式。当梁与柱之间是铰接的单层结构时，通常称为排架；而多层多跨的刚架结构则被称为框架。单层钢架结构特点在于其梁柱结合为一体，相比排架结构内力更小，梁柱截面较低，造型轻盈，内部净空较大，因此，广泛应用于中小型厂房、体育馆、礼堂、食堂等中小跨度建筑中。但与拱结构相比，刚架主要以受弯为主，材料强度利用率较低，导致刚架结构自重大、用料多，适用跨度受限。

（一）钢架的受力特点

单层钢架通常由直线杆件（包括梁和柱）组成，并通过刚性节点连接。在荷载作用下，由于梁柱节点受力方式的变化，与排架相比，钢架的内力表现有所不同。钢架在承受竖向荷载时，柱对梁的约束作用减小了梁的跨中弯矩，使横梁的弯矩峰值远小于排架。钢架在水平荷载下，梁对柱的约束减少了柱内的弯矩，柱的弯矩峰值也显著低于排架。因此，钢架结构具有更高的承载力和刚度，适用于较大的跨度。

（二）单层钢架的种类

根据构件的布置与支座约束条件，门式钢架可分为无铰钢架、两铰钢架和三铰钢架三种类型。这三种钢架在相同荷载作用下内力分布及经济性有所不同。

1.无铰钢架

无铰钢架的柱脚为固定端，刚度较大，因此梁柱的弯矩较小。但由于柱脚固定端需承受较大弯矩，其基础必须坚固且体积较大，增加了施工难度和材料消耗，经济性较差。此外，无铰钢架属于三次超静定结构，对温差和地基不均匀沉降的敏感性较高，容易引发较大的内力变化。因此，在地基条件较差的情况下，其应用较少。

2.两铰钢架

两铰钢架的柱基为铰接形式，其主要优点是基础无须承受弯矩，基础体积较小、节约材料，地下施工工作量减少。铰接柱基结构简单，便于采用预制构件。此外，两铰钢架属于超静定结构，需考虑地基不均匀沉降对结构内力的影响。

3.三铰钢架

三铰钢架在屋脊处设置一个永久性铰接点，柱基处也为铰接，其最大的优势是属于静定结构，计算简单，且不受温度变化与地基不均匀沉降的影响。在实际工程中，三铰钢架与两铰钢架以及它们组合而成的多跨结构被广泛采用。

（三）钢架结构的构造

钢架结构形式多样，其节点构造和连接方式也丰富多样，但设计要点基本一致。在设计时，应确保节点构造与结构计算一致，同时注重制造、运输与安装的便利性。

1.钢架节点连接构造

门式钢架一般采用实腹式构造，在梁柱交接处及跨中屋脊处设置拼接单元，通常用螺栓连接。拼接节点分为加腋和不加腋两种形式，其中加腋连接包括梯形加腋和曲线加腋两种方式，梯形加腋较为常见。加固连接既能符合弯矩图形要求，又便于螺栓布置，具有较高的实用性。

2.钢筋混凝土钢架节点连接构造

在工程中，预制装配式钢筋混凝土钢架被广泛使用。钢架拼装单元的划分需根据内力分布设计，同时考虑结构受力可靠性及制造、运输和安装的便捷性。钢架承受的荷载分为恒载和活载。在恒载作用下，弯矩零点位置固定；而在活载作用下，弯矩零点位置则随条件变化而改变。因此，划分结构单元时需根据主要荷载作用下的内力图确定接头位置。

3.钢架铰接节点构造

钢架的铰接节点包括顶铰与支座铰，其设计需满足完全铰接的力学要求，即保证节点能够传递竖向压力和水平推力，但不能传递弯矩。铰节点需具备足够的转动能力，同时构造简单，便于施工。对于格构式钢架，铰节点附近的截面应改为实腹式，并设置适当的加劲肋以可靠传递较大的集中力。

二、桁架（屋架）结构体系

桁架是一种由直杆在端部通过节点相互连接而成的格构式结构体系，其特点是受力合理、计算简单、施工方便、适应性强且对支座无横向力。由于这些优点，桁架常被用作屋盖的承重结构，在建筑中通常称为屋架。然而，桁架结构也存在一定的缺点，例如，结构高度较大、侧向刚度较小。结构高度大不仅增加了屋面和围护墙的用料，同时也提高了采暖、通风、采光等设备的负荷，对音质控制产生一定影响。此外，桁架的侧向刚度较小，特别是钢桁架，由于受压的上弦平面外稳定性较差，在抵抗纵向侧向力方面表现不足，因此，需要增设大量支撑。桁架的主要组成部分包括上弦杆、下弦杆和腹杆。这些部分各自承担不同的受力功能，共同组成完整的桁架结构。

（一）桁架结构的形式及其受力特点

桁架结构形式多种多样，根据材料不同，可分为木桁架、钢桁架、钢—木组合桁架和钢筋混凝土桁架等；根据形状的差异，又有三角形屋架、平行弦屋架、梯形屋架、拱形桁架、折线型屋架和抛物线屋架等。此外，根据结构特点和材料性能，也可采用桥式屋架、无斜腹杆屋架、钢接桁架以及立体桁架等类型。在我国，常见的屋架形式包括三角形、矩形、梯形、拱形及无斜腹杆屋架等。

从受力特点来看，桁架是从梁式结构发展而来。对于大跨度或承受大荷载的场合，如果采用梁式结构，即便是薄腹梁，其截面尺寸和自重都会大幅增加，导致结构效率降低。此外，简支梁的截面应力分布极为不均匀，受压区和受拉区的应力呈三角形分布，中和轴处应力为零。这种不均匀分布不利于材料的高效利用。桁架结构则巧妙地将梁的横截面和纵截面的中间部分"挖空"，保留受力集中的连杆部分，形成由杆件组成的结构，最大限度地利用材料的强度。

桁架的基本工作原理是将材料的抵抗力集中于最外缘纤维上，使其在应力最大的位置受力，同时利用力臂的优势提升结构效率。桁架的节点通常按铰接设计，这使得弦杆、竖杆和斜杆均主要承受轴向力，是一种高效的受力方式。然而，从整体结构来看，桁架的行为依然可以等效为一个受弯构件。在竖向荷载作用下，上弦主要受压，下弦主要受拉，用以抵抗弯矩，而腹杆则主要抵抗剪力。

尽管桁架结构的杆件主要承受轴力，其受力状态比传统梁结构更加合理，但各杆件之间的内力分布并不均匀。此外，不同几何形状的屋架（如平行弦屋架、三角形屋架、梯形屋架、折线形屋架和抛物线屋架等）也会影响内力的分布规律。在一般情况下，屋架的主要荷载类型是均匀分布的节点荷载。下面以平行弦屋架为例分析其内力分布特点，然后，引申至其他形式的屋架。

（二）屋架结构的选型与布置

在建筑工程中，屋架结构的设计和布置是保证结构稳定性与经济性的关键。屋架结构的几何尺寸包括矢高、跨度、坡度和节间长度，这些参数直接影响结构的受力性能、刚度以及施工成本。因此，在设计过程中，应综合考虑多方面因素，合理确定这些尺寸。

1.屋架结构的几何尺寸

（1）矢高。屋架的矢高是指屋架的高度，其大小主要由结构刚度要求决定。矢高的大小直接关系到屋架的刚度和用料成本。如果矢高较大，弦杆的受力会减小，但腹杆会变长，长细比增大，容易导致腹杆压曲，反而增加用料；如果矢高过小，弦杆的受力增大，截面尺寸需要加大，同时屋架的刚度降低，变形增大。因此，矢高的设计需要在刚度和经济性之间找到平衡点。一般情况下，矢高的取值为跨度的1/10~1/5，具体数值应根据屋架的类型和使用要求进行确定。

（2）跨度。屋架的跨度是指支座之间的水平距离。通常情况下，柱网纵向轴线的间距作为屋架的名义跨度，常以3 m为模数。在计算中，跨度是指屋架两端支座中心之间的距离。设计时，支座的中心线通常缩进轴线150 mm，这样可以确保支座外缘位于轴线范围内，避免相邻屋架之间产生干涉。合理确定跨度对于屋架的稳定性和经济性具有重要意义。

（3）坡度。屋架上弦的坡度直接影响屋面的排水性能和防水效果。坡度的选择需要结合屋面材料和防水要求。当屋面采用瓦片材料时，坡度一般需要较大，通常不小于1/3，以便加快雨水排放，减少积水对屋面的压力；而当屋面采用大型屋面板并进行卷材防水时，坡度可以较小，一般为1/12~1/8。坡度的设计还需要考虑建筑美观和施工的便利性。

（4）节间长度。屋架节间长度是指两节点之间的距离，其大小与屋架的结构形式、材料性能以及荷载分布密切相关。上弦杆通常受压，节间长度宜小，以提高抗压稳定性；下弦杆受拉，节间长度可以适当加大，以提高材料利用率。屋面荷载需要直接作用在节点上，以优化屋架的受力状态。同时，为减少制造工作量、简化结构设计，节间长度通常选择较大的值，但也不能过大，以免杆件长度过长导致失稳。一般情况下，节间长度为1.5~4 m，具体数值应根据实际工程需求确定。

屋架的宽度主要由上弦的宽度决定，尤其是钢筋混凝土屋架中，当采用大型屋面板时，上弦宽度需满足屋面板搭接的要求，通常不小于20 cm。对于跨度较大的屋架，由于荷载作用下会产生较大的挠度，设计时应采取起拱的方式，在屋架制作过程中提前弯起一定的高度，以抵消使用中挠度带来的不利影响。这种设计能够有效提高屋架的整体性能，确保建筑的安全性和耐久性。

2.屋架结构的选型

在建筑设计中，屋架结构的选型需要综合考虑房屋用途、建筑造型、屋面防水、跨度大小、材料供应以及施工技术条件等多种因素。科学合理的选型能够确保屋架结构受力性能优越、技术水平先进，同时达到经济实用的目标。

（1）屋架结构的受力。从结构受力角度分析，不同形状的屋架力学性能存在明显差异。

①抛物线拱式结构：抛物线拱式结构受力最为理想，其受力状态均匀，能够有效减少内力集中问题。然而，这种屋架的上弦呈曲线状，施工工艺复杂，造价较高，因此在实际工程中应用较少。

②折线型屋架：折线型屋架因其弯矩分布接近抛物线形状，具有良好的力学性能，同时施工相对便捷，是目前较为常见的结构形式。

③梯形屋架：梯形屋架兼具较好的力学性能和施工便利性，其上下弦均为直线，受力稳定，适用于中大跨度建筑，因此，在实际工程中应用广泛。

④三角形屋架和矩形屋架：相较而言，三角形屋架和矩形屋架的力学性能稍逊。三角形屋架常用于中小跨度建筑，而矩形屋架则主要用于托架结构或特殊荷载条件下的场景。

（2）屋面防水构造。屋面防水构造直接影响屋盖排水坡度及建筑造型，进而影响屋架结构的选型：

①黏土瓦、机制平瓦或水泥瓦屋面：当屋面防水材料为黏土瓦、机制平瓦或水泥瓦时，应优先选择三角形屋架或陡坡梯形屋架。这类屋架适应坡度较大的设计需求，有助于提高屋面的排水性能。

②卷材防水或金属薄板防水屋面：对于采用卷材防水或金属薄板防水的屋面，推荐选用拱形屋架、折线型屋架或缓坡梯形屋架。它们能够满足缓坡屋面的需求，同时兼顾防水和结构稳定性。

（3）材料的耐久性及使用环境。屋架材料的选择应充分考虑其耐久性以及使用环境的特殊要求：

①木屋架与钢屋架：木材和钢材容易受到潮湿环境的影响而发生腐蚀，维护成本较高。因此，在湿度较大且通风条件不良的建筑中，或在存在腐蚀性介质的工业厂房中，不宜选用木屋架和钢屋架。

②预应力混凝土屋架：在上述环境条件下，宜优先使用预应力混凝土

屋架。这种结构能够显著提高下弦的抗裂性，同时有效防止钢筋腐蚀，从而延长使用寿命。

（4）屋架结构的跨度。屋架结构的跨度对选型起着决定性作用：

①对于跨度小于18 m的建筑，可以采用钢筋混凝土—钢组合屋架。这种屋架结构简单、施工吊装便捷，且具有良好的技术经济性。

②在18~36 m的跨度范围内，预应力混凝土屋架是理想选择。这种屋架能够节约钢材，同时有效控制裂缝宽度与挠度，具备较高的安全性和经济性。

③对于跨度超过36 m的建筑，或者需要承受较大振动荷载的场景，推荐选用钢屋架。钢屋架重量较轻，能够降低结构自重，同时具备更高的耐久性和可靠性，适合大跨度建筑的使用需求。

3.屋架结构的布置

屋架结构的布置需综合考虑建筑的外观造型、使用功能以及结构体系的协调性，具体包括屋架的跨度、间距和标高等因素。合理的布置能够优化结构受力，简化施工工艺，提高整体经济性和实用性。在矩形建筑平面中，通常选用等跨度、等间距、等标高布置的统一屋架形式，以简化设计与施工流程，确保结构稳定。

（1）屋架的跨度。屋架的跨度是屋架布置中的首要参数，应根据建筑功能及工艺需求进行合理选择，通常以3 m为模数。常用屋架的跨度已在我国相关标准图集中进行了系统化设计，为设计人员提供了便利，也加快了施工进度。

①对于矩形平面的建筑，通常选用同一型号的屋架，除了端部或变形缝两侧的屋架因预埋件不同而有所调整，其他均保持一致。这种布置方式能够有效减少屋架类型，方便材料加工和施工管理。

②在非矩形平面建筑中，各根屋架的跨度可能会有所不同，但应尽量减少屋架种类，以简化施工复杂度。设计时需要综合考虑建筑平面布局和屋架受力特点，确保结构的统一性和施工的可操作性。

（2）屋架的间距。屋架的间距由建筑的经济性和结构性能共同决定，不仅要满足柱网布置的要求，还需综合考虑屋面结构和吊顶构造的经济合理性。

屋架通常采用等间距布置，且与建筑纵向柱列的间距保持一致。屋架直接搁置在柱顶，屋架间距即为屋面板或檩条、吊顶龙骨的跨度。最常见的屋架间距为6 m，但在特定建筑中，也有采用7.5 m、9 m甚至12 m的情况。

屋架间距的选定需综合考虑材料经济性、施工便利性以及建筑功能需求。在确保屋面和吊顶稳定的前提下，应尽量优化间距设计，以减少施工成本。

4.屋架的支座

屋架支座是屋架与下部结构连接的重要部位，其标高和形式需根据建筑外形及结构受力要求进行设计。屋架支座的标高通常在同一层中保持一致，以满足建筑外观协调性要求。当屋架两端支座标高不一致时，会产生水平推力，此时需采取特殊构造措施以减小水平推力对支座的不利影响。在力学模型中，屋架的支座可简化为铰接支座。对于跨度较小的屋架，可直接将其搁置于墙、垛、柱或圈梁上。对于跨度较大的屋架，则需采用专门的构造措施，以保证屋架端部在受力情况下具有足够的转动能力。

5.屋架结构的支撑

屋架的支撑体系是保证结构稳定性和整体刚度的重要组成部分，其布置需满足受力合理和施工可行的双重要求。

（1）支撑布置。

①在有山墙的建筑中，支撑应布置在房屋两端的第二开间内；

②无山墙或伸缩缝处的建筑，应在房屋两端的第一开间内设置支撑；

③在房屋中间，每隔一定距离（通常≤60 m）需增设一道支撑，木屋架的支撑距离一般为20~30 m。

（2）支撑构成。屋架的支撑体系包括上弦水平支撑、下弦水平支撑和垂直支撑。通过将相邻桁架连接为整体，支撑体系能够增强屋盖的空间刚度和稳定性。此外，下弦平面通过纵向系杆与上述开间的空间体系相连，进一步提高房屋的空间刚度。

（3）支撑作用。

①确保屋盖的空间刚度和整体稳定性；

②抵抗并传递屋盖沿房屋纵向的侧向水平力，如风力或地震作用；

③防止桁架上弦平面外的压曲，减少平面外长细比；

④防止桁架下弦平面外的振动，确保结构安全。

三、拱结构体系

拱结构是一种历史悠久且在现代建筑中仍被广泛应用的结构形式。它主要通过轴向力来承载荷载，这种特点使其特别适合使用抗压强度高的材料，如混凝土、砖、石等。因此，拱结构自古以来就在建筑和桥梁中得到了广泛应用。在混凝土材料被发明后，拱结构的应用范围进一步扩大，逐渐被引入大跨度房屋建筑中，成为一种重要的结构形式。

（一）拱结构的类型

拱结构在国内外的应用十分广泛，其类型多种多样，具体可按以下方式分类：

（1）根据使用的材料不同，拱结构可分为砖石砌体拱结构、钢筋混凝土拱结构、钢拱结构以及胶合木拱结构等多种类型。

（2）按照结构组成和支撑方式，拱结构可分为无铰拱、两铰拱和三铰拱。其中，三铰拱属于静定结构，而两铰拱和无铰拱则为超静定结构。

（3）常见的拱轴形式包括半圆拱和抛物线拱，这些形式在不同的应用场景中具有各自的优势。

（4）拱结构还可根据拱身截面的形式进行划分，如实腹式和格构式、等截面和变截面等。

三铰拱由于其静定特性，设计和施工较为简单，适合用于多种结构形式。相比之下，两铰拱和无铰拱为超静定结构，其受力更复杂，但在特定条件下具有更高的经济性和适用性。拱结构传力路径较短，因而是一种较为经济的结构形式。然而，与钢架结构类似，只有在地基条件良好或两侧拱脚处有可靠的边跨结构时，才适合采用无铰拱。通常，无铰拱多用于桥梁结构，在房屋建筑中应用较少。

双铰拱因其结构形式的灵活性和适用性，被广泛应用于各类建筑中。对于小跨度的双铰拱，其重量较轻，通常可以整体预制并直接吊装。而对于跨度较大的双铰拱，则需将其沿拱轴线分段预制，并在施工现场完成拼装后整体吊装。例如，北京崇文门菜市场采用了一种32 m跨度的双铰拱结构，该结构由五段"工"字形截面的拱段拼装而成，展现了双铰拱在大跨度建筑中的应用优势。

双铰拱虽然应用广泛，但作为一次超静定结构，其性能容易受到支座沉降差、温度变化以及拉杆变形等因素的影响。因此，在设计和施工过程中，需要充分考虑这些因素，采取合理的技术措施，确保结构的稳定性和安全性。

（二）拱结构水平推力的处理

拱结构作为一种具有水平推力的结构，其拱脚必须能够可靠地承受水平推力，才能充分发挥其结构功能。尤其是对于无铰拱和两铰拱这类超静定结构，拱脚的位移会引发较大的附加内力（弯矩），因此，需要严格控制拱脚在水平推力作用下的位移。实际工程中，通常通过以下四种方式处理拱脚的水平推力：

1.水平推力由拉杆直接承担

在水平推力由拉杆直接承担方案中，水平推力由拉杆直接平衡。该方式适用于搁置在墙、柱上的屋盖拱结构，也适用于落地拱结构。水平拉杆承受的拉力与拱的推力相等，并自相平衡，与外界之间没有水平向的相互作用力。其特点是经济合理、安全可靠。

对于屋盖结构，支撑拱式屋盖的砖墙或柱子无须承受水平推力，这样整个建筑体系相当于普通的排架结构，屋架和柱子的用料可以更加经济。但该方案的缺点在于室内空间中会有拉杆存在，可能影响视觉效果；若设吊顶，会降低室内净高，浪费部分空间。对于落地拱结构，拉杆通常埋设在地坪以下，这种处理方式不仅能简化基础受力，还能节省材料成本，尤其在地质条件较差时更为适用。

水平拉杆的选材通常根据推力大小而定，可采用型钢（如"工"字钢或槽钢）、圆钢或预应力混凝土拉杆等。

2.水平推力通过刚性水平结构传递给总拉杆

在水平推力通过刚性水平结构传递给总拉杆方案中，利用拱脚处的刚性水平构件（如天沟板或边跨屋盖结构）来传递水平推力。拱的推力首先作用在刚性水平构件上，随后通过该构件传递给两端山墙内设置的总拉杆进行平衡。此时，刚性水平构件类似一根深梁，而总拉杆则相当于深梁的支座，主要承受拱脚的水平推力。

当刚性水平构件的水平刚度足够大时，立柱无须承担水平推力，这显著减少了立柱的内力。此外，总拉杆布置在房屋的山墙内，避免了室内出现裸露的拉杆，从而提高建筑空间的利用率和美观性。这种方案适用于对空间和视觉效果有较高要求的建筑项目。

3.水平推力由竖向结构承担

在水平推力由竖向结构承担方案中，拱脚的水平推力通过竖向结构传递到地基。广义上，这种竖向结构可被视为落地拱的拱脚基础。拱脚传递给竖向结构的力是向下斜向的，因此，竖向结构和基础需具有足够的刚度，以保证拱脚位移极小，避免结构附加内力过大。

4.推力直接传递给基础（落地拱）

对于地质条件良好或拱脚水平推力较小的落地拱，水平推力可直接通过基础传递至地基。这种方式简化了基础设计，且无须设置额外的水平或竖向结构。为了防止基础滑移，基础底面通常设计呈斜坡状，以增强其抗滑能力。

落地拱的特点在于其拱脚标高降至地基，大幅简化了基础处理。这种形式既省去了抵抗拱脚推力的复杂结构，也使上部结构与下部基础之间的受力更加直接和经济。尤其对于大跨度拱结构，落地拱是最为经济有效的设计方案，因而被广泛应用。

无论是双铰拱还是三铰拱，落地拱的拱轴线形通常采用悬链线或抛物线。当拱脚推力较大或地基较软时，可在拱脚基础之间增设地下预应力混凝土拉杆，以防止基础位移导致的弯矩增大，同时确保基础能够可靠地承受拱脚推力。

（三）拱的截面形式与主要尺寸

拱的截面设计主要包括实腹式和格构式两种，其选择依据材料和功能特点而定。对于钢结构拱，通常采用格构式设计，因为在截面高度较大时，这种形式能够有效减少材料使用量，从而提高经济性。钢筋混凝土拱则多采用实腹式，其中矩形截面是最常见的形式，尤其是在现浇施工中，矩形截面因模板简单、施工方便而被广泛应用。

钢筋混凝土拱的截面尺寸一般根据跨度比例确定。其截面高度通常取拱跨度的1/40～1/30，截面宽度则一般为25～40 cm。而钢结构拱的截面高度，在格构式设计中可按拱跨度的1/60～1/30计算，若为实腹式则取1/80～1/50。在大多数情况下，拱身截面采用等截面设计。然而，对于无铰拱，由于从拱顶到拱脚的轴向压力逐渐增大，常采用变截面形式，以适应内力分布变化。变截面设计通常通过调整截面高度而保持宽度不变，并根据弯矩的变化确定高度大小，内力较大的部位对应更大的截面高度。

除了常用的矩形截面外，拱的截面形式还有多种选择。例如，T形截面拱、双曲拱、折板拱等形式可以根据具体需求应用。在更大跨度的拱结构中，钢管截面和钢管混凝土截面表现出优越性。这些截面形式不仅自重较轻，还因回转半径较大而具有更高的稳定性和抗弯能力，从而能够实现更大的跨度，同时提升结构的跨高比。此外，型钢、钢管或钢管混凝土组合截面也因其高效的力学性能成为大跨度拱设计的理想选择。

另一种创新的设计形式是网状筒拱。这种截面形式类似于以竹条或柳条编制而成的筒形结构，其实质是在平板截面的筒拱上规则地开设许多菱形孔洞。这种设计不仅减轻了拱的自重，还提升了结构的力学性能，能够满足更大的跨度需求。

第二章 土方工程施工

第一节 岩土的工程分类及工程性质

一、土的工程分类

土的种类不同，其施工方法也就不同，相应的工程量和工程造价也会有所不同。土的种类繁多，其分类方法也较多，而在建筑工程施工中常根据土石方施工时土（石）的开挖难易程度，将土分为松软土、普通土、坚土、砂砾坚土、软石、次坚石、坚石和特坚石八类。前四类属于一般土，后四类属于岩石。

二、土的基本性质

（一）土的组成

土一般由固体颗粒（固相）、水（液相）和空气（气相）三部分组成，这三部分之间的比例关系随着周围条件的变化而变化，三者相互间比例不同，反映出土的物理状态不同，如干燥、稍湿或很湿，密实、稍密或松散。这些指标是土的最基本的物理性质指标，对评价土的工程性质、进行土的工程分类具有重要意义。土的三相物质是混合分布的，为了阐述方便，一般用三相图表示。

（二）土的物理性质

土的物理性质对土方工程的施工有直接影响，所以在施工之前应详细了解，以避免给工程的施工带来不必要的麻烦。其中，土的基本物理性质有土的密度、土的密实度、土的可松性、土的含水量、土的孔隙比和孔隙率、土的渗透性等。

1. 土的密度

土的密度分为天然密度和干密度。

（1）土的天然密度。指土在天然状态下单位体积的质量。它影响土的承载力、土压力及边坡的稳定性。一般黏土的密度为1800～2000 kg/m³，沙土的密度为1600～2000 kg/m³。

（2）土的干密度。指土的固体颗粒质量与总体积的比值。土的干密度在一定程度上反映了土颗粒排列的紧密程度：干密度越大，表示土越密实。工程上常把土的干密度作为检验填土压实质量的控制指标。

2. 土的密实度

土的密实度是指施工时的填土干密度与实验室所得的最大干密度的比值。土的密实度即土的密实程度，通常用干密度表示。土的密实度对填土的施工质量有很大影响，它是衡量回填土施工质量的重要指标。

3. 土的可松性

土的可松性是指在自然状态下的土经开挖后，其体积因松散而增大，以后虽经回填压实，也不能再恢复其原来的体积。由于土方工程量是以自然状态的体积来计算的，所以在土方调配、计算土方机械生产率及运输工具数量等方面，必须考虑土的可松性。

（三）土的含水量

土的含水量是指土中所含水的质量与土的固体颗粒质量之比，用百分率表示。土的含水量表示土的干湿程度。土的含水量在5%以内，称为干土；土的含水量在5%～30%，称为湿土；土的含水量大于30%，称为饱和土。土的含水量影响土方施工方法的选择、边坡的稳定和回填土的夯实质量。如果土的含水量超过25%，则机械化施工就困难，容易使机械打滑、陷车，因此，回填土需有最佳含水量。最佳含水量是指可使填土获得最大密实度的含水量。

（四）土的孔隙比和孔隙率

孔隙比和孔隙率反映了土的密实程度。孔隙比和孔隙率越小，土越密实。孔隙比是指土的孔隙体积与固体体积的比值。孔隙率是指土的孔隙体积与总体积的比值，用百分率表示。

（五）土的渗透性

土的渗透性是指水流通过土中孔隙的难易程度。水在单位时间内穿透土层的能力称为渗透系数，符号为 K，单位为 m/d。它主要取决于土体的孔隙特征，如孔隙的大小、形状、数量和贯通情况等。

第二节 土方工程量计算及场地土方调配

在丘陵和山区地带，建筑场地往往处在凹凸不平的自然地貌上，开工之前必须通过挖高填低将场地平整。而在场地平整之前，又先要确定场地的设计标高，计算挖、填土方工程量，确定土方平衡调配方案，然后根据工程规模、施工工期、土的工程性质及现有的机械设备条件，选择土方施工机械，拟定施工方案。

一、土方工程施工前的准备工作

土方工程施工前应做好以下准备工作。

（1）场地清理。场地清理包括清理地面及地下各种障碍。在施工前应拆除旧房和古墓，拆除或改建通信、电力设备、地下管线及地下建筑物，迁移树木，去除耕植土及河塘淤泥，等等。

（2）排出地面水。场地内低洼地区的积水必须排出，同时应注意雨水的排出，使场地保持干燥，以便于土方施工。地面水的排出一般要采用排水沟、截水沟、挡水土坝等措施。

（3）修筑好临时道路及供水、供电等临时设施。

（4）做好材料、机具及土方机械的进场工作。

二、场地平整及土方工程量计算

(一) 确定场地设计标高

场地设计标高是进行场地平整和土方量计算的依据,也是总体规划和竖向设计的依据。合理地确定场地设计标高,对减少土方量、加速工程速度都有重要的经济意义。当场地设计标高为正常水平线时,填挖方基本平衡,可将土方移挖作填,就地处理;当设计标高比较高时,填方大大超过挖方,则需从场地外大量取土回填;当设计标高比较低时,挖方大大超过填方,则要向场外大量弃土。因此,在确定场地设计标高时,应结合现场的具体条件,反复进行技术与经济的比较,选择最优方案。场地平整设计标高的确定一般有以下两种情况:一种是整体规划设计时确定场地设计标高。此时必须综合考虑以下因素:要能满足生产工艺和运输的要求;要充分利用地形,满足城市或区域地形规划和市政排水的要求;要按照场地内的挖方与填方能达到相互平衡(亦称"挖填平衡")的原则进行计算,以降低土方运输费用;要有一定泄水坡度(≥2‰),满足排水要求;要考虑最高洪水位的影响。另一种是总体规划没有确定场地设计标高时,按场地内挖填平衡、降低运输费用为原则,确定设计标高,由此来计算场地平整的土方工程量。场地设计标高一般应在设计文件中规定,若设计文件对场地设计标高没有规定时,可按下述步骤来确定场地设计标高。

1. 初步确定场地设计标高 H_0

初步计算场地设计标高的原则是场内挖填方平衡,即场内挖方总量等于填方总量。在具有等高线的地形图上将施工区域划分为边长 $a=10\sim40$ m 的若干方格。确定每个方格的各角点地面标高,一般根据地形图上相邻两等高线的标高,用插入法求得。在无地形图情况下,也可在地面用木桩打好方格网,然后用仪器直接测出方格网各角点标高。有了各方格角点的自然标高后,场地设计标高 H_0 就可按以下公式计算:

$$H_0 = \frac{\sum H_1 + 2\sum H_2 + 3\sum H_3 + 4\sum H_4}{4N} \quad (2\text{-}1)$$

式中:N——方格网内方格个数;

H_1——一个方格仅有的角点标高，m；

H_2——两个方格共有的角点标高，m；

H_3——三个方格共有的角点标高，m；

H_4——四个方格共有的角点标高，m。

2.调整场地设计标高

根据公式2-1初步确定的场地设计标高H_0仅为一理论值，实际上，还需要根据以下因素对其进行调整。

（1）土的可松性影响。由于土具有可松性，会造成填土的多余，故需相应地提高设计标高。

（2）场内挖方和填方的影响。由于场地内大型基坑挖出的土方、修筑路堤填高的土方，以及从经济角度比较，将部分挖方就近弃于场外（简称弃土）或将部分填方就近取土于场外（简称借土）等均会引起挖填土方量的变化，所以必要时需重新调整设计标高。

（3）考虑泄水坡度对设计标高的影响。按调整后的同一设计标高进行场地平整时，整个场地表面处于同一水平面，但实际上由于排水的要求，场地需要一定泄水坡度。平整场地的表面坡度应符合设计要求，如无设计要求时，排水沟方向的坡度应不小于2‰。因此，还需要根据场地的泄水坡度要求（单向泄水或双向泄水），计算出场地内各方格角点实际施工所用的设计标高。

①单向泄水时，场地各点设计标高的求法。当考虑场内挖填平衡的情况下，按公式2-1计算出的初步场地设计标高H_0作为场地中心线的标高。

②双向泄水时，场地各点设计标高的求法。其原理与单向泄水相同。

（二）场地土方工程量计算

大面积场地的土方量通常采用方格网法计算，即根据方格网的自然地面标高和实际采用的设计标高，计算出相应的角点挖填高度（施工高度），然后计算出每一方格的土方量，并算出场地边坡的土方量，这样便可得到整个场地的填、挖土方总量。"零线"即挖方区和填方区的分界线，也就是不挖不填的线。零线的确定方法是先求出有关方格边线（此边线的特点是一端为挖，另一端为填）上的"零点"（不挖不填的点），将相邻的零点连接起来，即为零线。

场地内各方格角点的施工高度按以下公式计算：

$$h_n = H_n - H \qquad (2\text{-}2)$$

式中：h_n——角点施工高度，即填挖高度，以"+"为填，"−"为挖，m；

H_n——角点设计标高，m；

H——角点的自然地面标高，m。

三、土方调配

（一）调配区的划分原则

进行土方调配时，首先要划分调配区。划分调配区应注意下列四点。

（1）调配区的划分应该与工程建（构）筑物的平面位置相协调，并考虑它们的开工顺序、工程的分期施工顺序；

（2）调配区的大小应该满足土方施工主导机械（铲运机、挖土机等）的技术要求；

（3）调配区的范围应该和土方工程量计算用的方格网协调，通常可由若干个方格组成一个调配区；

（4）当土方运距较大或场地范围内土方不平衡时，可根据附近地形，考虑就近取土或就近弃土，这时每个取土区或弃土区都可作为一个独立的调配区。

（二）平均运距的确定

调配区的大小和位置确定之后，便可计算各填、挖方调配区之间的平均运距。当用铲运机或推土机平土时，挖土调配区和填方调配区土方重心之间的距离，通常就是该填、挖方调配区之间的平均运距。当填、挖方调配区之间距离较远，采用汽车、自行式铲运机或其他运土工具沿工地道路或规定线路运土时，其运距应按实际情况进行计算。

（三）土方施工单价的确定

如果采用汽车或其他专用运土工具运土时，调配区之间的运土单价，可根据预算定额确定。当采用多种机械施工时，确定土方的施工单价就比较复杂，因为不仅是单机核算问题，还要考虑运、填配套机械的施工单价，确定一个综合单价。

第三节　土方工程施工方法

一、场地平整施工

（一）施工准备工作

1.场地清理

场地清理包括拆除施工区域内的房屋，拆除或改建通信和电力设施、上下水道及其他建筑物，迁移树木，清除含有大量有机物的草皮、耕植土、河塘淤泥等。

2.修筑临时设施与道路

施工现场所需临时设施主要包括生产性和生活性临时设施。生产性临时设施主要包括混凝土搅拌站、各种作业棚、建筑材料堆场及仓库等，生活性临时设施主要包括宿舍、食堂、办公室、厕所等。开工前还应修筑好施工现场内的临时道路，同时做好现场供水、供电、供气等管线的架设。

（二）场地平整施工方法

场地平整系综合施工过程，它由土方的开挖运输填筑、压实等施工过程组成，其中土方开挖是主导施工过程。土方开挖通常有人工、半机械化、机械化和爆破等数种方法。大面积的场地平整适宜采用大型土方机械，如推土机、铲运机或单斗挖土机等施工。

1.推土机施工

推土机是土方工程施工的主要机械之一,是在履带式拖拉机上安装推土铲刀等工作装置而成的机械。按铲刀的操纵机构不同,分为索式和液压式推土机两种。索式推土机的铲刀借本身自重切入土中,在硬土中切土深度较小。液压式推土机由于用液压操纵,能使铲刀强制切入土中,切入深度较大。同时,液压式推土机铲刀还可以调整角度,具有更大的灵活性,是目前常用的一种推土机。

推土机操纵灵活、运转方便,所需工作面较小,行驶速度快,易于转移,能爬30°左右的缓坡,因此应用范围较广。推土机适用于开挖一至三类土。它多用于挖土深度不大的场地平整,开挖深度不大于1.5 m的基坑,回填基坑和沟槽,堆筑高度在1.5 m以内的路基、堤坝,平整其他机械卸置的土堆;推送松散的硬土、岩石和冻土,配合铲运机进行助铲;配合挖土机施工,为挖土机清理余土创造工作面。此外,将铲刀卸下后,还能牵引其他无动力的土方施工机械,如拖式铲运机、松土机、羊足碾等,进行土方其他施工过程的施工。推土机的运距宜在100 m以内,效率最高的推运距离为40~60 m。

2.铲运机施工

铲运机是一种能够独立完成铲土、运土、卸土、填筑、整平的土方机械。按行走机构可分为拖式铲运机和自行式铲运机两种。拖式铲运机由拖拉机牵引,自行式铲运机的行驶和作业都靠本身的动力设备。

铲运机的工作装置是铲斗,铲斗前方有一个能开启的斗门,铲斗前设有切土刀片。切土时,铲斗门打开,铲斗下降,刀片切入土中。铲运机前进时,被切入的土挤入铲斗;铲斗装满土后,抬起土斗,放下斗门,将土运至卸土地点。铲运机对行驶的道路要求较低,操纵灵活,生产率较高。铲运机可在一至三类土中直接挖、运土,常用于坡度在20°以内的大面积土方挖、填、平整和压实,大型基坑、沟槽的开挖,路基和堤坝的填筑,不适于砾石层、冻土地带及沼泽地区使用。坚硬土开挖时要用推土机助铲或用松土机配合。

在土方工程中,常使用的铲运机的铲斗容量为2.5~8 m^3。自行式铲运机适用于运距800~3500 m的大型土方工程施工,以运距在800~1500 m的生产效率最高；拖式铲运机适用于运距为80~800 m的土方工程施工，而运距在200~350 m时效率最高。如果采用双联铲运或挂大斗铲运时，其运距可增加到1000 m。运距越长，生产率越低。因此，在规划铲运机的运行路线时，应力求符合经济运距的要求。

3.单斗挖土机施工

单斗挖土机是基坑（槽）土方开挖常用的一种机械，按其行走装置的不同分为履带式和轮胎式两类。根据工作需要，其工作装置可以更换。依其工作装置的不同，分为正铲、反铲、拉铲和抓铲四种。

二、土方开挖

（一）定位与放线

土方开挖前，要做好建筑物的定位放线工作。

1.建筑物定位

建筑物定位是将建筑物外轮廓的轴线交点测定到地面上，用木桩标定出来，桩顶钉上小钉指示点位，这些桩称为角桩。然后根据角桩进行细部测设。为了方便恢复各轴线位置，要把主要轴线延长到安全地点并做好标志，称为控制桩。为便于开槽后在施工各阶段确定轴线位置，应把轴线位置引测到龙门板上，用轴线钉标定。龙门板顶部标高一般定在+0.00 m，主要是便于施工时控制标高。

2.放线

放线是根据定位确定的轴线位置，用石灰画出开挖的边线。开挖上口尺寸应根据基础的设计尺寸和埋置深度、土壤类别及地下水情况确定，并确定是否留工作面和放坡等。

3.开挖中的深度控制

基槽（坑）开挖时，严禁扰动基层土层，破坏土层结构，降低承载力。要加强测量，以防超挖。控制方法为：在距设计基底标高300~500 mm时，及时用水准仪抄平，打上水平控制桩，作为挖槽（坑）时控制深度的依据。当开挖不深的基槽（坑）时，可在龙门板顶面拉上线，用尺子直接量开挖深度；当开挖较深的基坑时，用水准仪引测槽（坑）壁水平桩，一般距槽底300 mm，沿基槽每3～4 m钉设一个。使用机械挖土时，为防止超挖，可在设计标高以上保留200～300 mm土层不挖，而改用人工挖土。

（二）土方开挖

基础土方的开挖方法有人工挖方和机械挖方两种，应根据基础特点、规模、形式、深度以及土质情况和地下水位，结合施工场地条件确定。一般大中型工程基坑土方量大，宜使用土方机械施工，配合少量人工清槽；小型工程基槽窄，土方量小，宜采用人工或人工配合小型挖土机施工。

1.人工开挖

（1）在基础土方开挖之前，应检查龙门板、轴线桩有无位移现象，并根据设计图纸校核基础灰线的位置、尺寸、龙门板标高等是否符合要求。

（2）基础土方开挖应自上而下分步分层下挖，每步开挖深度约300 mm，每层深度以600 mm为宜，按踏步形逐层进行剥土；每层应留足够的工作面，避免相互碰撞出现安全事故；开挖应连续进行，尽快完成。

（3）挖土过程中，应经常按事先给定的坑槽尺寸进行检查。尺寸不够时对侧壁土及时进行修挖，修挖槽应自上而下进行，严禁从坑壁下部掏挖"神仙土"（挖空底脚）。

（4）所挖土方应两侧出土，抛于槽边的土方距离槽边1 m、堆高1 m为宜，以保证边坡稳定，防止因压载过大而产生塌方。除留足所需的回填土外，多余的土应一次运至用土处或弃土场，避免二次搬运。

（5）挖至距槽底约500 mm时，应配合测量放线人员抄出距槽底500 mm的水平线并沿槽边每隔3～4 m钉水平标高小木桩。应随时检查槽底标高，开挖不得低于设计标高。如个别处超挖，应用与基土相同的土料填补，并夯实到要求的密实度。或用碎石类土填补，并仔细夯实。如在重要部位超挖时，可用低强度等级的混凝土填补。

（6）如开挖后不能立即进行下一工序或在冬、雨期开挖，应在槽底标高以上保留150～300 mm不挖，待下道工序开始前再挖。冬期开挖，每天下班前应挖一步虚土并盖草帘等保温，尤其是挖到槽底标高时，地基土不准受冻。

2.机械挖方

（1）点式开挖。厂房的柱基或中小型设备基础坑，因挖土量不大，基坑坡度小，机械只能在地面上作业，一般多采用抓铲挖土机或反铲挖土机。抓铲挖土机能挖一、二类土和较深的基坑，反铲挖土机适于挖四类以下土和深度在4 m以内的基坑。

（2）线式开挖。大型厂房的柱列基础和管沟基槽截面宽度较小，有一定长度，适于机械在地面上作业，一般多采用反铲挖土机。如基槽较浅，又有一定宽度，土质干燥时也可采用推土机直接下到槽中作业，但基槽需有一定长度并设上下坡道。

（3）面式开挖。有地下室的房屋基础、箱形和筏形基础、设备与柱基础密集，采取整片开挖方式时，除可用推土机、铲运机进行场地平整和开挖表层外，多采用正铲挖土机、反铲挖土机或拉铲挖土机开挖。用正铲挖土机工效高，但需有上下坡道，以便运输工具驶入坑内，还要求土质干燥；反铲和拉铲挖土机可在坑上开挖，运输工具可不驶入坑内，坑内土潮湿也可以作业，但工效比正铲低。

三、土方的填筑

为了保证填土工程的质量，必须正确选择土料和填筑方法。对填方土料应按设计要求验收后方可填入。如设计无要求，一般按下述原则进行：碎石类土砂土（使用细、粉砂时应取得设计单位同意）和爆破石渣可用作表层以下的填料；含水量符合压实要求的黏性土，可用作各层填料；碎块草皮和有机质含量大于8%的土，仅用于无压实要求的填方。含大量有机物的土，容易降解变形而降低承载能力；含水溶性硫酸盐大于5%的土，在地下水作用下，硫酸盐会逐渐溶解消失，形成孔洞而影响密实性，因此这两种土以及淤泥和淤泥质土、冻土、膨胀土等均不应作为填土。

填土应分层进行，并尽量采用同类土填筑。如采用不同土填筑时，应将透水性较大的土层置于透水性较小的土层之下，不能将各种土混杂在一起使用，以免填方内形成水囊。碎石类土或爆破石渣做填料时，其最大粒径不得超过每层铺土厚度的2/3，使用振动碾时，不得超过每层铺土厚度的3/4；铺填时，大块料不应集中，且不得填在分段接头或填方与山坡连接处。当填方位于倾斜的山坡上时，应将斜坡挖成阶梯状，以防填土横向移动。回填基坑和管沟时，应从四周或两侧均匀地分层进行，以防基础和管道在土压力作用下产生偏移或变形。回填以前，应清除填方区的积水和杂物，如遇软土、淤泥，必须进行换土回填。在回填时，应防止地面水流入，并预留一定的下沉高度（一般不得超过填方高度的3%）。

第四节　基坑开挖与支护

场地平整工程完成后的后续工作就是基坑（槽）的开挖。在开挖基坑（槽）之前，首先应根据相关施工规范、规程和现场的地质水文情况确定边坡坡度，制定边坡稳定措施，再进行基坑（槽）的土方工程量计算，然后现场定位放线，实施开挖，最后验槽。

一、土方边坡

（一）边坡坡度

在开挖基坑、沟槽或填筑路堤时，为了防止塌方，保证施工安全及边坡稳定，其边沿应考虑放坡。土方边坡的坡度用土方挖方深度h与底宽b之比表示。土方开挖或填筑的边坡可以做成直线形、折线形和阶梯形。土方边坡的大小主要与土质、开挖深度、开挖方法、边坡留置时间的长短、边坡附近的各种荷载状况及排水情况有关。

当地质条件良好、土质均匀且地下水位低于基坑（槽）或管底面标高时，挖方边坡可做成直立壁（不放坡）不加支撑，但不宜超过下列规定。

（1）密实、中密的砂土和碎石类土（充填物为砂土），不超过1.0 m。

（2）硬塑、可塑的轻亚黏土及亚黏土，不超过1.25 m。

（3）硬塑、可塑的黏土和碎石类土（填充物为黏性土），不超过1.5 m。

(4)坚硬的黏土,不超过2.0 m。

挖方深度超过上述规定时,应考虑放坡或做直立壁加支撑。

(二)边坡稳定

一般情况下,应对土方边坡做稳定性分析,即在一定开挖深度及坡顶荷载下,选择合适的边坡坡度,使土体抗剪切破坏有足够的安全度,而且其变形不应超过某一容许值。施工中除应正确确定边坡外,还要进行护坡,以防边坡发生滑动。土坡的滑动一般是指土方边坡在一定范围内整体地沿某一滑动面向下和向外移动而丧失其稳定性。因此,土体的稳定条件是:在土体的重力及外部荷载作用下所产生的剪应力小于土体的抗剪强度。

土体的下滑在土体中产生剪应力,引起下滑力增加的因素主要有:坡顶上堆物、行车等荷载,边坡太陡,挖深过大,雨水或地面水渗入土中使土的含水量提高而使土的自重增加,地下水的渗流产生一定的动水压力,土体竖向裂缝中的积水产生侧向静水压力,等等。引起土体抗剪强度降低的因素主要有:气候的影响使土质松软,土体内含水量增加而产生润滑作用,饱和的细砂、粗砂受振动而液化,等等。

(三)边坡护面措施

基坑(槽)或管沟挖好后,应及时进行基础工程或地下结构工程施工。在施工过程中,应经常检查坑壁的稳定情况。当开挖基坑较深或暴露时间较长时,应根据实际情况采取护面措施。常用的坡面保护方法有薄膜或砂浆覆盖、挂网或挂网抹砂浆护面、钢丝网混凝土或钢筋混凝土护面、土袋或砌石压坡护面等。

二、基坑(槽)支护

开挖基坑(槽)时,若地质条件及周围环境许可,采用放坡开挖是较经济的。但在建筑稠密地区施工,或有地下水渗入基坑(槽)时,往往不可能按要求的坡度放坡开挖,这就需要进行基坑(槽)支护,以保证施工安全，并减少对相邻建筑、管线等的不利影响。基坑（槽）支护结构的主要作用是支撑土壁。此外，地下连续墙、钢板桩及水泥土搅拌桩等围护结构还兼有不同程度的隔水作用。基坑（槽）支护结构的形式有多种，常用的有横撑式支撑、土钉支护、地下连续墙和型钢水泥土搅拌墙等。

（一）横撑式支撑

开挖较窄的沟槽，多用横撑式土壁支撑。横撑式土壁支撑根据挡土板的不同，分为水平挡土板式和垂直挡土板式两类。水平挡土板的布置又分间断式和连续式两种。湿度小的黏性土，挖土深度小于3 m时，可用间断式水平挡土板支撑；对松散、湿度大的土可用连续式水平挡土板支撑，挖土深度可达5 m。对松散和湿度很高的土可用垂直挡土板式支撑，挖土深度不受限制。采用横撑式支撑时，应随挖随撑，支撑要牢固。施工中应经常检查，如有松动、变形等现象时，应及时加固或更换。支撑的拆除应按回填顺序依次进行，多层支撑应自下而上逐层拆除、随拆随填。

（二）土钉支护施工

基坑开挖的坡面上，采用机械钻孔，孔内放入钢筋注浆，在坡面上安装钢筋网，喷射厚度为80~200 mm的C20混凝土，使土体、钢筋与喷射混凝土面结合为一体，强化土体的稳定性。这种深基坑的支护结构称为土钉支护，又称喷锚支护、土钉墙。

1.土钉支护的适用条件

土钉支护一般适用于地下水位以上或进行人工降水后的可塑、硬塑或坚硬的黏性土，胶结或弱胶结（包括毛细水黏结）的粉土、砂土和角砾填土；随着土钉支护理论与施工技术的不断成熟，在经过大量工程实践后，土钉支护在杂填土、松散砂土、软塑或流塑土、软土中也得以应用，并可与混凝土灌注桩、钢板桩或在地下水位以上的土层与止水帷幕等配合使用进行支护，扩大了土钉支护的适用范围。采用土钉支护的基坑深度不宜超过18 m。

2.土钉支护的施工

（1）工序。编写施工方案及施工准备开挖→清理边坡→孔位布点→成孔→安设土钉钢筋（钢管）→注浆→铺设钢筋网→喷射混凝土面层→下一步开挖。

（2）施工工艺。

①准备工作。认真学习规范，熟悉设计图纸，以书面形式让甲方出具地下障碍物、管线位置图，了解工程的质量要求以及施工中的监控内容，编写施工方案。

②开挖。土钉支护应按施工方案规定的分层开挖深度按作业顺序施工，在完成上层作业面的土钉与喷射混凝土以前，不得进行下一层深度的开挖；当用机械进行土方作业时，严禁边壁出现超挖或造成边壁土体松动；当基坑边线较长，可分段开挖，开挖长度为10~20 m；为防止基坑边坡的裸露土体发生塌陷，对于易坍塌的土体应因地制宜地采取相应措施。

③孔位布点。土钉成孔前，应按设计要求定出孔位并做出标记编号。孔位的允许偏差不大于150 mm。

④成孔。根据经验与现场试验，一般采用人工洛阳铲成孔，孔径、孔深、孔距、倾角必须满足设计标准，其误差应符合《基坑土钉支护技术规程》（CECS96：97）的要求。

⑤置钉。在直径为16~32 mm的Ⅱ级或Ⅰ级钢筋上设置定位架，保证钢筋处于孔中心位置，支架沿钉长的间距为2~3 m，支架的构造应不妨碍注浆时浆液的自由流动。

⑥注浆。成孔后应及时将土钉钢筋置入孔中，可采用重力、低压（0.4~0.6 MPa）或高压（1~2 MPa）方法按配比将水泥浆或砂浆注入孔内。

⑦铺设钢筋网。钢筋网可采用直径为6~10 mm的盘条钢筋焊接或绑扎而成，网格尺寸为150~300 mm。在喷射混凝土之前，面层内的钢筋网应牢固固定在边壁上并符合规定要求的保护层厚度。钢筋网片可用插入土中的钢筋固定，在混凝土喷射时不应出现振动。

⑧喷射混凝土面层。喷射混凝土的喷射顺序应自下而上；为保证喷射混凝土的厚度，可用插入土内用以固定钢筋网片的钢筋作为标志加以控

制；喷射混凝土终凝后2 h，应根据当地条件，采取连续喷水养护5~7 d；土钉支护最后一步的喷射混凝土面层宜插入基坑底部以下，深度不小于0.2 m，在基坑顶部也宜设置宽度为1~2 m的喷射混凝土护顶。

⑨排水系统。土钉支护宜在排除地下水的条件下施工。应采取的排水措施包括地表排水、支护内部排水以及基坑排水，以避免土体处于饱和状态，并减轻作用于面层上的静水压力。

（三）地下连续墙施工

地下连续墙是在地面上采用一种挖槽机械，沿着深开挖工程的周边轴线，在泥浆护壁条件下，开挖出一条狭长的深槽，清槽后，在槽内吊放钢筋笼，然后用导管法灌筑水下混凝土筑成一个单元槽段；如此逐段进行，在地下筑成一道连续的钢筋混凝土墙壁，作为截水、防渗、承重、挡水结构。若将用作支护挡墙的地下连续墙又作为建筑物地下室或地下构筑物的结构外墙，即所谓的"两墙合一"，则经济效益更加显著。

1.地下连续墙的特点

地下连续墙之所以能得到如此广泛的应用和其具有的优点是分不开的。地下连续墙的优点如下。

（1）施工时振动小，噪声低，非常适合在城市施工。

（2）墙体刚度大。用于基坑开挖时，可承受很大的土压力，极少发生地基沉降或塌方事故，已经成为深基坑支护工程中必不可少的挡土结构。

（3）防渗性能好。由于墙体接头形式和施工方法的改进，地下连续墙几乎不透水。

（4）可用于逆做法施工。地下连续墙刚度大，易于设置埋设件，很适合逆做法施工。

（5）适用于多种地基条件。地下连续墙对地基的适用范围很广，从软弱的冲积地层到中硬的地层、密实的砂砾层，各种软岩和硬岩的地基都可以建造地下连续墙。

（6）可用作刚性基础。目前，地下连续墙不再单纯作为防渗防水、深基坑维护墙，而是越来越多地用地下连续墙代替桩基础、沉井或沉箱基础，承受更大荷载。

（7）用地下连续墙做土坝、尾矿坝和水闸等水工建筑物的垂直防渗结构，是非常安全和经济的。

（8）占地少，可以充分利用建筑红线以内有限的地面和空间，充分发挥投资效益。

（9）工效高、工期短、质量可靠、经济效益高。

但地下连续墙也存在以下一些不足：在一些特殊的地质条件下（如很软的淤泥质土、含漂石的冲积层和超硬岩石等），施工难度很大，如果施工方法不当或施工地质条件特殊，可能出现相邻墙段不能对齐和漏水的问题。地下连续墙如果用作临时的挡土结构，比其他方法的费用要高些。在城市施工时，废泥浆的处理比较麻烦。

2.地下连续墙的施工

（1）工序。施工前的准备工作→修筑导墙→泥浆护壁→挖深槽→清底→钢筋笼加工与吊放→混凝土浇筑。

（2）施工工艺。

①施工前的准备工作。在进行地下连续墙设计和施工之前，必须认真对施工现场的情况和工程地质、水文地质情况进行调查研究，以确保施工的顺利进行。

②修筑导墙。导墙是地下连续墙挖槽之前修筑的临时结构，对挖槽起重要作用。导墙的作用是：为地下连续墙定位置、定标高；成槽时为挖槽机定向；储存和排泄泥浆，防止雨水混入；稳定泥浆；支撑挖槽机具钢筋笼和接头管、混凝土导管等设备的施工重量；保持槽顶面土体的稳定，防止土体塌落。

现浇钢筋混凝土导墙施工顺序是：平整场地→测量定位→挖槽及处理弃土→绑扎钢筋→支模板→浇筑混凝土→拆模并设置横撑→导墙外侧回填土（如无外侧模板不进行此项工作）。

③泥浆护壁。地下连续墙的深槽是在泥浆护壁下进行挖掘的。泥浆在成槽过程中有护壁、携渣、冷却和润滑的作用。

④挖深槽。挖深槽的主要工作包括单元槽段划分、挖槽机械的选择与正确使用、制定防止槽壁坍塌的措施和特殊情况的处理等。

地下连续墙施工时，预先沿墙体长度方向把地下墙划分为多个某种长度的"单元槽段"。单元槽段的最小长度不得小于一个挖掘段，即不得小于挖掘机械的挖土工作装置的一次挖土长度。在地下连续墙施工中常用的挖槽机械，按其工作机理主要分为挖斗式、回转式和冲击式三大类。

挖斗式挖槽机是以斗齿切削土体，切削下来的土体收容在斗体内，再从沟槽内提出地面开斗卸土，然后又返回沟槽内挖土，如此重复进行挖槽。为保证挖掘方向，提高成槽精度，可采用以下两种措施：一种是在抓斗上部安装导板，即成为国内常用的导板抓斗；另一种是在挖斗上装长导杆，导杆沿着机架上的导向立柱上下滑动，成为液压抓斗，这样既保证了挖掘方向，又增加了斗体自重，提高了对土的切入力。回转式挖槽机是以回转的钻头切削土体进行挖掘，钻下的土渣随循环的泥浆排出地面。按照钻头数目，回转式挖槽机分为单头钻和多头钻，单头钻主要用来钻导孔，多头钻用来挖槽。目前，我国使用的冲击式挖槽机主要是钻头冲击式，它是通过各种形状钻头的上下运动，冲击破碎土层，借助泥浆循环把土渣携出槽外。它适用于黏性土、硬土和夹有孤石等较为复杂的地层情况。钻头冲击式挖槽机的排土方式有正循环方式和反循环方式两种。

⑤清底。在挖槽结束后清除槽底沉淀物的工作称为清底。常用的清除沉渣的方法有砂石吸力泵排泥法、潜水泥浆泵排泥法、抓斗直接排泥法。清底后，槽内泥浆的相对密度应在1.15以下。清底一般安排在插入钢筋笼之前进行。单元槽段接头部位附着的土渣和泥皮会显著降低接头处的防渗性能，宜用刷子刷除或用水枪喷射高压水流进行冲洗。

⑥钢筋笼加工与吊放。钢筋笼根据地下连续墙墙体配筋图和单元槽段的划分来制作。单元槽段的钢筋笼应装配成一个整体；必须分段时宜采用焊接或机械连接，接头位置宜选在受力较小处，并相互错开。

⑦混凝土浇筑。混凝土配合比的设计与灌注桩导管法相同。地下连续墙的混凝土浇筑机具可选用履带式起重机、卸料翻斗、混凝土导管和储料斗，并配备简易浇筑架，一起组成一套设备。为了便于混凝土向料斗供料和装卸导管，还可以选用混凝土浇筑机架进行地下连续墙的浇筑。机架可以在导墙上沿轨道行驶。

三、基坑（槽）开挖施工

土方开挖应遵循"开槽支撑，先撑后挖，分层开挖，严禁超挖"的原则。

在开挖基坑（槽）时应按规定的尺寸合理确定开挖顺序和分层开挖深度，连续地进行施工，尽快地完成。因土方开挖施工要求标高、断面准确，土体应有足够的强度和稳定性，所以在开挖过程中要随时注意检查。挖出的土除预留一部分用作回填外，不得在场地内任意堆放，应把多余的土运到弃土地区，以免妨碍施工。为防止坑壁滑坡，根据土质情况及坑（槽）深度，在坑顶两边的一定距离（一般为0.8 m）内不得堆放弃土，在此距离外堆土高度不得超过1.5 m；否则，应验算边坡的稳定性。在桩基周围、墙基或围墙一侧，不得堆土过高。在坑边放置有动载的机械设备时，也应根据验算结果，与坑边保持较远的距离；如地质条件不好，还应采取加固措施。为了防止底土（特别是软土）受到浸水或其他原因的扰动，在基坑（槽）挖好后，应立即做垫层或浇筑基础；否则，挖土时应在基底高以上保留150~300 mm厚的土层，待基础施工时再行挖去。如果用机械挖土，为防止基底土被扰动，结构被破坏，不应直接挖到坑（槽）底，应根据机械种类，在基底标高以上留出200~300 mm厚的土层，待基础施工前用人工铲平修整。挖土时不得超过基坑（槽）的设计标高，如个别处超挖，应用与基土相同的土料填补，并夯实到要求的密实度；如果用原土填补不能达到要求的密实度时，应用碎石类土填补，并仔细夯实。如果重要部位被超挖，可用低强度等级的混凝土填补。

在软土地区开挖基坑（槽）时，应符合下列规定。

（1）施工前必须做好地面排水或降低地下水位的工作。地下水位应降低至基坑底以下0.5~1.0 m后方可开挖。降水工作应持续到回填完毕。

（2）施工机械行驶的道路应填筑适当厚度的碎石或砾石，必要时应铺设工具式路基箱（板）或梢排等。

（3）相邻基坑（槽）开挖时，应遵循先深后浅或同时进行的施工顺序，并应及时做好基础。

（4）在密集群桩上开挖基坑时，应在打桩完成后间隔一段时间，再对称挖土。在密集群桩附近开挖基坑（槽）时，应采取措施防止桩基发生位移。

（5）挖出的土不得堆放在坡顶上或建筑物（构筑物）附近。

基坑（槽）开挖有人工开挖和机械开挖两种方式。对于大型基坑应优先考虑选用机械开挖，以加快施工进度。

深基坑应采用"分层开挖，先撑后挖"的开挖方法。在基坑正式开挖之前，先将第一层地表土挖运出去，浇筑锁口圈梁，进行场地平整和基坑降水等准备工作，安设第一道支撑（角撑），并施加预顶轴力，然后开挖第二层土到-4.5 m。再安设第二道支撑，待双向支撑全面形成并施加轴力后，挖土机和运土车下坑在第二道支撑上部（铺路基箱）开始挖第三层土，并采用台阶式"接力"方式挖土，一直挖到坑底。第三道支撑应随挖随撑，逐步形成。最后用抓斗式挖土机在坑外挖两侧土坡的第四层土。

在深基坑开挖过程中，随着土的挖除，下层土因逐渐卸载而有可能回弹，尤其在基坑挖至设计标高后，如果搁置时间过久，回弹更为显著。如弹性隆起在基坑开挖和基础工程初期发展很快，它将加大建筑物的后期沉降。因此，对深基坑开挖后的土体回弹，应有适当的估计，如在勘察阶段，土样的压缩试验中应补充卸荷弹性试验等。还可以采取结构措施，在基底设置桩基等，或事先对结构下部土质进行深层地基加固。在施工中减少基坑弹性隆起的一个有效方法是把土体中有效应力的改变降低到最少。具体方法有加速建造主体结构，或逐步利用基础的重量来代替被挖去土体的重量。

第五节　施工排水与降水

在基坑开挖前，应做好地面排水和降低地下水位工作。开挖基坑或沟槽时，土的含水层被切断，地下水会不断地渗入基坑。雨季施工时，地面水也会流入基坑。为了保证施工的正常进行，防止边坡塌方和地基承载力下降，在基坑开挖前和开挖时必须做好排水降水工作。基坑排水降水方法可分为明排水法和地下水控制。

一、明排水法

明排水法（集水井降水法）是采用截、疏、抽的方法来进行排水，即在开挖基坑时，沿坑底周围或中央开挖排水沟，再在沟底设置集水井，使基坑内的水经排水沟流向集水井内，然后用水泵抽出坑外。基坑四周的排水沟及集水井应设置在基础范围以外（≥0.5 m），地下水流的上游。明沟排水的纵坡宜控制在1‰~2‰；集水井应根据地下水量、基坑平面形状及水泵能力，每隔20~40 m设置一个。集水井的直径或宽度一般为0.7~0.8 m，其深度随挖土加深，应经常保持低于挖土面0.8~1.0 m。井壁可用竹、木等进行简易加固。当基坑挖至设计标高后，井底应低于坑底1~2 m，并铺设0.3 m厚的碎石滤水层，以免在抽水时将泥沙抽出，并防止井底的土被搅动。抽水机具常用潜水泵或离心泵，视涌水量的大小24 h随时抽排，直至槽边回填土开始。明排水法由于设备简单和排水方便，采用较为普通。但当开挖深度大、地下水位较高而土质又不好时，用明排水法降水，挖至地下水位以下时，有时坑底面的土颗粒会形成流动状态，随地下水流入基坑，这种现象称为流沙现象。发生流沙时，土完全丧失承载能力，使施工条件恶化，难以达到开挖设计深度，严重时会造成边坡塌方及附近建筑物下沉、倾斜、倒塌等现象。

（一）流沙形成的原因

流沙现象的形成有其内因和外因。内因取决于土壤的性质。土的孔隙率大、含水量大、黏粒含量少、粉粒多、渗透系数小、排水性能差等均容易产生流沙现象。因此，流沙现象经常发生在细砂、粉砂和亚砂土中。但会不会发生流沙现象，还应具备一定的外因条件，即地下水及其产生动水压力的大小和方向。当地下水位较高，基坑内排水所造成的水位差越大时，动水压力也越大；当动水压力大于等于浮土重力时，就会推动土壤失去稳定，形成流沙现象。

此外，当基坑位于不透水层内，而不透水层下面为承压蓄水层，坑底不透水层的覆盖厚度的重量小于承压水的顶托力时，基坑底部就可能发生管涌冒砂现象。

（二）防治流沙的方法

防治流沙总的原则是"治砂必治水"。其途径有三：一是减少或平衡动水压力，二是截住地下水流，三是改变动水压力的方向。具体措施如下。

1. 枯水期施工

因地下水位低，坑内外水位差小，动水压力减少，从而可预防和减轻流沙现象。

2. 打板桩

将板桩沿基坑周围打入不透水层，便可起到截住水流的作用；或者打入坑底面一定深度，这样将地下水引至坑底以下流入基坑，不仅增加了渗流长度，而且改变了动水压力方向，从而可达到减少动水压力的目的。

3. 水中挖土

水中挖土即不排水施工，使坑内外的水压相平衡，不致形成动水压力。如沉井施工，不排水下沉，进行水中挖土，水下浇筑混凝土，这些都是防治流沙的有效措施。

4. 人工降低地下水位

截住水流，不让地下水流入基坑，不仅可防治流沙和土壁塌方，还可改善施工条件。

5. 地下连续墙法

此法是沿基坑的周围先浇筑一道钢筋混凝土的地下连续墙，从而起到承重、截水和防流沙的作用，它又是深基础施工的可靠支护结构。

6. 抛大石块，抢速度施工

如在施工过程中发生局部的或轻微的流沙现象，可组织人力分段抢挖，挖至标高后，立即铺设芦席并抛大石块，增加土的压力，以平衡动水压力，力争在未产生流沙现象之前，将基础分段施工完毕。

此外，在含有大量地下水土层中或沼泽地区施工时，还可以采取土壤冻结法；对位于流沙地区的基础工程，应尽可能用桩基或沉井施工，以节约防治流沙所增加的费用。

二、地下水控制

地下水控制方法可分为降水、截水和回灌等方式单独或组合使用。

(一) 井点降水法

井点降水法就是在基坑开挖前，预先在基坑四周埋设一定数量的滤水管（井），利用抽水设备从中抽水，使地下水位降落到坑底以下，直至施工结束为止。这样，可使所挖的土始终保持干燥状态，改善施工条件，同时还使动水压力方向向下，从根本上防止流沙发生，并增加土的有效应力，提高土的强度或密实度。因此，井点降水法不仅是一种施工措施，也是一种地基加固方法。采用井点降水法降低地下水位可适当增加边坡坡度、减少挖土数量，但在降水过程中，基坑附近的地基土壤会有一定沉降，施工时应加以注意。轻型井点降低地下水位，是沿基坑周围一定的间距埋入井点管（下端为滤管）至蓄水层，在地面上用集水总管将各井点管连接起来，并在一定位置设置抽水设备，利用真空泵和离心泵的真空吸力作用，使地下水经滤管进入井管，然后经总管排出，从而降低地下水位。

1.轻型井点的设备

轻型井点的设备由管路系统和抽水设备组成。管路系统由滤管、井点管、弯联管及总管等组成。滤管是长1.0~1.7 m，外径为38 mm或51 mm的无缝钢管，管壁上钻有直径为12~19 mm的星旗状排列的滤孔，滤孔面积为滤管表面积的20%~25%。滤管外面包裹两层孔径不同的滤网。内层为细滤网，采用30~40眼/平方厘米的铜丝布或尼龙丝布；外层为粗滤网，采用5~10眼/平方厘米的塑料纱布。为了使流水畅通，管壁与滤网之间用塑料管或铁丝绕成螺旋形隔开，滤管外面再绕一层粗铁丝保护，滤管下端为一铸铁斗。

井点管用直径38 mm或55 mm、长5~7 m的无缝钢管或焊接钢管制成，下接滤管，上端通过弯联管与总管相连。弯联管一般采用橡胶软管或透明塑料管，后者可以随时观察井点管的出水情况。总管为直径100~127 mm的无缝钢管，每节长4 m，各节间用橡皮套管连接，并用钢箍箍紧，防止漏水。总管上装有与井点管连接的短接头，间距为0.8或1.2 m。

抽水设备由真空泵、离心泵和水汽分离器（又称集水箱）等组成。

2.轻型井点的布置

轻型井点的布置应根据基坑的大小与深度、土质、地下水位高低与流向、降水深度要求等确定。

（1）平面布置。当基坑或沟槽宽度小于6 m，水位降低值不大于5 m时，可用单排线状井点，布置在地下水流的上游一侧，两端延伸长度一般不小于沟槽宽度。如沟槽宽度大于6 m，或土质不良，宜用双排井点。面积较大的基坑宜用环状井点。有时也可以布置成U形，以利于挖土机械和运输车辆出入基坑，环状井点的四角部分应适当加密；井点管距离基坑一般为0.7～1.0 m，以防漏气。井点管间距一般为0.8～1.5 m，或由计算和经验确定。

井点管间距不能过小，否则彼此干扰大，出水量会显著减少，一般可取滤管周长的5～10倍；在基坑周围四角和靠近地下水流方向一边的井点管应适当加密；当采用多级井点排水时，下一级井点间距应较上一级的小；实际采用的井距，还应与集水总管上短接头的间距相适应（可按0.8 m、1.2 m、1.6 m、2.0 m四种间距选用）。采用多套抽水设备时，井点系统应分段，各段长度应大致相等。分段地点宜选择在基坑转弯处，以减少总管弯头数量，提高水泵抽吸能力。水泵宜设置在各段总管中部，使泵两边水流平衡。分段处应设阀门或将总管断开，以免管内水流紊乱，影响抽水效果。

（2）高程布置。轻型井点的降水深度在考虑设备水头损失后，不超过6 m。

此外，确定井点埋深时，还要考虑到井点管一般要露出地面0.2 m左右。如果计算出H值大于井点管长度，则应降低井点管的埋置面（但以不低于地下水位线为准）以适应降水深度的要求。在任何情况下，滤管必须埋在透水层内。为了充分利用抽吸能力，总管的布置标高宜接近地下水位线（可事先挖槽），水泵轴心标高宜与总管平行或略低于总管。总管应具有0.25%～0.5%的坡度（坡向泵房）。各段总管与滤管最好分别设在同一水平面上，不宜高低悬殊。当一级井点系统达不到降水深度要求时，可视其具体情况采用其他方法降水。如上层土的土质较好时，先用集水井排水法挖去一层土再布置井点系统；也可采用二级井点，即先挖去第一级井点所疏干的土，然后在其底部装设第二级井点。

（二）截水

由于井点降水会引起周围地层的不均匀沉降，但在高水位地区开挖深基坑必须采用降水措施以保证地下工程的顺利进展，因此，在施工时一方面要保证基坑工程的施工，另一方面又要防范周围环境引起的不利影响。施工时应设置地下水位观测孔，并对临时建筑、管线进行监测；在降水系统运转过程中随时检查观测孔中的水位，发现沉降量达到报警值时应及时采取措施。同时，如果施工区周围有湖、河等贮水体时，应在井点和贮水体之间设置止水帷幕，以防抽水造成与贮水体穿通，引起大量涌水，甚至带出土颗粒，产生流沙现象。在建筑物和地下管线密集区等对地面沉降控制有严格要求的地区开挖深基坑，应尽可能采取止水帷幕，并进行坑内降水的方法。这样一方面可疏干坑内地下水，以利于开挖施工；另一方面可利用止水帷幕切断坑外地下水的涌入，大大减小对周围环境的影响。

止水帷幕的厚度应满足基坑防渗要求。当地下含水层渗透性较强、厚度较大时，可采用悬挂式竖向截水与坑内井点降水相结合，或采用悬挂式竖向截水与水平封底相结合的方案。

（三）回灌

场地外缘回灌系统也是减小降水对周围环境影响的有效方法。回灌系统包括回灌井点和砂沟、砂井回灌两种形式。回灌井点是在抽水井点设置线外4~5 m处，以间距3~5 m插入注水管，将井点中抽取的水经过沉淀后用压力注入管内，形成一道水墙，以防止土体过量脱水，而基坑内仍可保持干燥。这种情况下抽水管的抽水量约增加10%，所以可适当增加抽水井点的数量。回灌可采用井点、砂井、砂沟等。

第六节　基坑验槽

一、验槽方法

基坑（槽）开挖完毕后，应由施工单位、勘察单位、设计单位、监理单位、建设单位及质检监督部门等有关人员共同进行质量检验。

（1）表面检查验槽。根据槽壁土层分布，判断基底是否已挖至设计要求的土层，观察槽底土的颜色是否均匀一致，是否有软硬不同，是否有杂质、瓦砾及古井、枯井等。

（2）钎探检查验槽。用锤将钢钎打入槽底土层内，根据每打入一定深度的锤击次数来判断地基土质情况。此法主要适用于砂土及一般黏性土。

二、验槽时必须具备的资料和条件

（1）勘察、设计、建设（或监理）、施工等单位有关负责人员及技术人员到场。

（2）基础施工图和结构总说明。

（3）详勘阶段的岩土工程勘察报告。

（4）开挖完毕，槽底无浮土、松土（若分段开挖，则每段条件相同），条件良好的基槽。

三、无法验槽的情况

（1）基槽底面与设计标高相差太大。

（2）基槽底面坡度较大，高低悬殊。

（3）槽底有明显的机械车辙痕迹，槽底土扰动明显。

（4）槽底有明显的机械开挖、未加人工清除的沟槽、铲齿痕迹。

（5）现场没有详勘阶段的岩土工程勘察报告或基础施工图和结构总说明。

四、验槽前的准备工作

（1）察看结构说明和地质勘察报告，对比结构设计所用的地基承载力、持力层与报告所提供的是否相同。

（2）询问、查看建筑位置是否与勘察范围相符。

（3）查看场地内是否有软弱下卧层。

（4）场地是否为特别的不均匀场地，是否存在勘察方要求进行特别处理的情况，而设计方没有进行处理。

（5）要求建设方提供场地内是否有地下管线和相应地下设施的资料。

五、推迟验槽的情况

（1）设计所使用承载力和持力层与勘察报告所提供不符。

（2）场地内有软弱下卧层而设计方未说明相应的原因。

（3）场地为不均匀场地，勘察方需要进行地基处理而设计方未进行处理。

第三章 地基处理与基础工程施工

第一节 地基处理

一、地基处理方案

地基是指建筑物下面支承基础的土体或岩体。地基的主要作用是承托建筑物的上部荷载。地基不是建筑物本身的一部分，但与建筑物的关系非常密切。它对保证建筑物的坚固耐久具有非常重要的作用。地基有天然地基和人工地基两类。其中，天然地基是指不需要对地基进行处理就可以直接放置基础的天然土层；人工地基是指天然土层的土质过于软弱或不良的地质条件，需要人工加固处理后才能修建的地基。地基处理即为提高地基承载力，改善其变形性质或渗透性质而采取的人工处理地基的方法。

在建筑工程中遇到工程结构的荷载较大，地基土质又较软弱（强度不足或压缩性大），不能作为天然地基时，可针对不同情况，采取各种人工加固处理的方法，以改善地基性质，提高承载力，增加稳定性，减少地基变形和基础埋置深度。在建筑学中，地基的处理是十分重要的，地基对上层建筑是否牢固具有无可替代的作用。建筑物的地基不够好，上层建筑很可能倒塌，而地基处理的主要目的是采用各种地基处理方法以改善地基条件。

在选择地基处理方案前，应完成下列工作：搜集详细的岩土工程勘察资料、上部结构及基础设计资料等。结合工程情况，了解当地地基处理经验和施工条件，对于有特殊要求的工程，尚应了解其他地区相似场地上同类工程的地基处理经验和使用情况等。根据工程的要求和采用天然地基存在的主要问题，确定地基处理的目的、处理范围和处理后要求达到的各项技术经济指标等。调查邻近建筑、地下工程和有关管线等情况。了解建筑场地的环境情况。在选择地基处理方案时，应考虑上部结构、基础和地基的共同作用，并经过技术经济比较，选用处理地基或加强上部结构和处理地基相结合的方案。

二、换填法

换填法也称换土垫层法，是将在基础底面以下处理范围内的软弱土层部分或全部挖去，然后分层换填密度大、强度高、水稳定性好的砂、碎石或灰土等材料及其他性能稳定和无侵蚀性的材料，并碾压、夯实或振实至要求的密实度。换填垫层按回填的材料可分为砂（或砂石）垫层、碎石垫层、粉煤灰垫层、干渣垫层、土（灰土、二灰）垫层等。换填法可提高持力层的承载力，减少沉降量。其常用机械碾压、平板振动和重锤夯实进行施工。

换填垫层适用于浅层软弱土层（淤泥质土、松散素填土、杂填土、浜填土以及已完成自重固结的冲填土）或不均匀土层的地基处理。换填垫层的厚度应根据置换软弱土的深度以及下卧土层的承载力确定，厚度宜为 0.5~3 m。

（一）垫层材料

垫层材料的选用应符合下列要求。

（1）砂石宜选用碎石、卵石、角砾、圆砾、砾砂、粗砂、中砂或石屑，应级配良好，不含植物残体、垃圾等杂质。当使用粉细砂或石粉时，应掺入不少于总重30%的碎石或卵石。砂石的最大粒径不宜大于50 mm。对湿陷性黄土地基，不得选用砂石等透水材料。

（2）粉质黏土。土料中有机质含量不得超过5%，且不得含有冻土或膨胀土。当含有碎石时，其粒径不宜大于50 mm。用于湿陷性黄土或膨胀土地基的粉质黏土垫层，土料中不得夹有砖、瓦和石块等。

（3）灰土。体积配合比宜为2∶8或3∶7。石灰宜选用新鲜的消石灰，其最大粒径不得大于5 mm。土料宜选用粉质黏土，不宜使用块状黏土，且不得含有松软杂质，土料应过筛且最大粒径不得大于15 mm。

（4）粉煤灰。选用的粉煤灰应满足相关标准对腐蚀性和放射性的安全要求。粉煤灰垫层上宜覆土0.3~0.5 m。粉煤灰垫层中采用掺加剂时，应通过试验确定其性能及适用条件。粉煤灰垫层中的金属构件、管网应采取防腐措施。大量填筑粉煤灰时，应经过场地地下水和土壤环境的不良影响评价；合格后，方可使用。

（5）矿渣。宜选用分级矿渣、混合矿渣及原状矿渣等高炉重矿渣。高炉的松散重度不应小于11 kN/m³，有机质及含泥总量不得超过5%。垫层设计、施工前应对所选用的矿渣进行试验，确认性能稳定并满足腐蚀性和放射性安全的要求。对易受酸、碱影响的基础或地下管网不得采用矿渣垫层。大量填筑矿渣时，应经过场地地下水和土壤环境的不良影响评价；合格后，方可使用。

（6）其他工业废渣。在有充分依据或成功经验时，也可采用质地坚硬、性能稳定、透水性强、无腐蚀性和无放射性危害的其他工业废渣材料，但必须经过现场试验证明其经济技术效果良好且施工措施完善后方可使用。

土工合成材料加筋垫层所选用土工合成材料的品种与性能及填料，应根据工程特性和地基土质条件，按照现行国家标准《土工合成材料应用技术规范》（GB/T，50290-2014）的要求，通过设计计算并进行现场试验后确定。土工合成材料应采用抗拉强度较高、耐久性好、抗腐蚀的土工带、土工格栅、土工格室、土工垫或土工织物等土工合成材料；垫层填料宜用碎石、角砾、砾砂、粗砂、中砂等材料，且不宜含氯化钙、碳酸钠、硫化物等化学物质。当工程要求垫层具有排水功能时，垫层材料应具有良好的透水性。在软土地基上使用加筋垫层时，应保证建筑物稳定并满足允许变形的要求。

（二）施工技术要点

（1）铺设垫层前应验槽，将基地表面的浮土、淤泥、杂物等清理干净，两侧应设一定坡度，防止振捣时塌方。当垫层底部存在古井、古墓、洞穴、旧基础、暗塘等软硬不均的部位时，应根据建筑对不均匀沉降的要求予以处理，并经过检验合格后，方可铺填垫层。

（2）垫层底面宜设在同一标高上。如深度不同，基坑底土面应挖成阶梯或斜坡搭接，并按先深后浅的顺序进行垫层施工，搭接处应夯压密实。分层铺实时，接头应做成斜坡或阶梯搭接，每层错开0.5~1.0 m，并注意充分捣实。

（3）人工级配的砂石材料，施工前应充分拌匀，再铺夯压实。

（4）垫层施工应根据不同的换填材料选择施工机械。粉质黏土、灰土宜采用平碾、振动碾或羊足碾，以及蛙式夯、柴油夯。砂石垫层等宜用振动碾。粉煤灰垫层宜采用平碾、振动碾、平板振动器、蛙式夯。矿渣垫层宜采用平板振动器或平碾，也可采用振动碾。

（5）垫层的施工方法、分层铺填厚度、每层压实遍数等宜通过试验确定。除接触下卧软土层的垫层底部应根据施工机械设备及下卧层土质条件确定厚度外，一般情况下，垫层的分层铺填厚度可取200~300 mm。分层厚度可用样桩控制。在施工时，当下层的密实度经检验合格后，方可进行上一层施工。为了保证分层压实质量，应控制机械碾压速度。

（6）基坑开挖时应避免坑底土层受扰动，可保留180~200 mm厚的土层暂不挖去，待铺填垫层前再由人工挖至设计标高。严禁扰动垫层下的软弱土层，应防止软弱土层被践踏、受冻或受水浸泡。在碎石或卵石垫层底部宜设置150~300 mm厚的砂垫层或铺一层土工织物，以防止软弱土层表面的局部破坏，同时必须防止基坑边坡塌土混入垫层。

（7）换填垫层施工应注意基坑排水。除采用水撼法施工砂垫层外，不得在浸水条件下施工，必要时应采取降低地下水位的措施。要注意边坡稳定，以防止塌土混入砂石垫层中影响其质量。

（8）当采用水撼法或插振法施工时，应在基槽两侧设置样桩，控制铺砂厚度，每层为250 mm。铺砂后，灌水与砂面齐平，以振动棒插入振捣，依次振实，以不再冒气泡为准，直至完成。垫层接头应重复振捣，插入式振动棒振完所留孔洞后应用砂填实。在振动首层垫层时，不得将振动棒插入原土层或基槽边部，以避免使软土混入砂垫层而降低砂垫层的强度。

（9）垫层铺设完毕后，应及时回填，并及时对基础进行施工。

（10）冬季施工时，砂石材料中不得夹有冰块，并应采取措施防止砂石内水分冻结。

（三）质量控制及质量检验

（1）施工前应检查原材料，如灰土的土料、石灰以及配合比、灰土拌匀程度。

（2）施工中应检查分层铺设厚度，分段施工时上下两层的搭接长度，夯实时加水量、压实遍数，等等。

（3）换填垫层的施工质量检验应分层进行，并应在每层的压实系数符合设计要求后铺填上层。

（4）对粉质黏土、灰土、砂石、粉煤灰垫层的施工质量检验可选用环刀取样、静力触探、轻型动力触探或标准贯入试验等方法进行检验，对碎石、矿渣垫层可用重型动力触探等进行检验。压实系数可采用灌砂法、灌水法或其他方法进行检验。

（5）采用环刀法检验垫层的施工质量时，取样点应选择位于每层厚度的2/3深度处。检验点数量，条形基础下垫层每10~20 m^2不应少于1个点，独立基础、单个基础下垫层不应少于1个点，其他基础下垫层每50~100 m^2不应少于1个点。采用标准贯入试验或动力触探检验垫层的施工质量时，每分层检验点的间距不应大于4 m。

（6）竣工验收采用静载荷试验检验垫层承载力，且每个单体工程不宜少于3个点；对于大型工程应按单体工程的数量或工程划分的面积确定检验点数。

（7）对加筋垫层中土工合成材料的检验应符合下列要求：

①土工合成材料质量应符合设计要求，外观无破损、无老化、无污染。

②土工合成材料应可张拉、无折皱、紧贴下承层，锚固端应锚固牢固。上下层土工合成材料搭接缝应交替错开，搭接强度应满足设计要求。

三、灰土挤密桩和土挤密桩复合地基

灰土挤密桩和土挤密桩复合地基利用成孔过程中的横向挤压作用,桩孔内土被挤向周围,使桩间土挤密,然后将灰土或素土分层填入桩孔内,并分层夯填密实至设计标高。前者称为灰土挤密桩法,后者称为土挤密桩法。夯填密实的灰土挤密桩或土挤密桩,与挤密的桩间土形成复合地基。上部荷载由桩体和桩间土共同承担。对土挤密桩法而言,若桩体和桩间土密实度相同时,形成均质地基。灰土挤密桩法和土挤密桩法适用于处理地下水位以上的湿陷性黄土、素填土、杂填土等地基,不适宜在地下水位以下使用,可处理的地基深度为5~15 m。当以消除地基的湿陷性为主要目的时,宜采用土挤密桩法;当以提高地基土的承载力或增强其水稳性为主要目的时,宜采用灰土挤密桩法。

(一)施工前准备

1.桩的构造和布置

(1)桩孔直径。根据工程量、挤密效果、施工设备、成孔方法及经济等情况而定,一般选用300~600 mm。

(2)桩长。根据土质情况、桩处理地基的深度、工程要求和成孔设备等因素确定,一般为5~15 m。

(3)桩距和排距。桩孔一般按等边三角形布置,其间距和排距由设计确定。

(4)处理宽度。处理地基的宽度一般大于基础的宽度,由设计确定。

(5)地基的承载力和压缩模量。灰土挤密桩处理地基的承载力标准值,应由设计通过原位测试或结合当地施工经验确定。灰土挤密桩地基的压缩模量应通过试验或结合本地经验确定。

2.机具设备及材料要求

(1)成孔设备。一般采用0.6 t或1.2 t柴油打桩机或自制锤击式打桩机,亦可采用冲击钻机。

(2)夯实机具。常用夯实机具有偏心轮夹杆式夯实机和卷扬机提升式夯实机两种,后者工程中应用较多。夯锤用铸钢制成,重量一般选用

100～300 kg，其竖向投影面积的静压力不小于20 kPa。夯锤最大部分的直径应较桩孔直径小100～150 mm，以便填料顺利通过夯锤4周。夯锤形状下端应为抛物线形锥体或尖锥形锥体，上段呈弧形。

（3）桩孔内的填料。桩孔内的灰土填料，其消石灰和土的体积配合比宜为2∶8或3∶7。土料宜选用粉质黏土，土料中的有机质含量不应超过5%，且不得含有冻土，渣土垃圾颗粒直径不应超过15 mm。石灰可选用新鲜的消石灰或生石灰粉，粒径不应大于5 mm。孔内填料应分层回填夯实，填料的平均压实系数不应低于0.97，其中压实系数最小值不应低于0.93。

（二）施工要点

（1）施工前应在现场进行成孔、夯填工艺和挤密效果试验，以确定分层填料厚度、夯击次数和夯实后干密度等要求。

（2）桩施工一般采取先将基坑挖好，预留200～300 mm厚的土层，然后在坑内施工灰土桩。桩的成孔方法可根据现场机具条件选用沉管（振动、锤击）法、爆扩法、冲击法或洛阳铲成孔法等。沉管法是用打桩机将与桩孔同直径的钢管打入土中，使土向孔的周围挤密，然后缓慢拔管成孔。桩管顶设桩帽，下端做成锥形，约成60°角；桩尖可以上下活动，以利于空气流动，可减少拔管时的阻力，避免塌孔。成孔后应及时拔出桩管，不应在土中搁置时间过长。成孔施工时，地基土宜接近最优含水量；当含水量低于12%时，宜加水增湿至最优含水量。本法简单易行，孔壁光滑平整，挤密效果好，应用最广。但沉管法处理深度受桩架限制，一般不超过8 m。爆扩法是用钢钎打入土中形成直径25～40 mm的孔或用洛阳铲打成直径为60～80 mm的孔，然后在孔中装入条形炸药卷和2～3个雷管，爆扩成直径为20～45 mm的孔。本法工艺简单，但孔径不易控制。冲击法是使用冲击钻钻孔，将0.6～2.2 t重的锥形锤头提升0.5～2.0 m高后落下，反复冲击成孔，并用泥浆护壁，直径可达500～600 mm，深度可达15 m以上，适于处理湿陷性较大的土层。

（3）桩的施工顺序应先外排后里排，同排内应间隔1～2孔进行；对大型工程可采取分段施工，以免因振动挤压造成相邻孔缩孔或塌孔。成孔后应清底，夯实、夯平，夯实次数不少于8次，并立即夯填灰土。

（4）桩孔应分层回填夯实，每次回填厚度为250~400 mm。人工夯实用重25 kg、带长柄的混凝土锤，机械夯实用偏心轮夹杆式夯实机或卷扬机提升式夯实机，或链条传动摩擦轮提升连续式夯实机，一般落锤高度不小于2 m，每层夯实不少于10锤。施打时，逐层以量斗定量向孔内下料，逐层夯实。当采用连续夯实机时，则将灰土用铁锹不间断地下料，每下两锹夯两击，均匀地向桩孔下料、夯实。桩顶应高出设计标高15 cm，挖土时再将高出部分铲除。

（5）若孔底出现饱和软弱土层时，可加大成孔间距，以防由于振动而造成已打好的桩孔内挤塞；当孔底有地下水流入时，可采用井点降水后再回填填料或向桩孔内填入一定数量的干砖渣和石灰，经夯实后再分层填入填料。

（三）质量控制

（1）施工前应对土及灰土的质量、桩孔放样位置等进行检查。

（2）施工中应对桩孔直径、桩孔深度、夯击次数、填料的含水量等进行检查。

（3）施工结束后应对成桩的质量及地基承载力进行检验。

四、地基局部处理

地基局部处理常见于施工验槽时查出或出现的局部与设计要求不符的地基，如槽底倾斜、墓坑、暖气沟或电缆等穿越基槽、古井、大块孤石等。地基处理时应根据不同情况妥善处理。处理的原则是使地基不均匀沉降减少至允许范围之内。下面就常见形式做一简单介绍。

（一）局部软土地基处理

1.基坑、松土坑的处理

（1）坑的范围较小时，可将坑中虚土全部挖出，直至见到老土为止，然后用与老土压缩性相近的土回填，分层夯实至基底设计标高。若地下水位较高或坑内积水无法夯实时，可用砂、石分层夯实回填。

（2）坑的范围较大时，可将该范围内的基槽适当加宽，再回填土料，方法及要求同上。

（3）坑较深、挖除全部虚土有困难时，可部分挖除，挖除深度一般为基槽宽的2倍。剩余虚土为软土时，可先用块石夯实挤密后再回填。

2."橡皮土"的处理

当地基为含水量很大、趋于饱和的黏性土时，反复夯打后会使地基变成所谓的"橡皮土"。因此，当地基为含水量很大的黏性土时，应先采用晾槽或掺生石灰的方法减小土的含水量，然后根据具体情况选择施工方法及基础类型。如果地基已产生了"橡皮土"的现象，则应采取如下措施。

（1）把"橡皮土"全部挖除干净，然后回填好土至设计标高。

（2）若不能把"橡皮土"完全清除干净，则利用碎石或卵石打入，将泥挤紧，或铺撒吸水材料（如干土、碎砖、生石灰等）。

（3）若在施工中扰动了基底土，对于湿度不大的土，可做表面夯实处理。对于软黏土，则需掺入砂、碎石或碎砖才能夯打；或将扰动土全部清除，另填好土夯实。

3.管道穿越基槽的处理

（1）槽底有管道时，最好是能拆迁管道，或将基础局部加深，使管道从基础之上通过。

（2）如果管道必须埋于基础之下，则应采取保护措施，避免将管道压坏。

（3）若管道在槽底以上穿过基础或基础墙时，应采取防漏措施，以免漏水浸湿地基造成不均匀下沉。当地基为填土或湿陷性土时，尤其应注意。另外，有管道通过的基础或基础墙，必须在管道的周围预留足够尺寸的孔洞。在管道上部预留的空隙应大于房屋预估的沉降量，以保证管道安全。

（二）局部坚硬地基处理

1.砖井、土井的处理

（1）井位于基槽的中部。若井的进口填土较密实时，可将井的砖圈拆去1 m以上，用2∶8或3∶7灰土回填，分层夯实至槽底；若井的直径大于1.5 m，可将土井挖至地下水面，每层铺20 cm粗骨料，分层夯实至槽底整平，上面做钢筋混凝土梁（板）跨越它们。

（2）井位于基础的转角处。除采用上述回填办法外，还可视基础压在井口的面积大小，采用从两端墙基中伸出挑梁的措施，或将基础沿墙长方向向外延伸出去，跨越井的范围，然后在基础墙内采用配筋或加钢筋混凝土梁（板）来加强。

2.基岩、旧墙基、孤石的处理

当基槽下发现有部分比其邻近地基土坚硬得多的土质时（如槽下遇到基岩、旧墙基、大树根、压实的路面、老灰土等）均应尽量挖除，然后填与地基土质相近的较软弱土。挖除厚度视大部分地基土层的性质而定，一般为1 m左右。如果局部硬物不易挖除时，应考虑加强上部刚度。如果在基础墙内加钢筋或钢筋混凝土梁等，尽量减少可能产生的不均匀沉降对建筑物造成的伤害。

3.防空洞的处理

（1）防空洞砌筑质量较好，有保留价值时，可采用承重法。

①如果洞顶施工质量不好，可拆除重做素混凝土拱顶或钢筋混凝土拱顶，也可在原砖砌拱顶上现浇钢筋混凝土拱，使砖、混凝土共同组成复合承重的拱顶。

②如果洞顶质量较好，但承重强度不足，可沿洞壁浇筑钢筋混凝土扶壁柱，并与拱顶浇为一体。

（2）当防空洞埋置深度不大，靠近建筑物且又无法避开时，可适当加深基础，使基础埋深与防空洞取平。

（3）如果防空洞较深，其拱顶层距地面深达6～7 m，拱顶距基底4～5 m，防空洞本身质量亦较好时，防空洞可以不加处理，但要加强上部结构整体刚度，防止出现裂缝，或因地基承载不均匀，导致产生不均匀沉降。

（4）建筑物所在位置恰遇防空洞，为避开防空洞时，可做以下处理。

①采用建筑物移位法，即首先考虑建筑物适当移位，这样既可保留防空洞，建筑物地基又不用处理。

②如果受建筑物限制不能移位，就考虑建筑物某道或某几道承重墙是否可错开防空洞，使承重墙不直接压在防空洞上。

③建筑物因地制宜、"见缝插针"。根据现有能避开防空洞的场地，将建筑物平面做成点式、L形、U形等。

第二节　浅基础施工

一、无筋扩展基础

无筋扩展基础是基础的一种做法，是指由砖、毛石、混凝土或毛石混凝土、灰土和三合土等材料组成的，且不需配置钢筋的墙下条形基础或柱下独立基础。无筋扩展基础也称为刚性基础。这种基础的特点是抗压性能好，整体性、抗拉、抗弯、抗剪性能差。它适用于地基坚实、均匀、上部荷载较小、六层和六层以下（三合土基础不宜超过四层）的一般民用建筑和墙承重的轻型厂房。

（一）刚性角的概念

基础是上部结构在地基中的放大部分，但当放大的尺寸超过一定范围时，材料就会受到拉力和剪力作用；若内力超过基础材料本身的抗拉、抗剪能力，就会引起折裂破坏。各种材料具有各自的刚性角 α，如混凝土的刚性角为45°，砖的刚性角为33.4°，等等。

（二）砖基础

砖基础的下部为大放脚、上部为基础墙。大放脚有等高式（二皮一收）和间隔式（二一间隔收）。等高式大放脚是每砌两皮砖，每边各收进

1/4砖长（60 mm）；间隔式大放脚是两皮一上与一皮一收相间隔，两边各收进1/4砖长（60 mm）。

砖基础大放脚一般采用一顺一丁砌筑形式，即一皮顺砖与一皮丁砖相间，最下一皮砖以丁砖为主。上下皮垂直灰缝相互错开60 mm。砖基础的转角处、交界处，为错缝需要应加砌配砖（3/4砖、半砖或1/4砖）。

砖基础的水平灰缝厚度和垂直灰缝宽度宜为10 mm。水平灰缝的砂浆饱满度不得小于80%。砖基础的转角处和交接处应同时砌筑，当不能同时砌筑时，应留置斜槎。基础墙的防潮层，当设计无具体要求时，宜用1∶2水泥砂浆加适量防水剂铺设，其厚度宜为20 mm。防潮层位置宜在室内地面标高以下一皮砖处。

（三）毛石基础

砌筑毛石基础的第一皮石砌块应坐浆，并将石块的大面朝下。毛石基础的第一皮及转角处、交接处应用较大的平毛石砌筑。基础的最上一皮，宜选用较大的毛石砌筑。毛石基础的扩大部分，如做成阶梯形，上级阶梯的石块应至少压砌下级阶梯石块的1/2，相邻阶梯的毛石应相互错缝搭接。

毛石基础必须设置拉结石。拉结石应均匀分布。毛石基础同皮内每隔2 m左右设置一块。拉结石长度：若基础宽度等于或小于400 mm，则拉结石长度应与基础宽度相等；若基础宽度大于400 mm，可用两块拉结石内外搭接，搭接长度不应小于150 mm，且其中一块拉结石长度不应小于基础宽度的2/3。

（四）素混凝土基础

素混凝土基础是指不设钢筋的混凝土基础，它与砖基础、毛石基础相比具有整体性好、强度高、耐水等优点。

（五）无筋扩展基础施工

（1）施工工艺流程是：基地土质验槽→施工垫层→在垫层上弹线抄平→基础施工。

（2）在进行基础施工前，应先进行验槽并将地基表面的浮土及垃圾清除干净。在主要轴线部位设置引桩控制轴线位置，并以此放出墙身轴线和基础边线。

二、独立基础

建筑物上部结构采用框架结构或单层排架结构承重时，基础常采用圆柱形和多边形等形式的基础，这类基础称为独立基础，也称单独基础。独立基础分为阶形基础、锥形基础和杯形基础三种。当柱为现浇时，独立基础与柱子是整浇在一起的；当柱子为预制时，通常将基础做成杯口形，然后将柱子插入，并用细石混凝土嵌固，此时称为杯口基础。轴心受压柱下独立基础的底面形状常为正方形，而偏心受压柱下独立基础的底面形状一般为矩形。

（一）独立基础施工工艺流程

独立基础的工艺流程一般为：清理→混凝土垫层→测量放线→钢筋绑扎→相关专业施工→清理→支模板→清理→混凝土搅拌→混凝土浇筑→混凝土振捣→混凝土找平→混凝土养护→模板拆除。

（二）独立基础施工工艺

1.清理及垫层浇灌

地基验槽完成，清除表层浮土及扰动土，不留积水，立即进行垫层混凝土施工。垫层混凝土必须振捣密实，表面平整，严禁晾晒基土。

2.钢筋绑扎

垫层浇灌完成，混凝土达到1.2 MPa后，表面弹线进行钢筋绑扎，底板钢筋网片四周两行钢筋交叉点应每点扎牢，中间部分交叉点可相隔交错扎牢，但必须保证受力钢筋不发生位移。对于双向主筋的钢筋网，则须将全部钢筋的相交点扎牢。柱插筋弯钩部分必须与底板筋呈45°绑扎、连接点处必须全部绑扎，距底板5 cm处绑扎第一个箍筋，距基础顶5 cm处绑扎最后一道箍筋，作为标高控制筋及定位筋；柱插筋最上部再绑扎一道定位筋，上下箍筋及定位箍筋绑扎完成后将柱插筋调整到位并用"井"字木架临时固定，然后绑扎剩余箍筋，保证柱插筋不变形走样。两道定位筋在基础混凝土浇完后，必须进行更换。

钢筋绑扎好后底面及侧面搁置保护层塑料垫块，厚度为设计保护层厚度，垫块间距不得大于1000 mm（视设计钢筋直径确定），以防出现露筋的质量通病。注意对钢筋的成品保护，不得任意碰撞钢筋，造成钢筋移位。

3.支模板

钢筋绑扎及相关专业施工完成后立即进行模板安装。模板采用小钢模或木模，利用架子管或木方加固。

（1）阶梯形独立基础。根据图纸尺寸制作每一阶梯模板，支模顺序是由下至上逐层向上安装，即先安装底层阶梯模板，用斜撑和水平撑钉牢撑稳；核对模板墨线及标高，配合绑扎钢筋及垫块，再进行上一阶模板安装，重新核对墨线各部位尺寸，并把斜撑、水平支撑以及拉杆加以钉牢、撑牢，最后检查拉杆是否稳固，校核基础模板几何尺寸及轴线位置。

（2）锥形独立基础。锥形基础坡度≥30°时，采用斜模板支护，利用螺栓与底板钢筋拉紧，防止上浮，模板上部设透气及振捣孔；坡度≤30°时，利用钢丝网（间距30 cm）防止混凝土下坠，上口设井子木控制钢筋位置。不得用重物冲击模板，不准在吊绑的模板上搭设脚手架，保证模板的牢固和严密性。

（3）杯形独立基础。与阶梯形独立基础相似，不同的是增加了一个中心杯芯模，杯口上大下小，斜度按工程设计要求制作。芯模在安装前应钉成整体，轿杠木钉于两侧，中心杯芯完成后要全面校核中心轴线和标高。制作杯形基础模板时应防止中心线不准、杯口模板位移、混凝土浇筑时芯模浮起、拆模时芯模拆不出的情况发生。

4.清理

清除模板内的木屑、泥土等杂物，木模应浇水湿润，堵严板缝及孔洞。

5.混凝土现场搅拌

（1）每次浇筑混凝土前1.5 h左右，由土建工长或混凝土工长试写"混凝土浇筑申请书"，一式3份。施工技术负责人签字后，土建工长留1份，交试验员1份，交资料员1份归档。

（2）试验员依据混凝土浇筑申请书填写有关资料，做砂石含水率体验，调整混凝土配合比中的材料用量，换算每盘的材料用量，写配合比板；经施工技术负责人校核后，挂在搅拌机旁醒目处。

（3）材料用量、投放。水、水泥、外加剂、掺和料的计量误差为±2%，砂石料的计量误差为±3%。投料顺序为：石子→水泥→外加剂粉剂→掺和料→砂子→水→外加剂液剂。

（4）搅拌时间。强制式搅拌机，不掺外加剂时，不少于90 s；掺外加剂时，不少于120 s。自落式搅拌机，在强制式搅拌机搅拌时间的基础上增加30 s。

（5）当一个配合比第一次使用时，应由施工技术负责人主持，做混凝土开盘鉴定。如果混凝土和易性不好，可以在维持水灰比不变的前提下，适当调整砂率、水及水泥量，至和易性良好为止。

6.混凝土浇筑

混凝土应分层连续进行，间歇时间应不超过混凝土初凝时间，一般不超过2 h。为保证钢筋位置正确，需先浇一层5~10 cm厚的混凝土固定钢筋。台阶形基础每一台阶高度整体浇捣，每浇完一台阶停顿0.5 h，待其下沉，再浇上一层。分层下料，每层厚度为振动棒的有效振动长度。防止由于下料过厚、振捣不实或漏振、吊帮的根部砂浆涌出等原因造成蜂窝、麻面或孔洞。

7.混凝土振捣

混凝土振捣采用插入式振捣器，插入的间距不大于作用半径的1.5倍。上层振捣棒插入下层3~5 cm。尽量避免碰撞预埋件、预埋螺栓，防止预埋件移位。

8.混凝土找平

混凝土浇筑后，表面比较大的混凝土，使用平板振捣器振一遍，然后用杆刮平，再用木抹子搓平。收面前必须校核混凝土表面标高，不符合要求处立即整改。浇筑混凝土时，经常观察模板、支架、钢筋、螺栓、预留孔洞和管有无走动等情况。一经发现有变形、走动或位移时，立即停止浇筑，并及时修整和加固模板，然后继续浇筑。

9.混凝土养护

已浇筑完的混凝土，应在12 h左右加以覆盖和浇水。一般常温养护时间不得少于7昼夜，特种混凝土养护不得少于14昼夜。养护设专人检查落实，防止由于养护不及时，造成混凝土表面裂缝。

10.模板拆除

侧面模板在混凝土强度能保证其棱角不因拆模板而受损坏时方可拆模，拆模前设专人检查混凝土强度。拆除时采用撬棍从一侧顺序拆除，不得采用大锤砸或撬棍乱撬，以免造成混凝土棱角破坏。

三、条形基础

条形基础是指基础长度远远大于宽度的一种基础形式。按上部结构，条形基础分为墙下钢筋混凝土条形基础和柱下钢筋混凝土条形基础。其中，柱下条形基础又可分为单向条形基础和十字交叉条形基础。条形基础必须有足够的刚度将柱子的荷载均匀地分布到扩展的条形基础底面积上，并且调整可能产生的不均匀沉降。当单向条形基础底面积仍不足以承受上部结构荷载时，可以在纵、横两个方向上将柱基础连成十字交叉条形基础，以增加房屋的整体性，减少基础的不均匀沉降。

（一）条形基础施工工艺流程

条形基础的施工工艺流程与独立基础一样，一般为：清理→混凝土垫层→测量放线→钢筋绑扎→相关专业施工→清理→支模板→清理→混凝土搅拌→混凝土浇筑→混凝土振捣→混凝土找平→混凝土养护→模板拆除。

（二）条形基础施工要点

条形基础的施工要点与独立柱基础十分相似。除此之外，还要考虑以下五点。

（1）当基础高度在900 mm以内时，插筋伸至基础底部的钢筋网上，并在端部做成直弯钩；当基础高度较大时，位于柱子四角的插筋应伸至基础底部，其余钢筋只需伸至锚固长度即可。插筋伸出基础部分长度应按柱的受力情况及钢筋规格确定。

（2）钢筋混凝土条形基础，在T形、L形与"十"字交接处的钢筋沿一个主要受力方向通长设置。

（3）条形基础模板工程。侧板和端头板制成后应先在基槽底弹出中心线、基础边线，再把侧板和端头板对准边线和中心线，用水平仪抄测校正侧板顶面水平，经检测无误后，用斜撑、水平撑及拉撑钉牢。制作条形基础模板时要防止沿基础通长方向模板上口不直、宽度不够、下口陷入混凝土内、拆模时上段混凝土缺损、底部钉模不牢等情况的发生。

（4）条形基础混凝土工程。对于锥形基础，应注意保持锥体斜面坡度的正确；斜面部分的模板应随混凝土浇捣分段支设并压紧，以防模板上浮变形；边角处的混凝土必须捣实。严禁斜面部分不支模，用铁锹拍实。基础上部柱子后施工时，可在上部水平面留设施工缝。施工缝的处理应按有关规定执行。条形基础根据高度分段分层连续浇筑，不留施工缝，各段各层应相互衔接，每段2~3 m，做到逐段逐层呈阶梯形推进。浇筑时先使混凝土充满模板内边角，然后浇筑中间部分，以保证混凝土密实。分层下料，每层厚度为振动棒的有效振动长度，防止由于下料过厚、振捣不实或漏振、吊帮的根部砂浆涌出等原因造成蜂窝、麻面或孔洞。

（5）浇筑混凝土时，经常观察模板、支架、螺栓、预留孔洞和管道有无走动情况；一经发现有变形、走动或移位时，立即停止浇筑，并及时修整和加固模板，然后继续浇筑。

四、筏板基础

当建筑物上部荷载较大而地基承载能力又比较弱时，用简单的独立基础或条形基础已不能适应地基变形的需要，这时常将墙或柱下基础连成一片，使整个建筑物的荷载承受在一块整板上，这种满堂式的板式基础称为筏形基础。筏形基础由于其底面积大，故而可减小基底压强，同时可提高地基土的承载力，并能更有效地增强基础的整体性，调整不均匀沉降。筏形基础又叫筏板形基础，即满堂基础。筏形基础分为平板式和梁板式，一般根据地基土质、上部结构体系、柱距、荷载大小及施工条件等确定。平板式筏形基础的底板是一块厚度相等的钢筋混凝土平板。板厚一般为

0.5~2.5 m。平板式筏形基础适用于柱荷载不大、柱距较小且等柱距的情况，其特点是施工方便、建造快，但混凝土用量大。底板的厚度可以按升一层加50 mm初步确定，然后校核板的抗冲切强度。通常5层以下的民用建筑，板厚不小于250 mm；6层民用建筑的板厚不小于300 mm。当柱网间距大时，一般采用梁板式筏形基础。根据肋梁的设置，梁板式筏形基础可分为单向肋和双向肋两种形式。单向肋梁板式筏形基础是将两根或两根以上的柱下条形基础中间用底板连接成一个整体，以扩大基础的底面积并加强基础的整体刚度。双向肋梁板式筏形基础是在纵、横两个方向上的柱下都布置肋梁，有时也可在柱网之间再布置次肋梁以减少底的厚度。

（一）筏板基础工艺流程

（1）钢筋工程工艺流程。

钢筋工程工艺流程是：放线并预检→成型钢筋进场→排钢筋→焊接接头→绑扎→柱墙插筋定位→交接验收。

（2）模板工程工艺流程。

①240 mm砖胎模的工艺流程是：基础砖胎模放线→砌筑→抹灰。

②外墙及基坑的工艺流程是：与钢筋交接验收→放线并预检→外墙及基坑模板支设→钢板止水带安装→交接验收。

③混凝土工程工艺流程是：钢筋模板交接验收→顶标高抄测→混凝土搅拌→现场水平垂直运输→分层振捣赶平抹压→覆盖养护。

（二）筏板基础钢筋工程施工

1.绑底板下层网片钢筋

根据在防水保护层弹好的钢筋位置线，先铺下层网片的长向钢筋，后铺下层网片上面的短向钢筋，建议使用焊接或机械连接方式连接钢筋，并确保接头在同一截面内相互交错分布，交错比例达到50%，同时，在同一根钢筋上应尽量减少接头的数量。在钢筋网片绑扎完后，根据图纸设计依次绑扎局部加强筋。在钢筋网的绑扎时，四周两行钢筋交叉点应每点扎牢，中间部分交叉点可相隔交错扎牢，但必须保证受力钢筋不发生位移。对于双向主筋的钢筋网,则须将全部钢筋的相交点扎牢。绑扎时应注意相邻绑扎点的铁丝扣要呈"8"字形,以免网片歪斜变形。

2.绑扎地梁钢筋

(1)在放平的梁下层水平主钢筋上,用粉笔画出箍筋间距。箍筋与主筋要垂直,箍筋转角与主筋交点均要绑扎,主筋与箍筋非转角部分的相交点呈梅花形交错绑扎。箍筋的接头,即弯钩叠合处沿梁水平筋交错布置绑扎。

(2)地梁在槽上预先绑扎好后,根据已画好的梁位置线用塔吊直接吊装到位,并与底板钢筋绑扎牢固。

3.绑扎底板上层网片钢筋

(1)铺设上层钢筋撑脚(铁马凳)。铁马凳用剩余材料焊制成。铁马凳短向放置,间距1.2~1.5 m。

(2)绑扎上层网片下铁。先在铁马凳上绑架立筋,在架立筋上画好钢筋位置线。按图纸要求,顺序放置上层网的下铁。钢筋接头尽量采用焊接或机械连接,要求接头在同一截面相互错开50%,同一根钢筋尽量减少接头。

(3)绑扎上层网片上铁。根据在上层下铁上画好的钢筋位置线,顺序放置上层钢筋。钢筋接头尽量采用焊接或机械连接,要求接头在同一截面相互错开50%,同一根钢筋尽量减少接头。

(4)绑扎暗柱和墙体插筋。根据放好的柱和墙体位置线,将暗柱和墙体插筋绑扎就位,并和底板钢筋点焊固定,要求接头均错开50%,根据设计要求执行;设计无要求时,甩出底板面的长度≥45 d("d"代表钢筋的直径),暗柱绑扎两道箍筋,墙体绑扎一道水平筋。

(5)垫保护层。底板下保护层为35 mm,梁柱主筋保护层为25mm,外墙迎水面为35 mm,外墙内侧及内墙均为15 mm。保护层垫块间距为600 mm,梅花形布置。

(6)成品保护。绑扎钢筋时钢筋不能直接抵到外墙砖模上,并注意保护防水层。钢筋绑扎前,导墙内侧防水层必须甩浆做保护层,导墙上部的防水浮铺油毡加盖砖保护,以免防水卷材在钢筋施工时被破坏。

（三）筏板基础模板工程施工

1.240 mm砖胎模

（1）砖胎模砌筑前，先在垫层面上将砌砖线放出，比基础底板外轮廓大40 mm。砌筑时要求拉直线，采用一顺一丁"三一"砌筑方法，转角或接口处留出接槎口，墙体要求垂直。砖模内侧、墙顶面抹15 mm厚的水泥砂浆并压光，同时阴阳角做成圆弧形。

（2）底板外墙侧模采用240 mm厚的砖胎模，高度同底板厚度，砖胎模采用MU7.5砖、M5.0水泥砂浆砌筑，内侧及顶面采用1∶2.5水泥砂浆抹面。

（3）考虑混凝土浇筑时侧压力较大，砖胎模外侧面必须采用木方及钢管进行支撑加固，支撑间距不大于1.5 m。

2.集水坑模板

（1）根据模板板面由10 mm厚的竹胶板拼装成筒状，内衬两道木方（100 mm×100 mm），并钉成一个整体。配模的板面保证表面平整、尺寸准确、接缝严密。

（2）模板组装好后进行编号。安装时用塔吊将模板初步就位，然后根据位置线加水平和斜向支撑进行加固，并调整模板位置，使模板的垂直度、刚度、截面尺寸符合要求。

3.外墙高出底板300 mm部分

（1）墙体高出部分模板采用10 mm厚的竹胶板事先拼装而成，外绑两道水平向木方（50 mm×100 mm）。

（2）在防水保护层上弹好墙边线，在墙两边焊钢筋预埋竖向和斜向筋（用A12钢筋剩余短料），以便进行加固。

（3）用小线拉外墙通长水平线，保证截面尺寸为297 mm（300 mm厚的外墙），将配好的模板就位，然后用架子管和铅丝与预埋铁进行加固。

（4）模板固定完毕后拉通线检查板面顺直。

（四）筏板基础混凝土施工

（1）泵送前先用适量与混凝土强度同等级的水泥砂浆润管，并压入混凝土。砂浆输送到基坑内，要抛散开，不允许水泥砂浆堆在一个地方。

（2）混凝土浇筑。基础底板一次性浇筑，间歇时间不能太长，不允许出现冷缝。混凝土浇筑顺序由一端向另一端浇筑，混凝土采用踏步式分层浇筑，分层振捣密实，以使混凝土的水化热尽量散失。具体为：从下到上分层浇筑，从底层开始浇筑，进行5 m后再回头浇筑第二层。如此依次向前浇筑以上各层，上下相邻两层时间不超过2 h。为了控制浇筑高度，须在出灰口及其附近设置尺杆。夜间施工时，尺杆附近要有灯光照明。

（3）每班安排一个作业班组，并配备3名振捣工人，根据混凝土泵送时自然形成的坡度，在每个浇筑带前、后、中部不停振捣。振捣工要认真负责，仔细振捣，以保证混凝土振捣密实。防止上一层混凝土盖上后而下层混凝土仍未振捣，造成混凝土振捣不密实。振捣时，要快插慢拔，插入深度各层均为350 mm，即上面两层均须插入其下面一层50 mm。振捣点之间间距为450 mm，梅花形布置；振捣时逐点移动，顺序进行，不得漏振。每一插点要掌握好振捣时间，一般为20~30 s，过短不易振实，过长可能引起混凝土离析；以混凝土表面泛浆，不大量泛气泡，不再显著下沉，表面浮出灰浆为准；边角处要多加注意，防止出现漏振。振捣棒距离模板要小于其作用半径的一半，约为150 mm，并不宜靠近模板振捣，要尽量避免碰撞钢筋、芯管、止水带、预埋件等。

（4）混凝土泵送时，注意不要将料斗内剩余混凝土降低到200 mm以下，以免吸入空气。混凝土浇筑完毕要进行多次搓平，保证混凝土表面不产生裂纹，具体方法是：振捣完后先用长刮杠刮平，待表面收浆后，用木抹刀搓平表面，并覆盖塑料布以防表面出现裂缝；在终凝前掀开塑料布再进行搓平，要求搓压三遍，最后一遍抹压要掌握好时间，以终凝前为准。终凝时间可用手压法把握。混凝土搓平完毕后应立即用塑料布覆盖养护，浇水养护时间为14 d。

（五）成品保护

保护钢筋、模板的位置正确，不得直接踩踏钢筋和改动模板；在拆模或吊运物件时，不得碰坏施工缝止水带。当混凝土强度达到1.2 MPa后，方可拆模及在混凝土上操作。

第三节　桩基础施工

一、桩基础的分类

（一）按承载性状分类

1.摩擦型桩

在极限承载力状态下，桩顶竖向荷载全部或主要由桩侧阻力承担；根据桩侧阻力承担荷载的份额，或桩端有无较好的持力层，摩擦型桩又分为摩擦桩和端承摩擦桩。

2.端承型桩

在极限承载力状态下，桩顶竖向荷载全部或主要由桩端阻力承担；根据桩端阻力承担荷载的份额，端承型桩又分为端承桩和摩擦端承桩。

（二）按成桩方法与工艺分类

1.非挤土桩

在成桩过程中，将与桩体积相同的土挖出，因而桩周围的土体较少受到扰动，但有应力松弛现象，如干作业法桩、泥浆护壁法桩、套管护壁法桩、人工挖孔桩。

2.部分挤土桩

在成桩过程中，桩周围的土仅受轻微的扰动，如部分挤土灌注桩、预钻孔打入式预制桩、打入式开口钢管桩、H型钢桩、螺旋成孔桩等。

3.挤土桩

在成桩过程中，桩周围的土被压密或挤开，因而使其周围土层受到严重扰动，如挤土灌注桩、挤土预制混凝土桩（打入式桩、振入式桩、压入式桩）。

(三)按桩的施工方法分类

1.预制桩

预制桩是在工厂或施工现场制成的各种材料、各种形式的桩(如木桩、混凝土方桩、预应力混凝土管桩、钢桩等),用沉桩设备将桩打入、压入或振入土中。

2.灌注桩

灌注桩是在施工现场的桩位上用机械或人工成孔,吊放钢筋笼,然后在孔内灌注混凝土而成。

二、预制桩施工

钢筋混凝土预制桩能承受较大的荷载、施工速度快,可以制作成各种需要的断面及长度。其桩的制作及沉桩工艺简单,不受地下水位高低变化的影响,是我国广泛应用的桩型之一。预制桩按沉桩方式分为锤击沉桩和静力沉桩。

(一)桩的制作、运输和堆放

预制桩主要有钢筋混凝土方桩、混凝土管桩和钢桩等,目前常用的为预应力混凝土管桩。

1.预制桩制作

(1)钢筋混凝土方桩。钢筋混凝土实心桩,断面一般呈方形。桩身截面一般沿桩长不变。实心方桩截面尺寸一般为200 mm×200 mm~600 mm×600 mm。钢筋混凝土实心桩桩身长度,因限于桩架高度,现场预制桩的长度一般在25~30 m。限于运输条件,工厂预制桩桩长一般不超过12 m,否则应分节预制,然后在打桩过程中予以接长。接头不宜超过3个。制作一般采用间隔、重叠生产,每层桩与桩间用塑料薄膜、油毡、水泥袋纸等隔开,邻桩与上层桩的浇筑须待邻桩或下层桩的混凝土达到设计强度的30%以后进行,重叠层数不宜超过4层。材料要求:钢筋混凝土实心桩所用混凝土的强度等级不宜低于C30(30 N/mm^2)。采用静压法沉桩时,可适当降低,但不宜低于C20;预应力混凝土桩的混凝土强度等级不宜低于C40,浇筑时从桩顶向桩尖进行，应一次浇筑完毕，严禁中断。主筋根据桩断面大小及吊装验算确定，一般为4~8根，直径12~25 mm；不宜小于φ14，箍筋直径为6~8 mm，间距不大于200 mm，打入桩桩顶2~3 d（"d"代表钢筋的直径）长度范围内箍筋应加密，并设置钢筋网片。预制桩纵向钢筋的混凝土保护层厚度不宜小于30 mm。桩尖处可将主筋合拢焊在桩尖辅助钢筋上，在密实砂和碎石类土中，可在桩尖处包以钢板桩靴，加强桩尖。

（2）预应力混凝土管桩。其是采用先张法预应力工艺和离心成型法制成的一种空心筒体细长混凝土预制构件。它主要由圆筒形桩身、端头板和钢套箍等组成。管桩按混凝土强度等级和壁厚分为预应力混凝土管桩（代号PC桩）、预应力高强度混凝土管桩（代号PHC桩）和预应力薄壁管桩（代号PTC桩）。管桩按外直径分为300~1000 mm等规格，实际生产的管径以300 mm、400 mm、500 mm、600 mm为主，桩长以8~12 m为主。预应力管桩具有单桩竖向承载力高（600~4500 kN）、抗震性能好、耐久性好、耐打、耐压、穿透能力强（穿透5~6 m厚的密实砂夹层）、造价适宜、施工工期短等优点，适用于各类工程地质条件为黏性土、粉土、砂土、碎石、碎石类土层，以及持力层为强风化岩层、密实的砂层（或卵石层）等土层，是目前常用的预制桩桩型。

（3）预制桩的起吊、运输和堆放。当桩的混凝土达到设计强度标准值的70%后方可起吊，吊点应位于设计规定之处。在吊索与桩间应加衬垫，起吊应平稳提升，并采取措施保护桩身质量，防止撞击和受振动。桩运输时的强度应达到设计强度标准值的100%。装载时桩支承应按设计吊钩位置或接近设计吊钩位置叠放平稳并垫实，支撑或绑扎牢固，以防运输中晃动或滑动；长桩采用挂车或炮车运输时，桩不宜设活动支座，行车应平稳，并掌握好行驶速度，防止任何碰撞和冲击。严禁在现场以直接拖拉桩体方式代替装车运输。

堆放场地应平整坚实，排水良好。桩应按规格、桩号分层叠置，支承点应设在吊点或其近旁处，保持在同一横断平面上；各层垫木应上下对齐，并支承平稳。当场地条件许可时，宜单层堆放；当叠层堆放时，外径为500~600 mm的桩不宜超过4层，外径为300~400 mm的桩不宜超过5层。运到打桩位置堆放时，应布置在打桩架附设的起重钩工作半径范围内，并考虑到起吊方向，避免转向。

（二）混凝土预制桩的接桩

当施工设备条件对桩的限制长度小于桩的设计长度时，需要用多节桩组成设计桩长。接头的构造分为焊接、法兰连接、机械快速连接（螺纹式、啮合类）三类形式。采用焊接接桩应符合下列规定。

（1）下节桩端的桩头宜高出地面0.5 m。

（2）下节桩的桩头处宜设导向箍。接桩时上下节桩段应保持顺直，错位偏差不宜大于2 mm。接桩就位纠偏时，不得采用大锤横向敲打。

（3）桩对接前，上下端板表面应使用铁刷子将其清刷干净，坡口处应刷至露出金属光泽。

（4）焊接宜在桩四周对称地进行，待上下桩节固定后拆除导向箍再分层施焊；焊接层数不得少于两层，第一层焊完后必须把焊渣清理干净，方可进行第二层的施焊。焊缝应连续、饱满。

（5）焊好后的桩接头应自然冷却后方可继续锤击，自然冷却时间不宜少于8 min；严禁采用水冷却或焊好即施打。

（6）雨天焊接时，应采取可靠的防雨措施。

（7）焊接接头的质量检查，对于同一工程探伤抽样检验不得少于3个接头。

（三）打桩顺序

打桩顺序根据桩的尺寸、密集程度、深度，桩移动方便程序以及施工现场实际情况等因素来确定，一般分为逐排打设、自中部向边缘打设、分段打设等。

确定打桩顺序应遵循以下原则。

（1）桩基的设计标高不同时，打桩顺序宜先深后浅。

（2）不同规格的桩，宜先大后小。

（3）当一侧毗邻建筑物时，由毗邻建筑物处向另一方向施打。

（4）在桩距大于或等于4倍桩径时，则不用考虑打桩顺序，只需从提高效率出发确定打桩顺序，选择倒行和拐弯次数最少的顺序。

（5）应避免自外向内，或从周边向中央进行，以免中间土体被挤密，桩难以打入，或虽勉强打入，但使邻桩侧移或上冒。

（四）施工前准备

（1）整平场地，场内铺设100 mm砾石土压实；清除桩基范围内的高空、地面、地下障碍物；架空高压线距打桩架不得小于10 m；修设桩机进出、行走道路，做好排水措施。

（2）按图纸布置进行测量放线，定出桩基轴线。先定出中心，再引出两侧，并将桩的准确位置测设到地面。每一个桩位打一个小木桩，并测出每个桩位的实际标高；场地外设2~3个水准点，以便随时检查。

（3）检查桩的质量，将需用的桩按平面布置图堆放在打桩机附近，不合格的桩不能运至打桩现场。

（4）检查打桩机设备及起重工具；铺设水电管网，进行设备架立组装和试打桩，试打桩不少于两根。在桩架上设置标尺或在桩的侧面画上标尺，以便能观测桩身入土深度。

（5）打桩场地建（构）筑物有防震要求时，应采取必要的防护措施。

（6）学习、熟悉桩基施工图纸，并进行会审；做好技术交底，特别是地质情况、设计要求、操作规程和安全措施的交底。

（7）准备好桩基工程沉桩记录和隐蔽工程验收记录表格，并安排好记录，通知业主、监理人员等。

（五）锤击沉桩施工

锤击沉桩是利用桩锤下落时的瞬时冲击机械能，克服土体对桩的阻力，使其静力平衡状态遭到破坏，导致桩体下沉，达到新的静压平衡状态，如此反复地锤击桩头，桩身也就不断地下沉。锤击沉桩是预制桩最常用的沉桩方法。该法施工速度快、机械化程度高、适应范围广、现场文明程度高，但施工时有挤土、噪声和振动等公害，不宜在医院、学校、居民区等城镇人口密集地区施工，在城市中心和夜间施工应对其有所限制。

1.锤击沉桩施工工艺流程

锤击沉桩施工工艺流程是：测量定位→桩机就位→桩底就位,对中和调直→锤击沉桩→接桩、对中、垂直度校核→再锤击→送桩→收锤。

（1）测量定位。通过轴线控制点,逐个定出桩位,打设钢筋标桩,并用白灰在标桩附近地面上画一个圆心与标桩重合、直径与管桩相等的圆圈,以方便插桩对中,保持桩位正确。桩位的放样允许偏差是群桩20 mm、单排桩10 mm。

（2）桩底就位、对中和调直。底桩就位前,应在桩身上画出单位长度标记,以便观察桩的入土深度及记录每米沉桩击数。吊桩就位一般用单点吊将管桩吊直,使桩尖插在白灰圈内,桩头部插入锤下面的桩帽套内就位,并对中和调直,使桩身、桩帽和桩锤三者的中心线重合,保持桩身垂直,其垂直度偏差不得大于0.5%。桩垂直度观测包括打桩架导杆的垂直度,可用两台经纬仪在离打桩架15 m以外呈正交方向进行观测,也可在正交方向上设置两根吊砣垂线进行观测校正。

（3）锤击沉桩。锤击沉桩宜采取低锤轻击或重锤低打,以有效降低锤击应力,同时特别注意保持底桩垂直,在锤击沉桩的全过程中都应使桩锤、桩帽和桩身的中心线重合,防止桩受到偏心锤打,以免桩受弯受扭。在较厚的黏土、粉质黏土层中施打多节管桩时,每根桩宜连续施打,一次完成,以免间歇时间过长,造成再次打入困难,而需增加锤击数,甚至打不下而先将桩头打坏等情况。当遇到贯入度剧变,桩身突然发生倾斜、移位或有严重回弹,桩顶或桩身出现严重裂缝、破碎等情况时,应暂停打桩,并分析原因,采取相应措施。

（4）接桩、对中、垂直度校核。方桩接头数不宜超过两个,预应力管桩单桩的接头数不宜超过4个,应避免桩尖接近硬持力层或桩尖处于硬持力层时接桩。预应力管桩接一般多采用电焊接头。具体施工要点为：在下节桩离地面0.5~1.0 m时,在下节桩的接头处设导向箍以方便上节桩就位,起吊上节桩插入导向箍,进行上下节桩对中和垂直度校核,上下节桩轴线偏差不宜大于2 mm；上下端板表面应用铁刷子清刷干净,坡口处应刷至露出金属光泽。焊接时宜先在坡口圆周上对称焊4~6点,待上下桩节固定后拆除导向箍,由两名焊工对称、分层、均匀、连续地施焊。一般焊接层数不少于2层，待焊缝自然冷却8~10 min后，方可继续锤击沉桩。

（5）送桩。当桩顶标高低于自然地面标高时，须用钢制送桩管（长为4~6 m）放于桩头，锤击送桩管将桩送入土中。设计送桩器的原则是：打入阻力不能太大，容易拔出，能将冲击力有效地传到桩上，并能重复使用。送桩后遗留的桩孔应及时回填或覆盖。

（6）截桩。露出地面或未能送至设计桩顶标高的桩，必须截桩。截桩要求用截桩器，严禁用大锤横向敲击、冲撞。

2.锤击沉桩收锤标准

当桩尖（靴）被打入设计持力层一定深度，符合设计确定的停锤条件时，即可收锤停打。终止锤击的控制条件，称为收锤标准。收锤标准通常以达到的桩端持力层、最后贯入度或最后1 m沉桩击数为主要控制指标。桩端持力层作为定性控制；最后贯入度或最后1 m沉桩锤击数作为定量控制，均通过试桩或设计确定。一般停止锤击的控制原则是：桩端（指桩的全截面）位于一般土层时，以控制桩端设计标高为主，贯入度可做参考；桩端达到坚硬、硬塑的黏性土，中密以上粉土、砂土、碎石类土、风化岩时，以贯入度控制为主，桩端标高可做参考。当贯入度已达到而桩端标高未达到时，应继续锤击3阵，按每阵10击且贯入度不大于设计规定的数值加以确认，必要时施工控制贯入度应通过试验与有关单位会商确定。

第四节　地下连续墙施工

一、概述

地下连续墙是区别于传统施工方法的一种较为先进的地下工程结构形式和施工工艺。它是在地面上用专用的挖槽设备，沿着深开挖工程的周边（如地下结构物的边墙），在泥浆护壁的情况下，开挖一条狭长的深槽，在槽内放置钢筋笼并浇筑水下混凝土，筑成一段钢筋混凝土墙段，然后将若干墙段连接成整体，形成一条连续的地下墙体。地下连续墙可供截水防渗或挡土承重之用。地下连续墙于1950年前后在意大利和法国开始用于工程。20世纪50年代中后期日本开始引入此项技术。由于它在技术上和经济上的优点，很快在世界上许多国家得到推广。目前，地下连续墙的设计、施工方法已达几十种之多。随着我国经济建设事业的发展，地下连续墙在我国建筑工程上的应用越来越多，并在设计理论和施工技术方面的研究也获得很大发展。

地下连续墙用途非常广泛，主要用作建筑物地下室，地下停车场，高层建筑的深大基坑，市政沟道及涵洞、竖井，各种建筑物的基础，各种有防渗要求的地下构筑物，等等。

二、地下连续墙的施工工艺

地下连续墙按其填筑的材料，分为土质墙、混凝土墙、钢筋混凝土墙（又有现浇和预制之分）和组合墙（预制钢筋混凝土墙板和现浇混凝土的组合，或预制钢筋混凝土墙板和混凝水泥膨润土泥浆的组合）；按其成墙方式，分为桩排式、壁板式、桩壁组合式；按其用途分为临时挡土墙、防渗墙、用作主体结构兼作临时挡土墙的地下连续墙、用作多边形基础兼作墙体的地下连续墙。

目前，我国建筑工程中应用最多的还是现浇钢筋混凝土壁板式连续墙。壁板式地下墙既可作为临时性的挡土结构，也可兼作地下工程永久性结构的一部分。地下连续墙墙体与主体结构连接的构造形式，可分为分离式、单独式、复合式和重合式四种；构造不同时，作用在墙体上的荷载也不相同。

（1）分离式是在结构上将地下连续墙和结构物分开使用的结构形式。主体结构对地下连续墙只起横撑作用。所以，结构物完成之后，地下连续墙仍然只承受施工时的荷载——土压力和水压力。

（2）单独式地下连续墙直接用作结构物的边墙。它除了承受土压力和水压力之外，还要承受作用在结构物上的竖向、水平向的全部荷载。

（3）复合式把地下连续墙与主体结构的边墙结合成一体。墙体除受水土压力之外，主体结构与地下连续墙在结合部可传递剪力。

（4）重合式把主体结构的边墙与地下墙在内侧面上重合在一起。中间用填充材料填充。内外墙之间不传递竖向剪力，但两者的弯曲变形相同。

竣工之后，地下墙受力的大小介于分离式和单独式之间。

三、导墙施工

（一）导墙的作用

导墙作为地下连续墙施工中必不可少的构筑物，具有以下作用。

（1）控制地下连续墙施工精度。导墙与地下墙中心相一致，规定了沟槽的位置走向，可作为量测挖槽标高、垂直度的基准。导墙顶面又作为机架式挖土机械导向钢轨的架设定位。

（2）挡土作用。由于地表土层受地面超载影响，容易塌陷，导墙起到挡土作用。为防止导墙在侧向土压作用下产生位移，一般应在导墙内侧每隔1~2m加设上下两道木支撑。

（3）重物支承台。施工期间，承受钢筋笼、浇筑混凝土用的导管、接头管以及其他施工机械的静、动荷载。

（二）导墙的形式

导墙一般采用现浇钢筋混凝土结构，但也有钢制的或预制钢筋混凝土的装配式结构，目的是想能多次重复使用。但根据工程实践，采用现场浇筑的混凝土导墙容易做到底部与土层贴合，防止泥浆流失，而其他预制式导墙较难做到这一点。

导墙的作用和截面形式。导墙并非地下连续墙的实体构筑物，它是地下连续墙挖槽前沿两侧构筑的临时构筑物。导墙的作用在于：为地下连续墙定位，保证墙体的基准标高、垂直度和精确度，支撑挖掘机械，维护地表土体稳定，稳定槽内泥浆液面，等等。导墙一般为现浇钢筋混凝土结构，也有采用能多次重复使用的预制钢筋混凝土装配式结构的导墙。现浇的钢筋混凝土导墙有若干种截面形状。

第四章 钢筋混凝土工程施工

第一节 模板工程施工

模板工程的施工工艺主要包括模板的选材、选型、设计、制作、安装、拆除以及周转等环节。这些环节直接关系到工程的质量、安全性和成本控制，因此，在施工过程中对模板系统予以高度重视尤为重要。

一、模板的作用和基本要求

模板系统由模板和支撑两部分组成。模板的主要作用是提供混凝土成型的外部框架，确保混凝土按设计的形状和尺寸成型并保持稳定直至完全硬化。模板直接接触混凝土，因此，需要具备优良的材质，能够承受来自混凝土及施工操作过程中的荷载和压力。同时，模板设计应优化施工流程，使其便于安装和拆卸，并确保钢筋的绑扎和安装工作顺利进行。

支撑系统的作用是保持模板的稳定性和精确位置，防止浇筑过程中发生位移或变形。为此，支撑系统需要具备足够的承载能力、刚度和稳定性，以有效抵抗新浇混凝土的自重、施工产生的侧压力以及其他外部荷载。

模板结构的精密性对混凝土的成型质量和养护效果起着至关重要的作用。因此，模板在施工中应严格控制接缝的严密性，避免出现漏浆。同时，模板的多次循环使用不仅有助于节约施工成本，还对提高经济效益具有显著意义。

二、模板的构造与安装

（一）基础模板的构造与安装

基础模板用于建筑物基础部分的支撑，其高度相对较低，但体积较大。通常情况下，模板会以地基或基槽为支撑点。如果地基条件较好，可以直接在原槽内进行混凝土浇筑。

1.模板构造

以阶梯基础模板为例，其由四块拼板构成，每层阶梯需要四块拼板拼接。其中，两块拼板的长度与阶梯长度相同，另外两块拼板稍长，以便更好地支撑和固定。拼板的宽度与阶梯的高度一致，确保整体模板结构的稳定性。

为保障阶梯基础模板的支撑效果，通常会使用斜撑、木桩和钢丝等辅助材料。斜撑用以提升模板的稳定性，木桩则用来固定斜撑的位置，而钢丝主要用于加固拼板之间的连接。通过这些措施，基础模板的结构既稳定可靠，又能顺利完成在原槽内的浇筑施工。

2.模板安装

在模板安装前，需先精准测量模板安装的边线，并根据测量数据进行模板放置。在模板定位完成后，需借助木条、撑木、斜撑和钢丝等工具固定侧拼板，确保模板稳固不移。

（二）柱模板的构造与安装

柱模板的截面尺寸较小，但高度较高，其设计必须确保垂直度，并能有效抵抗混凝土浇筑时的侧向压力，同时还需方便浇筑和清理。

1.模板构造

柱模板通常由内外拼板组成，内部两块拼板夹持外部两块拼板，或者用短板代替外拼板固定于内拼板上。为便于混凝土浇筑，柱模板内部会预留未钉固的短横板，待混凝土浇筑至适当高度后再固定。此外，柱模板底部设置有清理孔，而每隔2 m的高度处设有浇筑孔洞。柱底部通过木框固定在基础混凝土上，用以定位模板。

为抵抗混凝土浇筑时的侧压力，柱模板的外部需要设置箍筋。箍筋的布置密度依据侧压力强度与拼板厚度而定，由于侧压力自下而上逐渐减小，柱模板底部的箍筋布置较为密集。在柱模板顶部设计有缺口，用于与梁模板连接。

2.模板安装

柱模板安装时，应在施工地点标出柱的中心线和边缘线，并根据线条调整模板厚度，将脚木框牢牢固定在基础表面或楼板上。脚木框安装完成后，柱模板可精准地安装在框内。如果柱中钢筋尚未完成绑扎，可预留一到两块模板待钢筋完成后再安装。钢筋绑扎完成后，四块模板可一次性安装到位。在安装过程中，需确保模板尺寸准确且严格垂直，可借助垂直检测工具如垂球进行校正。

确认模板无误后，使用支撑杆固定模板以保证稳定性。完成所有柱模板安装后，应用水平杆和斜拉杆将模板整体连接，确保施工期间模板不会发生倾斜或移位。

（三）梁模板的构造与安装

梁模板因跨度较大且宽度相对较窄，需特别设计，其底部通常悬空，与地面不接触，形成架空结构。梁模板材料可选择木质模板或预制的钢制组合模板。

1.模板构造

梁模板的构造主要由底板、两块侧板以及三块拼接板组成。这些板块的长度均与梁的净长度一致。底模板的宽度应与梁宽度相等；边梁的侧板宽度需等于梁的高度加上底模板的厚度；普通梁侧模板的宽度为梁高度加底模板厚度减去混凝土板厚度。

这种设计方式确保了梁模板的结构符合承载要求，并在施工中提供充足的支撑和稳定性。梁侧模板通过楞木、托木、杠木等支撑构件进行固定，夹木、短撑木及杠木撑用于进一步增强模板的整体结构稳定性，而顶撑则负责保持模板的垂直和水平对齐，确保混凝土浇筑过程安全顺利。

2.模板安装

（1）梁底模板安装。安装梁底模板前，需在模板放置位置铺设垫板以增强支撑力。在柱模板的连接处，安装衬口档，确保梁底板固定稳固。将梁底模板置于已铺好的衬口档上，安装顶撑时，从靠近柱或墙的一端开始逐步向中间推进。利用木楔轻敲顶撑底部，以校正梁底模板的高度，确保其平整且符合设计标准。

（2）梁侧模板安装。梁侧模板需紧贴梁底模板，放置在支柱顶端的横木上，并用夹板固定，确保垂直安装。普通梁的侧模板通过楼板底模板固定，而边梁的外侧模板则采用立木和斜撑进行固定。模板之间需使用与梁宽相等的临时撑木加固，待混凝土浇筑完成后可将撑木拆除。对于高度较大的梁，由于混凝土侧压力较大，需设置对拉螺栓以增强稳固性。

主梁模板校正安装完成后，方可安装次梁模板。模板安装完毕后，应再次检查尺寸，确保准确无误。对于跨度在4 m及以上的梁底模板，需适当起拱，起拱高度建议为梁跨度的1/1000~3/1000，以减少荷载后的变形。

（四）楼板模板的构造与安装

楼板模板面积大且较薄，因此承受的侧向压力较小。在承重方面，楼板模板及其支撑系统需能承受钢筋、模板自身、混凝土的重量及施工荷载，确保模板在施工过程中不变形。

1.模板构造

楼板模板通常由多块拼板组合而成，标准化拼板是主要材料。对于无法完全覆盖的区域，可使用其他木板填充。

2.模板安装

铺设楼板模板前，应在梁侧模板的外侧钉立木和横挡，并在横挡上安装楞木。楞木需保持水平，随后铺设楼板模板。如果跨度较大，则需在楞木中部增设支柱，以避免楞木受力后挠度过大。

三、模板拆除

模板拆除是建筑工程中确保施工质量与效率的关键环节。模板的拆除时间和方法受多种因素影响，包括混凝土强度、模板用途、结构特性以及施工时的气候条件等。

（一）模板拆除原则

1.强度要求

在模板拆除之前，必须确保混凝土的强度已达到设计要求，以免拆除过程中损坏混凝土表面或影响结构完整性。具体而言，侧模板只有在混凝土表面和棱角能够承受外力、不受损害时方可拆除；底模板的拆除需满足设计规定的强度要求。

2.拆除顺序

模板拆除应遵循合理的顺序。一般情况下，先拆除后安装的模板，再拆除先安装的模板。具体顺序为：先拆侧模板，后拆底模板。对于肋形楼板，模板拆除顺序通常是：先柱模板，再楼板底模板，随后是梁侧模板，最后拆梁底模板。

（二）拆除过程中的注意事项

（1）安全考量：在多层楼板施工中，若上层楼板正在进行混凝土浇筑，下层楼板的模板和支架不得全部拆除。如需拆除部分支架，必须确保其不会影响整体结构的安全性。

（2）结构保护：对于跨度在4 m及以上的梁，拆除模板时需保留适当支撑，并确保支撑间距不超过3 m，以保护结构在模板拆除过程中不受损害。

（三）模板和支撑的管理

模板和支撑拆除后需及时清理和维护。拆下的材料应按照尺寸和种类整理归类，便于后续重复使用。对于标准化组合模板，还需重新涂刷防锈漆，以延长使用寿命。拆模后的结构如果需要承受施工期间的额外荷载，应通过计算确定是否需要增设临时支撑，以确保施工安全。

模板拆除是一项技术性要求极高的工作，施工团队必须严格遵守工程规范，确保每个步骤都不会对结构产生负面影响。通过科学的拆除顺序以及对模板的及时维护，不仅能提高模板的周转率，还能为后续施工创造有利条件。模板拆除工作不仅是一项技术操作，还是保障建筑质量与施工安全的重要环节。

第二节 钢筋工程施工

一、钢筋的冷加工

钢筋的冷加工是一种常用的加工方式，能够在常温条件下对钢筋进行性能优化。通过冷拉和冷拔工艺，钢筋的强度和使用性能得到了显著提升，有效满足了不同建筑工程的需求。

（一）冷拉

冷拉是钢筋加工中一种重要的技术，主要用于在常温环境下对钢筋进行强力拉伸处理。在这一过程中，拉伸力超过钢筋原有的屈服强度，使其发生塑性变形。这种处理不仅能够矫正钢筋形状，还能提高其机械性能，从而在节约材料的同时提升施工效率。

冷拉技术通常适用于HPB300~RRB400级的钢筋。具体而言，HRB335、HRB400及RRB400级钢筋多用于预应力结构，而HPB300级钢筋则多应用于非预应力结构中的受拉部位。

在冷拉加工中，常用的两种方法为控制应力法和控制冷拉率法。这两种方法能够精确调控冷拉过程中钢筋的变形程度，确保加工后的钢筋符合工程的设计要求。

冷拉率是评价冷拉加工效果的重要指标，指钢筋在冷拉过程中总伸长量（包括弹性变形与塑性变形）与原始长度的比值。通常情况下，冷拉应力或冷拉率越大，钢筋的屈服点提升越显著，但塑性会相应降低。因此，加工后的钢筋必须保持一定的塑性，以确保强度与延性之间的平衡。这意味着钢筋的抗拉强度与屈服强度之比需要保持在合理范围内,既能满足工程安全性,又能提升施工效率。

（二）冷拔

冷拔工艺在钢筋加工领域占有重要地位,主要针对直径在6~10 mm的HPB300级钢筋进行多次拉拔处理。加工过程中,钢筋需通过由钨合金制成的高精度拔丝模孔,在轴向拉伸与径向压缩的作用下发生塑性变形,直径逐渐减小。

在冷拔过程中,钢筋内部的晶体结构发生滑移,这种变化显著提升了钢筋的抗拉强度,通常可提高50%~90%。与此同时,材料硬度增加,延展性有所下降,使钢筋更加脆硬。经过冷拔处理后的钢筋,被称为冷拔低碳钢丝,根据用途不同可分为甲级和乙级两类。

甲级冷拔低碳钢丝主要用于预应力混凝土构件中,作为预应力筋使用。其高强度和优异的稳定性使其能够在承受重载时表现良好。而乙级冷拔低碳钢丝则更广泛地应用于焊接网片、焊接骨架以及箍筋和构造钢筋的制作中,为各类建筑结构提供必要的支撑和加固作用。

通过冷拔工艺,钢筋的性能得到了显著改善。这一技术不仅提升了材料的机械性能,还扩展了钢筋在建筑工程中的应用范围,为结构的安全性和耐久性提供了有力保障,同时推动了建筑技术的不断进步。

二、钢筋的连接

钢筋在建筑工程中的连接方式主要包括绑扎连接、焊接连接和机械连接三种形式。其中,绑扎连接由于需要较长的搭接长度,容易造成钢筋的浪费,且连接的稳定性较差,因此应在使用时有所限制;焊接连接因其方式多样、成本较低且连接质量较高,被认为是较为理想的选择;机械连接则因不需要明火、设备操作简便、不受气候影响、连接可靠且技术易于掌握而备受推崇。

（一）绑扎连接

钢筋绑扎连接是通过混凝土与钢筋之间的黏结锚固作用，将两根锚固钢筋之间的应力有效传递的一种方式。为了保证钢筋间应力的顺利传递，必须严格按照施工规范要求设定最小搭接长度，同时应尽量将接头位置安排在受力较小的区域。

钢筋绑扎连接需满足以下条件：

1.搭接钢筋的间距

绑扎搭接的钢筋横向净距离不得小于钢筋直径，并至少保持25 mm的间隔。

2.连接区段长度

绑扎搭接接头所在的连接区段，其长度应为搭接长度的1.3倍。在此长度范围内的所有搭接接头视为同一连接区段。在连接区段内，搭接接头占据的纵向受力钢筋截面面积比例需参照区段内所有纵向受力钢筋的总面积。

3.搭接接头面积比例

在同一连接区段内，纵向受拉钢筋的搭接接头面积比例需满足设计要求。若设计未作明确规定，梁、板、墙类构件的搭接接头面积比例不宜超过25%，而柱类构件则不宜超过50%。

这三种钢筋连接方式各具特点，应根据工程的具体需求选择最适合的连接方法，以提高施工效率和结构安全性。

（二）钢筋焊接

在建筑结构中，为确保整体的稳固性，同一构件内的钢筋焊接接头需错开布置。以单个焊接接头为例，从其中心开始，焊接长度至少应达到钢筋直径的35倍（且不少于500 mm），同一根钢筋上不得出现第二个焊接点。在受力区域，钢筋接头的截面积占总受力钢筋截面积的比例需严格控制。对于非预应力钢筋，在受拉区域，该比例不得超过50%；而在受压区域及预制构件的连接部位，则不受此限制。焊接接头距钢筋弯曲点的距离需不少于钢筋直径的10倍，同时应避免将焊接接头设置在构件承受最大弯矩的位置。钢筋焊接方法根据工艺分为闪光对焊、电弧焊、电渣压力焊、电阻点焊和气压焊等类型。本文将重点介绍闪光对焊和电弧焊两种方法。

1.闪光对焊

闪光对焊是一种利用低电压、大电流将钢筋接触点加热至熔化状态，并通过电阻产生热量完成焊接的技术。在焊接过程中，熔化的金属会伴随明亮的金属飞溅，形成"闪光"，随后施加压力以完成焊接。此方法适用于直径为10~40 mm的各种热轧钢筋及预应力钢筋与螺纹端杆的连接。

闪光对焊完成后须对焊接接头进行外观检查，确保无裂纹、烧伤等缺陷，焊缝弯曲不得超过4°，接头偏移量不超过钢筋直径的0.1倍，且最大偏移不应超过2 mm。同时，从焊接完成的接头中随机抽取6%进行静力拉伸和冷弯试验，其抗拉强度须达到母材的抗拉强度，且断裂点应位于焊接接头以外的部位。

2.电弧焊

电弧焊是通过电弧高温熔化焊条与焊件金属，在冷却后凝固形成焊缝的一种焊接技术。该方法广泛应用于钢筋接头、钢筋框架、预制构件连接点、钢筋与钢板的连接以及其他钢结构的焊接。

电弧焊根据焊接形式分为搭接焊、帮条焊、坡口焊（平焊或立焊）、窄间隙焊及熔槽帮条焊等多种方式。其中，帮条焊和搭接焊适用于直径10~40 mm的热轧钢筋焊接，坡口焊则主要用于直径18~40 mm的热轧钢筋及特定处理钢筋的焊接。电弧焊机按电源类型分为直流和交流两种，其中交流电弧焊机是常见选择，所用焊条需符合相关性能标准。

对于电弧焊接质量的外观检查，要求焊缝表面平滑，无凹陷或焊瘤，且焊接区域不得出现裂纹、咬边、气孔或夹渣等缺陷。所有缺陷的容许范围和接头尺寸偏差需严格符合相关标准。在力学性能测试中，从每批成品中随机抽取3个接头进行拉伸试验。在工厂焊接中，每300个同类型、同级别的钢筋接头需划为一批进行效果检验。

（三）钢筋机械连接

钢筋机械连接是一种通过机械部件咬合或钢筋端部承压，实现钢筋间力学传递的连接方式。由于不需要明火操作，因此，属于非冶金性连接。这种方法具有施工便捷、设备简易、质量稳定等优点，且不受气候条件和钢筋焊接性能的限制，因而在工程中被广泛应用。常见的机械连接方式包括套筒挤压连接、锥螺纹套筒连接和钢筋直螺纹连接等。

1.钢筋套筒挤压连接

钢筋套筒挤压连接是通过将带肋钢筋插入专用钢套筒，再利用挤压机施加压力，使钢套筒发生塑性变形并紧密贴合钢筋，从而实现连接的技术。该方法适用于直径16~40 mm的热轧HRB335和HRB400级带肋钢筋的各种连接方式，包括垂直、水平以及其他方向的连接。具体又可分为径向挤压连接和轴向挤压连接。

（1）钢筋径向挤压连接。钢筋径向挤压连接通过挤压机从套筒径向施加压力，使套筒内壁发生塑性变形，并牢固地嵌入钢筋的肋部，从而实现轴向力的有效传递。施工时需特别注意压接的顺序、压接力和压接次数。通常从套筒的中部开始向两端依次压接，以确保钢套筒与钢筋间完全贴合。压接力过小会导致接头强度不足，压接力过大则可能引发套筒变形过度，影响结构安全。压接次数的选择需根据钢筋直径、套筒型号和挤压机类型综合确定，直接影响接头的质量与施工效率。

（2）钢筋轴向挤压连接。钢筋轴向挤压连接则是通过挤压机沿钢套筒和钢筋轴向施压，使套筒和钢筋的肋部形成紧密咬合。该方法适用于相同直径或直径略有差异的钢筋连接，能够有效保证接头均匀受力和结构整体稳定性。

2.钢筋锥螺纹套筒连接

钢筋锥螺纹套筒连接是一种通过将钢筋端部加工成锥形螺纹，再利用锥螺纹套筒将两根配有螺纹的钢筋牢固连接的方法。这种连接方式对精确度要求极高，必须确保每个部件的尺寸与螺纹完全匹配。在加工锥螺纹接头时，必须保证钢筋切口与钢筋轴线完全垂直，不得采用气割方式切割钢筋。锥螺纹连接套筒需具备合格证明，并在套筒表面标明规格型号。套筒两端的锥孔应安装密封盖，以防止杂质进入。在施工现场，施工单位需对接头进行检查，确保其符合设计和规范要求。

加工过程中，螺纹的锥度、牙形和螺距需精确无误，与连接套的参数完全对应。每个连接件均需通过专用量具进行检验,确保无误差。钢筋与连接套的螺纹部分应保持清洁和完好,以保证连接牢固可靠。

使用预埋接头时,需严格按照设计图纸要求核对连接套的位置、规格和数量。在安装含连接套的钢筋时,应确保固定稳固,并在连接套外露端加装密封盖。连接钢筋时,应对准轴线将钢筋旋入连接套,并严格控制拧紧力矩,避免超过规定值。连接完成后,应在接头部位做出标记,并进行质量检查。

3.钢筋直螺纹连接

钢筋直螺纹连接是一种通过将钢筋端部进行镦粗处理后,再加工直螺纹并旋入套筒中完成连接的方法。这种方法的突出优点在于,经过镦粗处理的钢筋端部截面积通常大于原始截面积,从而避免了截面削弱问题,确保了连接强度。在施工中,直螺纹连接不涉及拧紧力矩的调整,这一特点使接头的稳定性得到进一步保障,同时大幅提升了施工效率和操作便捷性。

钢筋机械连接的质量直接关系到结构安全,因此,必须在施工中进行严格的质量控制。不同连接方式在施工后均需进行外观检查和力学性能测试。接头外观需无裂纹、咬边或其他明显缺陷,并满足设计规范的尺寸要求。力学性能测试包括拉伸试验和抗剪强度试验等,每批次需随机抽取样品进行检测。

三、钢筋的加工、绑扎与安装

(一)钢筋的加工

钢筋的加工是钢筋工程的第一步,必须严格按照设计图纸的规定进行,以确保每根钢筋的形状和尺寸准确无误。在加工前,钢筋表面必须清洁无损,任何油渍、漆渍或铁锈等杂质都应彻底清除。对于表面有颗粒状或片状老锈的钢筋,绝对禁止使用。去除表面锈迹的方法包括电动除锈、喷砂或使用钢丝刷和沙盘进行物理清理。钢筋的调直通常采用冷拉法,对于直径在4~14 mm的钢筋,可以使用集除锈、调直、切断为一体的机械进行处理。更粗的钢筋可能需要手动使用锤子或扳手调直。钢筋切断应在调直之后进行，以确保切割长度的精确。较细的钢筋和冷拔钢丝可以直接在调直机上完成切断，而较粗的钢筋则需采用更专业的设备切断；直径超过40 mm的钢筋则需要使用氧气乙炔火焰或电焊进行切割。钢筋弯曲操作分为机械弯曲和手工弯曲两种方式，根据现场设备和操作习惯来进行。对于较粗或形状复杂的钢筋，建议先制作实样以确保弯曲后的形状符合要求。直径小于25 mm的钢筋，可以现场使用板钩进行弯曲。

（二）钢筋的绑扎与安装

在进行钢筋的绑扎和安装之前，施工人员必须详细研究施工图纸，并认真核查实际钢筋的品种、直径、形状、尺寸以及数量是否与配料单及料牌信息一致。同时，还需规划钢筋的安装步骤，以及与其他工种之间的配合顺序，确保所有准备工作妥当，包括准备绑扎用的铁丝和其他必需的工具。钢筋绑扎工作一般采用20～22号钢丝或镀锌钢丝，以保证钢筋交叉点的牢固性。绑扎过程主要包括以下几个步骤：①进行标线作业，确保钢筋的间距和数量准确无误，并明确标记需要加强箍筋的位置。②钢筋的摆放和穿箍，按照设计要求准确布置。例如，在板结构中，通常先布置主筋再布置负筋。③在梁结构中，则先布置纵筋再布置箍筋。④完成绑扎后需放置垫块以保证钢筋的位置准确，并确保混凝土浇筑时钢筋的覆盖厚度符合规范要求。

钢筋绑扎应当符合下列规定：①在进行钢筋绑扎时，钢筋的交点必须使用钢丝牢固绑扎。②在钢筋网片的应用中，板与墙之间的钢筋网片，除了外围两行钢筋的交点需要全部绑牢外，中间部分的交点可以采取间隔交替绑扎的方式，但必须确保关键受力钢筋稳定，不得移位。③对于受双向力的钢筋网片，其所有交点都应彻底绑扎。④在柱子中，竖向钢筋的搭接位置需特别注意：角部钢筋的弯钩应与模板呈45°角（对于多边形柱子则是内角的平分线，而圆柱则应与柱模板的切线垂直）。⑤中间钢筋的弯钩则应与模板呈90°角。⑥在梁与柱连接的部位，除特殊设计要求外，箍筋应与主受力钢筋垂直设置。⑦箍筋的弯钩重叠部分应错开，沿受力钢筋方向设置。⑧在板与梁的交叉区域，板中钢筋应位于顶部，次梁钢筋居中，而主梁钢筋则位于底部。若存在圈梁或垫梁，主梁的钢筋应位于上方。

（三）验收与记录

安装完毕的钢筋应经过详尽的检验，确保符合设计要求及规范标准。主要检查内容包括：

（1）依据设计图纸核实钢筋的品种、直径、形状、尺寸、数量、间距以及锚固长度是否准确。特别要留意负筋的位置、钢筋接头的具体位置及其搭接长度是否达到规范要求。

（2）确认混凝土的保护层厚度是否符合标准，以及钢筋的绑扎是否稳固可靠。

（3）检查钢筋表面是否清洁，确保无油渍、漆污或较大的颗粒状及片状铁锈。

（4）检验钢筋安装中的所有偏差是否控制在规范允许的范围内，以保证结构的安全与稳固。钢筋工程属于隐蔽工程，这意味着一旦混凝土浇筑，后期将无法对钢筋进行检查。因此，在浇筑混凝土之前，必须对所有钢筋及预埋件进行彻底的验收，并且详细记录隐蔽工程的相关信息，以供日后查验。

第三节　混凝土工程施工

一、混凝土的配料

混凝土的配料是混凝土工程施工中的关键环节之一，其主要任务是根据设计要求和施工规范，通过合理的材料选择和准确的配合比确定，使混凝土在新拌状态下具有良好的工作性，同时在硬化后满足强度、耐久性、抗渗性等性能要求。

（一）混凝土配料的基本组成

混凝土是一种复合材料，由水泥、细骨料（砂）、粗骨料（石子）、水以及必要时掺入的外加剂和掺和料组成。

（二）混凝土配料的施工要求

配料环节要求精确控制各材料的用量，确保混凝土性能稳定。混凝土配料的施工要求如下：

1.材料的计量

采用称量设备计量各组分，计量精度应满足施工规范要求：水泥计量误差不超过±1%；骨料计量误差不超过±2%；水及外加剂计量误差不超过±1%。

2.计量设备的校验

定期校验计量设备，确保精度符合要求。

3.拌和均匀性

各组分材料应按比例准确投料，并搅拌均匀。拌和时间通常控制在3~5 min，根据搅拌机容量和材料特性适当调整。

4.配料时注意事项

配料前应检查各原材料是否符合标准，尤其注意砂石含水率的变化对配合比的影响。外加剂掺量应按试验确定的用量添加，不得随意更改。

二、混凝土的拌制

（一）混凝土搅拌机的类型

混凝土搅拌机是施工过程中必不可少的设备，根据其搅拌原理和结构特点，主要分为自落式搅拌机和强制式搅拌机两大类。

（二）混凝土搅拌

1.加料顺序

在混凝土的生产过程中，原材料的投入顺序对搅拌质量、设备磨损以及材料的浪费程度都有重要影响。根据实际需求，可采用一次投料法或二次投料法进行操作。

（1）一次投料法。一次投料法是指将砂、石、水泥和水同时加入搅拌筒中进行搅拌。具体操作顺序为：先将石子倒入料斗，然后加入水泥，最后加入砂。这样的加料顺序可以有效减少水泥扬尘的产生，并避免水泥和砂粒黏附在料斗底部影响投料效率。在材料投入搅拌机的同时，还需要添加适量的水。一种操作简便、使用广泛的加料方式，一次投料法因其便捷性而在实际工程中较为常见。

（2）二次投料法。二次投料法分为预拌水泥砂浆法和预拌水泥净浆法两种操作模式。

预拌水泥砂浆法：首先将水泥、砂以及适量的水加入搅拌筒中，搅拌均匀形成水泥砂浆。然后，将石子投入搅拌筒，继续搅拌，直至所有材料混合均匀。

预拌水泥净浆法：先将水泥与水混合搅拌，制成均匀的水泥净浆，随后加入砂和石子进行进一步搅拌，直至形成理想的混凝土混合物。

研究显示，与一次投料法相比，二次投料法能显著提高混凝土的质量。在保证同等级强度的条件下，采用二次投料法不仅能够提升混凝土的强度约15%，还可以节省15%～20%的水泥用量，具有明显的经济优势。

2.搅拌时间

搅拌时间指的是从所有原材料加入搅拌筒开始到卸料前的整个搅拌过程所需的时间长度。搅拌时间的合理控制对于混凝土的整体质量至关重要。搅拌时间过短会导致材料混合不均，影响混凝土的强度和结构性能；而搅拌时间过长则会增加能耗，并可能对部分材料的性能产生不利影响。因此，科学确定适宜的搅拌时间，是确保混凝土质量和施工效率的重要环节。搅拌时间的长短受多种因素的影响，包括搅拌机的类型和容量、使用的集料种类以及混凝土所需的流动性等。合理调整搅拌时间，能够最大限度地保证混凝土的质量和施工效果。

3.一次投料量

在混凝土施工中，正确的配合比计算是基于每立方米混凝土的需求量来确定的。在具体的搅拌过程中，应依据搅拌机的出料容量（每次搅拌所能产出的混凝土量)来合理设定每批次的投料量。

三、混凝土的浇筑

(一)浇筑前的准备工作

(1)确保模板和支架的尺寸、位置、垂直度准确无误,支撑结构稳固可靠,模板接缝严密无漏缝。浇筑前需清理模板内部的杂物和泥土,木质模板要提前喷水湿润,但不得积水。

(2)在浇筑前,需联合工程监理确认钢筋的种类、直径、布置位置及保护层厚度是否符合设计要求,并详细记录隐蔽工程的检查情况。

(3)提前备齐所有必要的材料和工具,并检查运输路径的畅通情况,确保运输和施工顺利进行。

(4)完成施工组织工作,明确分工,并进行安全与技术交底,确保全体施工人员熟悉施工要求和注意事项。

(二)混凝土浇筑的一般规定

为保证混凝土工程的质量,浇筑过程中需注意以下事项:

1.混凝土自由下落高度

为了防止混凝土分层或离析,混凝土从高处倒落的最大自由高度不得超过2 m。对于超过此高度的浇筑,可采用溜槽或串筒来降低自由落体的高度。在浇筑竖向结构(如墙体、柱体)时,混凝土的浇筑高度不应超过3 m,可使用串筒、溜槽或振动溜管辅助浇筑。溜槽一般用木板制作,并覆盖薄钢板;串筒则用薄钢板制成,内部设置缓冲挡板,连接方式为钩环式,每段长度约700 mm。

2.浇筑竖向结构混凝土

在浇筑竖向结构(如墙体、柱体)之前,需在底部先铺设一层50~100 mm厚的与混凝土成分相同的水泥砂浆,以减少混凝土的离析现象。

3.梁和板混凝土的浇筑

梁与板通常需同步浇筑。对于高度超过1 m的梁、大型拱或类似结构,可根据施工需要单独进行浇筑。

4.施工缝的处理

为保持混凝土结构的连续性，浇筑作业应尽量连续进行。如因技术或组织原因需中途间歇，应尽量缩短间歇时间，并在上一层混凝土初凝前完成下一层的浇筑。间歇时间的长短应根据水泥的类型和混凝土的实际条件合理确定，以确保结构的整体性和质量。

（三）混凝土浇筑流程

1.整体结构混凝土浇筑

为保证整体结构的稳定性，混凝土浇筑是关键环节。以下以框架—剪力墙结构为例，介绍基础、柱、剪力墙及梁、板的具体浇筑流程。

（1）基础浇筑。

①浇筑前需对地基进行校准，确保设计标高与轴线的准确性。清理地基上的淤泥和杂物，排干开挖过程中积水。在地下水流动区域，应采取有效措施排除地下水，确保浇筑质量。

②采用台阶分层浇筑的方式，要求一次性完成，严禁中途留施工缝。浇筑顺序建议从边角开始，逐渐向中间推进，确保混凝土充满模板，特别是垂直交角处要振捣密实，避免脱空。

③根据条形基础的深度进行分层和分段浇筑，要求连续操作，无施工缝。每段浇筑长度宜控制在2~3 m，确保段与段之间的无缝衔接，保证整体结构的稳固性。

④分层进行，每层之间不得留施工缝。浇筑时建议从低处开始，沿长边由一端向另一端推进，或从中间向两端、从两端向中间浇筑。这种方式可确保混凝土充分振捣，避免质量缺陷。

（2）柱子浇筑。柱子浇筑建议在梁、板模板安装完成后，钢筋绑扎前进行。梁、板模板可稳定柱模，同时为浇筑提供便利操作平台。为避免模板吸水膨胀引发断面增大或横向推力导致柱子变形，应从两端同步浇筑向中间推进，确保质量与形状的准确性。

柱底部应先浇筑50~100 mm厚的水泥砂浆或水泥浆，以防表面蜂窝或麻面现象。随后进行混凝土浇筑，特别是在柱根部加强振捣，确保新旧混凝土紧密结合。每次投入混凝土量需符合规定厚度，避免过量。

（3）剪力墙浇筑。剪力墙浇筑需分层进行，底部浇筑方式与柱子相似。在门窗洞口处，应从两侧同时浇筑，避免高差过大造成模板变形。墙体下部混凝土需加强振捣，以防孔洞形成。浇筑柱子后，需等待 1～1.5 h，待混凝土沉实后再浇筑上部梁、板。

（4）梁、板浇筑。梁与板浇筑应同步进行，确保整体结构稳定性。当梁高度超过 1 m 时，可考虑单独浇筑。采用预制楼板或硬架支模时，应加强梁部混凝土振捣，并严格控制下料过程，防止孔洞产生。

若梁、柱混凝土强度不同，应优先用柱子相同强度的混凝土浇筑梁柱交接节点处，并以钢丝网隔离节点与梁端。混凝土凝结前应及时完成梁的浇筑，避免施工缝，确保结构坚固。

2.厚大体积混凝土浇筑

厚大体积混凝土结构常见于水利工程、工业与民用建筑设备基础、桩基承台及底板等。由于结构体积庞大，对整体性要求高，通常需连续浇筑避免施工缝。若确需施工缝，须经设计单位批准，并符合相关规范。浇筑时，确保每层混凝土在初凝前被上层覆盖，并通过充分振捣形成密实整体。根据结构规模、钢筋布置密度及混凝土供应条件，可选择以下浇筑方式：

（1）全面分层：适用于大面积、低高度结构，逐层水平推进。

（2）分段分层：将整体划分为多个区域，逐段完成。

（3）斜面分层：适用于局部高差较大的区域，沿斜面逐步浇筑。

四、混凝土的振捣

混凝土被倒入模具后，由于集料之间的摩擦阻力及水泥浆的黏性，难以自行流平并填满模具中的所有空隙。这种情况会直接影响混凝土的密实程度，而密实度又是决定混凝土强度与耐久性的关键。因此，在混凝土浇筑完成后，必须对其进行适当的振捣，确保结构形态、尺寸及强度达到设计要求。混凝土的振捣主要分为手工振捣和机械振捣两类，其中机械振捣是施工现场最常采用的方式。以下以机械振捣为例进行具体说明。

（一）混凝土机械振捣的原理

机械振捣通过振动设备产生的频率、振幅和振动力，将振动能量传递到混凝土内部。这种强制振动可以有效减少混凝土颗粒间的黏结力与摩擦阻力，从而增强其流动性。在振动的作用下，粗集料在重力作用下下沉，水泥浆均匀分布并填充空隙，同时气泡也被振动驱逐，减少了孔隙率。此外，振动还能促使多余水分浮出，使混凝土在模具内更加密实并达到设计要求的形态。

振捣结束后，混凝土内部颗粒重新紧密结合，随后进入逐步凝固和硬化的阶段，从而形成高强度和耐久性的结构。

（二）混凝土振捣设备

根据振动传递方式的不同，混凝土振捣设备分为内部振动器、表面振动器、外部振动器和振动台四种类型。在实际施工中，内部振动器和表面振动器的使用最为普遍。

1.内部振动器

内部振动器又称插入式振动器或振动棒，适用于现浇基础、梁、墙等厚重混凝土结构的振捣操作。使用时，将振动棒插入混凝土内部，通过振动将能量传递至周围区域，确保内部混凝土密实且无气泡残留。

2.表面振动器

表面振动器也被称为平板振动器，其核心结构是将振动装置固定在一块平板上。在施工时，将振动器置于混凝土表面，通过底板将振动力传递给混凝土层。操作过程中，振动器底板需要与混凝土表面保持充分接触，振捣直至表面停止下沉并有水泥浆浮现后，再移动至下一处继续振捣。这种设备尤其适合楼板、地面及板状结构的振捣作业，能显著提高表面混凝土的密实度和均匀性。

第五章　装饰工程施工

第一节　墙面抹灰

抹灰是将各种砂浆、装饰性石屑浆、石子浆涂抹在建筑物的墙面、顶棚、地面上，除保护建筑物外，还可以起到装饰作用。

抹灰工程按使用材料和装饰效果分为一般抹灰和装饰抹灰。一般抹灰适用于石灰砂浆、水泥砂浆、混合砂浆、聚合物水泥砂浆、膨胀珍珠岩水泥砂浆、麻刀灰、纸筋灰、石膏灰等抹灰工程。装饰抹灰的底层和中层与一般抹灰做法基本相同，其面层主要有水刷石、水磨石、斩假石、干粘石、喷涂、滚涂、弹涂、仿石和彩色抹灰等。

一、一般抹灰施工

（一）一般抹灰层施工工艺

一般抹灰层由底层、中层和面层组成。底层主要起与基层（基体）黏结作用，中层主要起找平作用，面层主要起装饰美化作用。各层砂浆的强度等级应为底层＞中层＞面层，一般抹灰层施工工艺见表5-1。

表5-1　一般抹灰层施工工艺

层次	作用	基层材料	施工工艺
底层	主要起与基层黏结作用，兼起初步找平作用。砂浆稠度为10~20cm	砖墙	（1）室内墙面一般采用石灰砂浆或水泥混合砂浆打底 （2）室外墙面、门窗洞口外侧壁、屋檐、勒脚、压檐墙等及湿度较大的房间和车间宜采用水泥砂浆或水泥混合砂浆

续表

层次	作用	基层材料	施工工艺
底层	主要起与基层黏结作用，兼起初步找平作用。砂浆稠度为10~20 cm	混凝土	（1）宜先刷素水泥浆一道，采用水泥砂浆或混合砂浆打底 （2）高级装修顶板宜用乳胶水泥砂浆打底
		加气混凝土	宜用水泥混合砂浆、聚合物水泥砂浆或掺增稠粉的水泥砂浆打底，打底前先刷一遍胶水溶液
		硅酸盐砌块	宜用水泥混合砂浆或掺增稠粉的水泥砂浆打底
		木板条、苇箔、金属网	宜用麻刀灰、纸筋灰或玻璃丝灰打底，并将灰浆挤入基层缝隙内，以加强拉结
		平整光滑的混凝土基层，如顶棚、墙体	可不抹灰，采用刮粉刷石膏或刮腻子处理
中层	主要起找平作用。砂浆稠度7~8 cm		（1）基本与底层相同。砖墙则采用麻刀灰、纸筋灰或粉刷石膏 （2）根据施工质量要求可以一次抹成，也可以分遍进行
面层	主要起装饰作用。砂浆稠度10 cm		（1）要求平整，无裂纹，颜色均匀 （2）室内一般采用麻刀灰、纸筋灰、玻璃丝灰或粉刷石膏，高级墙面采用石膏灰，保温、隔热墙面按设计要求 （3）室外常用水泥砂浆、水刷石、干粘石等

（二）一般抹灰的厚度要求

1.抹灰层平均总厚度

（1）顶棚：板条、现浇混凝土和空心砖抹灰为15 mm；预制混凝土抹灰为18 mm；金属网抹灰为20 mm。

（2）内墙：普通抹灰两遍做法（一层底层，一层面层）为18 mm；普通抹灰三遍做法（一层底层，一层中层，一层面层）为20 mm；高级抹灰为25 mm。

（3）外墙抹灰为20 mm，勒脚及突出墙面部分抹灰为25 mm。

（4）石墙抹灰为35 mm。

控制抹灰层平均总厚度主要是为了防止抹灰层脱落。

2.抹灰层每遍厚度

抹灰工程一般应分遍进行，以便黏结牢固，并能起到找平和保证质量的作用。如果一层抹得太厚，由于内外收水快慢不同，抹灰层容易开裂，甚至鼓起脱落。每遍抹灰厚度一般控制如下。

（1）抹水泥砂浆每遍厚度为5~7 mm。

（2）抹石灰砂浆或混合砂浆每遍厚度为7~9 mm。

（3）抹灰面层用麻刀灰、纸筋灰、石膏灰、粉刷石膏等罩面时，经赶平、压实后，其厚度麻刀灰不大于3 mm，纸筋灰、石膏灰不大于2 mm，粉刷石膏不受限制。

（4）混凝土内墙面和楼板平整光滑的底面，可用腻子分遍刮平，总厚度为2~3 mm。

（5）板条、金属网用麻刀灰、纸筋灰抹灰的每遍厚度为3~6 mm。

水泥砂浆和水泥混合砂浆的抹灰层，应待前一层抹灰层凝结后，方可涂抹后一层；石灰砂浆抹灰层，应待前一层七至八成干后，方可涂抹后一层。

（三）内墙一般抹灰

内墙一般抹灰的工艺流程：基体表面处理→浇水润墙→设置标筋→阳角做护角→抹底层、中层灰→窗台板、踢脚板或墙裙抹面层灰→清理。

1.基体表面处理

为使抹灰砂浆与基体表面黏结牢固，防止抹灰层空鼓、脱落，抹灰前应对基体表面的灰尘、污垢、油渍、碱膜、跌落砂浆等进行清除。墙面上的孔洞、剔槽等用水泥砂浆进行填嵌。门窗框与墙体交接处缝隙应用水泥砂浆或水泥混合砂浆分层嵌堵。

不同材质的基体表面应做相应处理，以增强其与抹灰砂浆之间的黏结强度。木结构与砖石砌体、混凝土结构等相接处，应先铺设金属网并绷紧，金属网与各基体间的搭接宽度每侧不应小于100 mm。

2. 设置标筋

为有效控制抹灰厚度，特别是保证墙面垂直度和整体平整度，在抹底层、中层灰前应设置标筋作为抹灰的依据。

设置标筋即找规矩，分为做灰饼和做标筋两个步骤。

做灰饼前，应先确定灰饼的厚度。先用托线板和靠尺检查整个墙面的平整度和垂直度，根据检查结果确定灰饼的厚度，一般最薄处不应小于7 mm。先在墙面距地面1.5 m左右的高度、距两边阴角100～200 mm处，按所确定的灰饼厚度用抹灰基层砂浆各做一个50 mm×50 mm的矩形灰饼，然后用托线板或线锤在此灰饼面吊挂垂直，做上下对应的两个灰饼。上方和下方的灰饼应距顶棚和地面150～200 mm，其中下方的灰饼应在踢脚板上口以上。随后在墙面上方和下方左右两个对应灰饼之间，将钉子钉在灰饼外侧的墙缝内，以灰饼为准，在钉子间拉水平横线，沿线每隔1.2～1.5 m补做灰饼。

标筋是以灰饼为准在灰饼间所做的灰埂，是抹灰平面的基准。具体做法是用与底层抹灰相同的砂浆在上下两个灰饼间先抹一层，再抹第二层，形成宽度为100 mm左右、厚度比灰饼高出10 mm左右的灰埂，然后用木杠紧贴灰饼搓动，直至把标筋搓得与灰饼齐平为止。最后将标筋两边用刮尺修成斜面，以便与抹灰面接槎顺平。标筋的另一种做法是采用横向水平标筋。此种做法与垂直标筋相同。同一墙面的上下水平标筋应在同一垂直面内。标筋通过阴角时，可用带垂球的阴角尺上下搓动，直至上下两条标筋形成相同且角顶在同一垂线上的阴角。阳角可用长阳角尺在上下标筋的阳角处搓动，形成角顶在同一垂线上的标筋阳角。水平标筋的优点是可保证墙体在阴、阳转角处的交线顺直，并垂直于地面，避免出现阴、阳交线扭曲不直的弊病。同时，水平标筋通过门窗框，由标筋控制，墙面与框面可接合平整。

3. 做护角

为保护墙面转角处使之不易遭碰撞损坏，应在室内抹面的门窗洞口及墙角、柱面的阳角处做水泥砂浆护角。护角高度一般不低于2 m，每侧宽度不小于50 mm。具体做法是先将阳角用方尺规方，靠门框一边以门框离墙的空隙为准,另一边以墙面灰饼厚度为依据。最好在地面上画好准线,按准线用砂浆粘好靠尺板,用托线板吊直,方尺找方。在靠尺板的另一边墙角分层抹1:2水泥砂浆,使之与靠尺板的外口平齐。然后把靠尺板移动至已抹好护角的一边,用钢筋卡子卡住,用托线板吊直靠尺板,把护角的另一面分层抹好。取下靠尺板,待砂浆稍干时,用阳角抹子和水泥素浆捋出护角的小圆角,最后用靠尺板沿顺直方向留出预定宽度,将多余砂浆切出40°的斜面,以便抹面时与护角接槎。

4.抹底层、中层灰

待标筋有一定强度后,即可在两标筋间用力抹底层灰,用木抹子压实搓毛。待底层灰收水后,即可抹中层灰,抹灰厚度应略高于标筋。中层抹灰后,随即用木杠沿标筋刮平,不平处补抹砂浆,然后再刮,直至墙面平直为止。紧接着用木抹子搓压,以便表面平整密实。阴角处先用方尺上下核对方正(横向水平标筋可免去此步),然后用阴角器上下抽动扯平,使室内四角方正。

5.抹面层灰

待中层灰七八成干时,即可抹面层灰。一般从阴角或阳角处开始,自左向右进行。一人在前抹面灰,另一人随后找平整,并用铁抹子压实赶光。阴、阳角处用阴、阳角抹子捋光,并用毛刷蘸水将门窗圆角等处刷干净。高级抹灰的阳角必须用拐尺找方。

(四)外墙一般抹灰

外墙一般抹灰的工艺流程:基体表面处理→浇水润墙→设置标筋→抹底层、中层灰→弹分格线、嵌分格条→抹面层灰→拆除分格条→养护。

外墙抹灰的做法与内墙抹灰大部分相似,下面只介绍其特殊的几点。

1.抹灰顺序

外墙抹灰应先上部后下部,先檐口再墙面。大面积的外墙可分块同时施工。

高层建筑的外墙面可在垂直方向适当分段,如一次抹完有困难,可在阴、阳角交接处或分格线处间断施工。

2.嵌分格条、抹面层灰及分格条的拆除

待中层灰六成干后，按要求弹分格线。分格条为梯形截面，浸水湿润后两侧用黏稠的素水泥浆与墙面抹成45°角黏结。嵌分格条时，应注意横平竖直，接头平直。如当天不抹面层灰，分格条两边的素水泥浆应与墙面抹成60°角。

面层灰应抹得比分格条略高一些，然后用刮杠刮平，紧接着用木抹子搓平，待稍干后再用刮杠刮一遍，用木抹子搓磨成平整、粗糙、均匀的表面。

面层抹好后即可拆除分格条，并用素水泥浆把分格缝勾平整。如果不是当即拆除分格条，则必须待面层达到适当强度后才可拆除。

（五）顶棚一般抹灰

顶棚抹灰一般不设置标筋，只需按抹灰层的厚度在墙面四周弹出水平线作为控制抹灰层厚度的基准线。若基层为混凝土，则需在抹灰前在基层上用掺10%的107胶的水溶液或水灰比为0.4的素水泥浆刷一遍作为结合层。抹底层灰的方向应与楼板及木模板木纹方向垂直。抹中层灰后用木刮尺刮平，再用木抹子搓平。面层灰宜两遍成活，两道抹灰方向垂直，抹完后按同一方向抹压赶光。顶棚的高级抹灰应加钉长350~450 mm的麻束，间距为400 mm，并交错布置，分别按放射状梳理抹进中层灰浆内。

二、装饰抹灰施工

装饰抹灰与一般抹灰的主要区别为二者具有不同的装饰面层，底层、中层相同。

（一）水刷石施工

常用于外墙面的装饰，也可用于檐口、腰线、窗楣、门窗套柱等部位。

质量要求：石粒清晰，分布均匀、紧密平整、色泽一致，不得有掉粒和接槎痕迹。

（二）干粘石施工

程序：基层处理→弹线嵌条→抹黏结层→撒石子→压石子。

（三）斩假石施工

在抹灰面层上做到槽缝有规律，做成像石头砌成的墙面。

（1）分块弹线，嵌分格条，刷素水泥浆。

（2）水泥石屑砂浆分两次抹。

（3）打磨压实，开斩前试斩，边角斩线水平，中间部分垂直。

（四）拉毛灰

（1）拉毛：铁抹子轻压，顺势轻轻拉起。

（2）搭毛：猪鬃刷蘸灰浆垂直于墙面，并随毛拉起，形成毛面。

（3）洒毛：竹丝带蘸灰浆均匀撒于墙面。

（五）聚合物水泥砂浆装饰施工

聚合物水泥砂浆是在水泥砂浆中加入一定的聚乙烯醇缩甲醛胶（107胶）、颜料、石膏等材料形成的，喷涂、弹涂、滚涂是聚合物水泥砂浆装饰外墙面的施工办法。

1.喷涂外墙饰面

喷涂外墙饰面是用空气压缩机将聚合物水泥砂浆喷涂在墙面底子灰上形成饰面层。

2.弹涂外墙饰面

弹涂外墙饰面是在墙体表面刷一道聚合物水泥砂浆后，用弹涂器分几遍将不同色彩的聚合物水泥砂浆弹在已涂刷的涂层上，形成3~5mm大小的扁圆形花点，再喷甲基硅醇钠憎水剂形成的饰面层。

3.滚涂外墙饰面

滚涂外墙饰面是利用辊子滚拉将聚合物水泥砂浆等材料在墙面底子灰上形成饰面层。

第二节 饰面工程

饰面工程是指将块料面层镶贴（或安装）在墙、柱表面从而形成装饰层。块料面层基本可分为饰面砖和饰面板两大类。

一、饰面砖镶贴

（一）外墙面砖施工

1. 工艺流程

基层处理→吊垂直、套方、找规矩→贴灰饼→抹底层砂浆→弹分格线→排砖→浸砖→镶贴面砖→面砖勾缝与擦缝。

2. 工艺要点

（1）基层处理：首先将凸出墙面的混凝土剔平，大钢模施工的混凝土墙面应凿毛，并用钢丝刷满刷一遍，再浇水湿润。如果基层混凝土表面很光滑，亦可采取"毛化处理"办法，即先将表面尘土、污垢清扫干净，用10%火碱水将板面的油污刷掉，随之用净水将碱液冲净，晾干板面，然后将1∶1水泥细砂浆内掺20%的108胶喷或用笤帚甩到墙上，甩点要均匀。终凝后浇水养护，直至水泥砂浆疙瘩全部粘到混凝土光面上，并有较高的强度（用手掰不动）为止。

（2）吊垂直、套方、找规矩、贴灰饼：建筑物为高层时，应在四大角和门窗口边用经纬仪打垂直线找直。

（3）抹底层砂浆：先刷一道掺10%的108胶的水泥素浆，紧跟着分层分遍抹底层砂浆（常温时采用配合比为1∶3的水泥砂浆），第一遍厚度约为5 mm，抹后用木抹子搓平，隔天浇水养护。待第一遍六七成干时，即可抹第二遍，厚度8～12 mm，随即用木杠刮平、木抹子搓毛，隔天浇水养护。若需要抹第三遍，其操作方法同第二遍，直至把底层砂浆抹平为止。

（4）弹分格线：待基层灰六七成干时，即可按图纸要求进行分段分格弹线，同时可进行面层贴标准点的工作，以控制面层出墙尺寸及垂直度、平整度。

（5）排砖：根据大样图及墙面尺寸横竖向排砖，以保证面砖缝隙均匀，符合设计图纸要求，注意大墙面、通天柱子和垛子要排整砖，同一墙面上的横竖排列均不得有一行以上的非整砖。非整砖行应排在次要部位，如窗间墙或阴角处等，但也要注意一致和对称。如遇有突出的卡件，应用整砖套割吻合，不得用非整砖随意拼凑镶贴。

（6）浸砖：外墙面砖镶贴前，首先要将面砖清扫干净，放入净水中浸泡2 h以上，取出待表面晾干或擦干净后方可使用。

（7）镶贴面砖：镶贴应自下而上进行。高层建筑采取措施后，可分段进行。在每一分段或分块内的面砖，均应自下而上镶贴。从最下一层砖下皮的位置线稳好靠尺，以此托住第一皮面砖。在面砖外皮上口拉水平通线，作为镶贴的标准。

面砖背面可采用1∶2水泥砂浆或1∶0.2∶2=水泥∶白灰膏∶砂的混合砂浆镶贴，砂浆厚度为6~10 mm，贴砖后用灰铲柄轻轻敲打，使之附线，再用钢片开刀调整竖缝，并用小杠通过标准点调整平面和垂直度。

另外一种做法是用1∶1水泥砂浆加20%的108胶，在砖背面抹3~4 mm厚粘贴即可。但这种做法基层灰必须抹得平整，而且砂子必须用窗纱筛后方可使用。

另外也可用胶粉来粘贴面砖，其厚度为2~3 mm，采用此种做法基层灰必须更平整。

如要求面砖拉缝镶贴时，面砖之间的水平缝宽度用米厘条控制，米厘条贴在已镶贴好的面砖上口，为保证平整，可临时加垫小木楔。

女儿墙压顶、窗台、腰线等部位平面镶贴面砖时，除流水坡度符合设计要求外，应采取平面面砖压立面面砖的做法，预防向内渗水，引起空裂。同时还应采取立面中最低一排面砖必须压底平面面砖，并低出底平面面砖3~5 mm的做法，起滴水线的作用，防止尿檐而引起空裂。

（8）面砖勾缝与擦缝：面砖铺贴拉缝时，用1∶1水泥砂浆勾缝，先勾水平缝再勾竖缝，勾好后要求凹进面砖外表面2~3 mm。若横竖缝为干挤缝，或小于3 mm，应用白水泥配颜料进行擦缝处理。面砖缝子勾完后，用布或棉丝蘸稀盐酸擦洗干净。

（二）饰面砖镶贴质量要求

1.主控项目（见表5-2）

表5-2　饰面砖镶贴主控项目质量要求

项目	检查方法
饰面砖的品种、规格、图案、颜色和性能应符合设计要求	观察；检查产品合格证书、进场验收记录、性能检测报告和复验报告
饰面砖粘贴工程的找平、防水、黏结、勾缝材料及施工方法应符合设计要求及国家现行产品标准和工程技术标准的规定	检查产品合格证书、复验报告和隐蔽工程验收记录
饰面砖粘贴必须牢固（按《建筑工程饰面砖黏结强度检验标准》JGJ/T 110—2017检验）	检查样板件黏结强度检测报告和施工记录
满粘法施工的饰面砖工程应无空鼓、裂缝	观察；用小锤轻击检查

2.一般项目（见表5-3）

表5-3　饰面砖镶贴一般项目质量要求

项目	检查方法
饰面砖表面应平整、洁净、色泽一致，无裂痕和缺损	观察
阴阳角处搭接方式、非整砖使用部位应符合设计要求	观察
墙面突出物周围的饰面砖应整砖套割吻合，边缘应整齐；墙裙、贴脸突出墙面的厚度应一致	观察；尺量检查
饰面砖接缝应平直、光滑，填嵌应连续、密实；宽度和深度应符合设计要求	观察；尺量检查
有排水要求的部位应做滴水线（槽），滴水线（槽）应顺直，流水坡向应正确，坡度应符合设计要求	观察；用水平尺检查

107

3.饰面砖粘贴的允许偏差和检查方法（见表5-4）

表5-4 饰面砖粘贴的允许偏差和检查方法

项目	允许偏差/mm 外墙面砖	允许偏差/mm 内墙面砖	检查方法
立面垂直度	3	2	用2 m垂直检测尺检查
表面平整度	4	3	用2 m靠尺和塞尺检查
阴阳角方正	3	3	用直角检测尺检查
接缝直线度	3	2	拉5 m线，不足5 m拉通线，用钢直尺检查
接缝高低差	1	0.5	用钢直尺和塞尺检查
接缝宽度	1	1	用钢直尺检查

二、大理石板、花岗石板、青石板等饰面板的安装

（一）小规格饰面板的安装

小规格大理石板、花岗石板、青石板，板材尺寸小于300 mm×300 mm，板厚8~12 mm，粘贴高度低于1 m的踢脚线板、勒脚、窗台板等，可采用水泥砂浆粘贴的方法安装。施工中常用的粘贴法有碎拼大理石、踢脚线粘贴、窗台板安装等。

（二）湿法铺贴工艺

湿法铺贴工艺适用于板材厚20~30 mm的大理石板、花岗石板或预制水磨石板，墙体为砖墙或混凝土墙。湿法铺贴工艺是传统的铺贴方法，即在竖向基体上预挂钢筋网，用铜丝或镀锌钢丝绑扎板材并灌水泥砂浆粘牢。这种方法的优点是牢固可靠；缺点是工序烦琐、卡箍多样，板材上钻孔易损坏，特别是灌注砂浆易污染板面和使板材移位。

（三）干挂法

（1）板材切割。按照设计图纸要求在施工现场切割板材，由于板块规

格较大，宜采用石材切割机切割，注意保持板块边角的挺直和规矩。

（2）磨边。板材切割后，为使其边角平滑，可采用手提式磨光机进行打磨。

（3）钻孔。相邻板块采用不锈钢销钉连接固定，销钉插在板材侧面孔内。孔径5 mm、深度12 mm，用电钻打孔。钻孔关系到板材的安装精度，因而要求位置准确。

（4）开槽。大规格石板的自重大，除了由钢扣件将板块下口托牢以外，还需在板块中部开槽设置承托扣件以支撑板材的自重。

（5）涂防水剂。在板材背面涂刷一层丙烯酸防水涂料，以增强外饰面的防水性能。

（6）墙面修整。混凝土外墙表面有局部凸出处影响扣件安装时，必须凿平修整。

（7）弹线。从结构中引出楼面标高和轴线位置，在墙面上弹出安装板材的水平和垂直控制线，并做出灰饼以控制板材安装的平整度。

（8）墙面涂刷防水剂。由于板材与混凝土墙身之间不填充砂浆，为了防止因材料性能或施工质量可能造成的渗漏，在外墙面上涂刷一层防水剂，以增强外墙的防水性能。

（9）板材安装。安装板块的顺序是自下而上，在墙面最下一排板材安装位置的上下口拉两条水平控制线，板材从中间或墙面阳角开始安装。先安装好第一块作为基准，其平整度以事先设置的灰饼为依据，用线垂吊直，经校准后加以固定。一排板材安装完毕，再进行上一排扣件固定和安装。板材安装要求四角平整，纵横对缝。

（10）板材固定。钢扣件和墙身用膨胀螺栓固定，扣件为一块钻有螺栓安装孔和销钉孔的平钢板，根据墙面与板材之间的安装距离，在现场用手提式折压机将其加工成角型钢。扣件上的孔洞均呈椭圆形，以便安装时调节位置。

三、金属饰面板施工

（一）彩色压型钢板复合墙板

彩色压型钢板复合墙板的安装，是用吊挂件把板材挂在墙身檩条上，再把吊挂件与檩条焊牢；板与板之间连接，水平缝为搭接缝，竖缝为企口缝。所有接缝处，除用超细玻璃棉塞缝外，还需用自攻螺钉钉牢，钉距为200 mm。门窗洞口、管道穿墙及墙面端头处，墙板均为异型复合墙板，压型钢板与保温材料按设计规定尺寸进行裁割，然后按照标准板的做法进行组装。女儿墙顶部、门窗周围均设防雨泛水板，泛水板与墙板的接缝处用防水油膏嵌缝。压型板墙转角处用槽形转角板进行外包角和内包角，转角板用螺栓固定。

（二）铝合金饰面板

铝合金饰面板的施工流程：弹线定位→安装固定连接件→安装骨架→饰面板安装→收口构造处理→板缝处理。

（三）不锈钢饰面板

不锈钢饰面板的施工流程：柱体成型→柱体基层处理→不锈钢板滚圆→不锈钢板定位安装焊接和打磨修光。

第三节　墙体保温工程

外墙保温系统是由保温层、保护层与固定材料构成的非承重保温构造的总称。外墙保温系统按保温层的位置分为外墙内保温系统和外墙外保温系统两大类。下面重点介绍可发性聚苯乙烯（EPS）外墙外保温系统。

一、外墙外保温系统的构造及要求

（一）EPS外墙外保温系统的基本构造及特点

EPS外墙外保温系统采用聚苯乙烯泡沫塑料板作为建筑物的外保温材料，再将聚苯板用专用黏结砂浆按要求粘贴上墙。这是国内外使用最普遍、技术最成熟的外保温系统。该系统EPS板导热系数小，并且厚度一般不受限制，可满足严寒地区节能设计标准要求。

1.薄抹灰外保温系统基本构造

（1）基层墙体：房屋建筑中起承重或围护作用的外墙体，可以是混凝土墙体及各种砌体墙体。

（2）胶粘剂：专用于把聚苯板黏结在基层墙体上的化工产品，有液体胶粘剂与干粉胶粘剂两种。

（3）聚苯板：由EPS珠粒经加热发泡后在模具中加热成型而制成的具有闭孔结构的聚苯乙烯泡沫塑料板材。聚苯板有阻燃和绝热的作用，表观密度为18~22 kg/m^3，挤塑聚苯板表观密度为25~32 kg/m^3。聚苯板的常用厚度有30 mm、35 mm、40 mm等。聚苯板出厂前在自然条件下必须陈化42 d或在60℃蒸汽中陈化5 d，才可出厂使用。

（4）锚栓：固定聚苯板于基层墙体上的专用连接件，一般情况下包括塑料钉或具有防腐性能的金属螺钉和带圆盘的塑料膨胀套管两部分。有效锚固深度不小于25 mm，塑料圆盘直径不小于50 mm。

（5）抗裂砂浆：由抗裂剂、水泥和砂按一定比例制成的能满足一定变形要求而保持不开裂的砂浆。

（6）耐碱网布：在玻璃纤维网格布表面涂覆耐碱防水材料，埋入抹面胶浆中，形成薄抹灰增强防护层，提高防护层的机械强度和抗裂性。

（7）抹面胶浆：由水泥基或其他无机胶凝材料、高分子聚合物和填料等组成。

2.EPS外墙外保温系统的特点

EPS外墙外保温系统的特点为节能、牢固、防水、体轻、阻燃、易施工。

（二）外墙外保温系统的基本要求

1.一般规定

（1）外墙外保温系统的保温、隔热和防潮性能应符合《民用建筑热工设计规范》（GB 50176—2016）、《严寒和寒冷地区居住建筑节能设计标准》（JGJ 26—2010）、《夏热冬冷地区居住建筑节能设计标准》（JGJ 134—2010）等国家现行标准的有关规定。

（2）外墙外保温工程应能承受风荷载的作用而不被破坏，应能长期承受自重而不产生有害变，应能适应基层的正常变形而不产生裂缝或空鼓，应能耐受室外气候的长期反复作用而不产生破坏，使用年限不应小于25年。

（3）外墙外保温工程在罕遇地震发生时不应从基层上脱落，高层建筑应采取防火构造措施。

（4）外墙外保温工程应具有防水渗透性能，应具有防生物侵害性能。

（5）涂料必须与薄抹灰外保温系统相容，其性能指标应符合外墙建筑涂料的相关要求。

（6）薄抹灰外墙保温系统中所有的附件，包括密封膏、密封条、包角条、包边条等应分别符合相应的产品标准的要求。

2.技术性能

各种材料的主要性能应分别符合表5-5~5-11的要求。

表5-5 薄抹灰外墙保温系统的性能指标

项目		性能指标
吸水量 /g·m², 浸水 24 h		≤ 500
抗冲击强度 /J	普通型	≥ 3
	加强型	≥ 10
抗风压值 /kPa		不小于工程项目风荷载设计值
耐冻融		表面无裂纹、空鼓、起泡、剥离现象
水蒸气湿流密度 /g·m²·h⁻¹		> 0.85
不透水性		试样防护层内侧无水渗透
耐候性		表面无裂纹、粉化、剥落现象

表5-6 胶粘剂的性能指标

项目		性能指标	可操作时间 /h
拉伸黏结强度 /MPa（与水泥砂浆）	原强度	≥0.6	1.5~4.0
	耐水	≥0.4	
拉伸黏结强度 /MPa（与膨胀聚苯板）	原强度	≥0.1，破坏界面在膨胀聚苯板上	1.5~4.0
	耐水	≥0.1，破坏界面在膨胀聚苯板上	

表5-7 膨胀聚苯板主要性能指标

项目	性能指标
导热系数 /W·m·k^{-1}	≤0.041
表观密度 /kg·m^{-3}	18~22
垂直于板面方向的抗拉强度 /MPa	≥0.1
尺寸稳定性 /%	≤0.3

表5-8 膨胀聚苯板允许偏差

项目		允许偏差
厚度 /mm	≤50	±1.5
	>50	±2
长度 /mm	—	±2
宽度 /mm	—	±1
对角线差 /mm	—	±3
板边平直度 /mm	—	±2
板面平整度 /mm	—	±1

注：本表的允许偏差值以1200 mm（长）×600 mm（宽）的膨胀聚苯板为基准。

表5-9 抹面胶浆的性能指标

项目		性能指标	可操作时间 /h
拉伸黏结强度 /MPa（与膨胀聚苯板）	原强度	≥0.1，破坏界面在膨胀聚苯板上	1.5~4.0
	耐水	≥0.1，破坏界面在膨胀聚苯板上	
	耐冻融	≥0.1，破坏界面在膨胀聚苯板上	
柔韧性	抗压强度/抗折强度（水泥基）	≤3	1.5~4.0
	开裂应变（非水泥基）/%	≥1.5	

表5-10 耐碱网布主要性能指标

项目	性能指标
单位面积质量 /g·m^{-2}	≥130
耐碱断裂强力（经、纬向）/N·50mm^{-1}	≥750
耐碱断裂强力保留率（经、纬向）/%	≥50
断裂应变（经、纬向）/%	≤5

表5-11 锚栓性能指标

项目	技术指标
单个锚栓抗拉承载力标准值 /kN	≥0.3
单个锚栓对系统传热增加值 /W·m^2·K^{-1}	≤0.004

二、增强石膏复合聚苯保温板外墙内保温施工

（一）聚苯板的施工程序

材料、工具准备→基层处理→弹线、配黏结胶泥→黏结聚苯板→缝隙处理→聚苯板打磨、找平→装饰件安装→特殊部位处理→抹底胶泥→铺设

网布、配抹面胶泥→抹面胶泥→找平修补、配面层涂料→涂面层涂料→竣工验收。

(二)聚苯板的施工要点

1.外墙施工用脚手架

可采用双排钢管脚手架或吊架,架管或管头与墙面间最小距离应为450 mm,以方便施工。

2.基层墙体处理

基层墙体必须清理干净,墙面无油、灰尘、污垢、风化物、涂料、蜡、防水剂、潮气、霜、泥土等污染物或其他有碍黏结材料,并应剔除墙面的凸出物。基层墙中松动或风化的部分应清除,并用水泥砂浆填充找平。基层墙体的表面平整度不符合要求时,可用1∶3水泥砂浆找平。

3.黏结聚苯板

根据设计图纸的要求,在经过平整处理的外墙上沿散水标高用墨线弹出散水及勒角水平线。当需设系统变形缝时,应在墙面相应位置弹出变形缝及宽度线,标出聚苯板的黏结位置。

黏结胶泥配制:加水泥前先搅拌一下强力胶,然后将强力胶与普通硅酸盐水泥按比例(1∶1重量比)配制,边加边搅拌,直至均匀。应避免过度搅拌。胶泥随用随配,配好的胶泥最好在2 h内用完,最长不得超过3 h,遇炎热天气应适当缩短存放时间。

沿聚苯板的周围用不锈钢抹子涂抹配制的黏结胶泥,胶泥带宽20 mm、厚15 mm。如采用标准尺寸聚苯板,应在板的中间部位均匀布置一般为6个点的水泥胶泥。每点直径为50 mm,厚为15 mm,中心距为200 mm。抹完胶泥后,应立即将板平贴在基层墙体上滑动就位,应随时用2 m长的靠尺进行整平操作。

聚苯板由建筑物的外墙勒角开始,自上而下黏结。上下板互相错缝,上下排板间竖向接缝应垂直交错连接,以保证转角处板材安装垂直度。窗口带造型的应在墙面聚苯板黏结后另外贴造型聚苯板,以保证板不产生裂缝。

黏结上墙后的聚苯板应用粗砂纸磨平，然后将整个聚苯板打磨一遍。操作工人应戴防护面具。打磨墙面的动作应是轻柔的圆周运动，不得沿与聚苯板接缝平行的方向打磨。聚苯板施工完毕后，至少需静置24 h才能打磨，以防聚苯板移动，减弱板材与基层墙体的黏结强度。

4.网格布的铺设

标准网格布的铺设方法为二道抹面胶浆法。

涂抹抹面胶浆前，应先检查聚苯板是否干燥、表面是否平整，并去除板面的有害物质、杂质或变质部分。用不锈钢抹子在聚苯板表面均匀涂抹一层面积略大于一块网格布的抹面胶浆，厚度约为1.6 mm。立即将网格布压入湿的抹面胶浆中，待胶浆稍干硬至可以碰触时，再用抹子涂抹第二道抹面胶浆，直至网格布全部被覆盖。此时，网格布均在两道抹面胶浆的中间。

网格布应自上而下沿外墙铺设。当遇到门窗洞口时，应在洞口四角处沿45°方向补贴一块标准网格布，以防开裂。标准网格布间应相互搭接至少150 mm，但加强网格布间必须对接，其对接边缘应紧密。翻网处网宽不少于100 mm。窗口翻网处及第一层起始边处侧面打水泥胶，面网用靠尺归方找平，胶泥压实。翻网处网格布需将胶泥压出。外墙阳、阴角直接搭接200 mm。铺设网格布时，网格布的弯曲面应朝向墙面，并从中央向四周用抹子抹平，直至网格布完全埋入抹面胶浆内，目测无任何可分辨的网格布纹路。如有裸露的网格布，应再抹适量的抹面胶浆进行修补。

网格布铺设完毕后，静置养护24 h后，方可进行下一道工序的施工，在潮湿的气候条件下，应延长养护时间，保护已完工的成品，避免雨水的渗透和冲刷。

5.面层涂料的施工

面层涂料施工前，应首先检查胶浆上是否有抹子刻痕、网格布是否完全埋入，然后修补抹面浆的缺陷或凹凸不平处，并用专用细砂纸打磨一遍，必要时可抹腻子。

面层涂料用滚涂法施工，应从墙的上端开始，自上而下进行。涂层干燥前，墙面不得沾水，以免颜色变化。

第六章 建筑工程组织管理

第一节 建筑工程项目的组织管理

一、建筑工程项目管理组织形式

项目管理组织形式有很多种,从不同的角度分类也会有不同的结果。由于项目执行过程中往往涉及技术、财务行政等相关方面的工作,特别是有的项目本身就是以一个新公司的模式运作的,即所谓的项目公司,因此,项目组织结构与形式在某些方面与公司的组织形式有一些类似,但这并不意味着二者可以相互取代。

目前,按国际上通行的分类方式,项目组织的基本形式可以分为职能式、项目式和矩阵式三种。

(一)职能式

1.职能式的组织形式

职能式是目前国内咨询公司在咨询项目中应用最为广泛的一种模式,通常由公司按不同行业分成各项目部,项目部内又分成专业处,公司的咨询项目按专业不同交给相对应的专业部门和专业处来完成。

职能式项目管理组织模式有两种表现形式:一种是将一个大的项目按照公司行政、人力资源、财务、各专业技术营销等职能部门的特点与职责分成若干个子项目,由相应的职能单元完成相关工作;另一种是在公司高级管理者的领导下,由各职能部门负责人构成项目协调层,并具体安排落实本部门内人员完成相关任务的项目管理组织形式。协调工作主要在各部门。分配到项目团体中的成员在职能部门内可能暂时是专职，也可能是兼职，但从总体来看，没有专职人员从事项目工作。项目工作可能只工作一段时间，也可能持续下去，团队中的成员可能由各种职务的人组成。

2.职能式组织形式结构的优点

（1）项目团队中各成员无后顾之忧。

（2）各职能部门可以在本部门工作与项目工作任务的平衡中去安排力量，当项目团队中的某一成员因故不能参加时，其所在职能部门可以重新安排人员予以补充。

（3）当项目工作全部由某一职能部门负责时，在项目的人员管理与使用上变得更为简单，使之具有更大的灵活性。

（4）项目团队的成员由同一部门的专业人员做技术支撑，有利于提高项目专业技术问题的解决水平。

（5）有利于公司项目发展与管理的连续性。

3.职能式组织结构的缺点

（1）项目管理没有正式的权威性。

（2）项目团队的成员不易产生事业感与成就感。

（3）对于参与多个项目的职能部门，特别是具体到个人来说，不利于安排好各项目之间力量投入的比例。

（4）不利于不同职能部门团队成员之间的交流。

（5）项目的发展空间容易受到限制。

4.职能式组织形式的应用

职能式组织主要适合于生产、销售标准产品的企业，工程承包企业和监理企业较少单纯采用这一组织形式，项目监理部或项目经理部可采用这种形式。

（二）项目式

1.项目式的组织形式

项目式管理组织形式是指将项目的组织形式独立于公司职能部门之外，由项目组自己独立负责其项目主要工作的一种组织管理模式。项目的具体工作主要由项目团队负责，项目的行政事务、财务、人事等在公司规定的权限内进行管理。

在一个项目型组织中，工作成员是经过搭配的。项目工作会运用到大部分的组织资源，而项目经理也有高度独立性，享有高度的权力。项目型组织中也会设立一些组织单位，这些单位称作部门。但是，这些工作组不仅要直接向某一项目经理汇报工作，还要为各个不同的项目提供服务。

2.项目式组织结构的优点

（1）项目经理是真正意义上的项目负责人。

（2）团队成员工作目标比较单一。

（3）项目管理层次相对简单，使项目管理的决策速度和响应速度变得快捷起来。

（4）项目管理指令一致。

（5）项目管理相对简单，对项目费用、质量及进度等更加容易控制。

（6）项目团队内部容易沟通。

（7）当项目需要长期工作时，在项目团队的基础上容易形成一个新的职能部门。

3.项目式组织结构的缺点

（1）容易出现配置重复、资源浪费的问题。

（2）项目组织成为一个相对封闭的组织，公司的管理与对策在项目管理组织中的贯彻可能遇到阻碍。

（3）项目团队与公司之间的沟通基本上靠项目经理，容易出现沟通不足和交流不充分的问题。

（4）项目团队成员在项目后期没有归属感。

（5）由于项目管理组织的独立性，使项目组织产生小团体观念，在人力资源与物资资源上出现"囤积"的思想，造成资源浪费；同时，各职能部门考虑其相对独立性，对其资源的支持会有所保留。

4.项目式组织形式的应用

广泛应用于建筑业、航空航天业等价值高、周期长的大型项目，也能应用于非营利机构，如募捐活动的组织、大型聚会等。

（三）矩阵式

1.矩阵式的组织形式

矩阵式组织是介于职能式与项目式组织结构之间的一种项目管理组织模式。矩阵式组织结构中，参加项目的人员由各职能部门负责人安排，而这些人员的工作在项目施工期间服从项目团队的安排，人员不独立于职能部门之外，是一种暂时的、半松散的组织形式，项目团队成员之间的沟通不需要通过其职能部门的领导，项目经理往往直接向公司领导汇报工作。

根据项目团队中的情况，矩阵式项目组织结构又可分成弱矩阵式结构、强矩阵式结构和平衡矩阵式结构三种形式。

（1）弱矩阵式项目管理组织结构。一般是指在项目团队中没有一个明确的项目经理，只有一个协调员负责协调工作。团队各成员之间按照各自职能部门所对应的任务相互协调进行工作。实际上在这种模式下，相当多的项目经理的职能由部门负责人分担。

（2）强矩阵式项目管理组织结构。这种模式下的主要特点是，有一个专职的项目经理负责项目的管理与运行，项目经理来自公司的专门项目管理部门。项目经理与上级沟通往往是通过其所在的项目管理部门负责人进行的。

（3）平衡矩阵式项目管理组织结构。这种组织结构是介于强矩阵式项目管理组织结构与弱矩阵式项目管理组织结构二者之间的一种形式。主要特点是项目经理由一职能部门中的成员担任，其工作除项目的管理工作外，还可能负责本部门承担的相应项目中的任务。此时的项目经理与上级沟通不得不在其职能部门的负责人与公司领导之间做出平衡与调整。

2.矩阵式组织形式的特征

（1）按照职能原则和项目原则结合起来的项目管理组织，既能发挥职能部门的纵向优势，又能发挥项目组织的横向优势，多个项目组织的横向系统与职能部门的纵向系统形成了矩阵结构。

（2）企业的职能部门是相对长期稳定的，项目管理组织是临时性的。职能部门的负责人对项目组织中本单位人员负有组织调配、业务指导、业绩考察的责任。项目经理在各职能部门的支持下，将参与本项目组织的人员横向上有效地组织在一起，为实现项目目标协同工作，并对参与本项目的人员有权控制和使用，必要时可对其进行调换或辞退。

（3）矩阵中的成员接受原单位负责人和项目经理的双重领导，可根据需要和可能为一个或多个项目服务，并可在项目之间调配，充分发挥专业人员的作用。

3.矩阵式组织形式的适用范围

（1）大型、复杂的施工项目需要多部门、多技术、多工种配合施工，在不同施工阶段，对不同人员有不同的数量和搭配需求，宜采用矩阵式项目组织形式。

（2）企业同时承担多个施工项目时，各项目对专业技术人才和管理人员都有需求。在矩阵式项目组织形式下，职能部门可根据需要和可能将有关人员派到一个或多个项目去工作，充分利用有限的人才对多个项目进行管理。

4.矩阵式组织形式的优点

（1）团队的工作目标与任务较明确，由专人负责项目的工作。

（2）团队成员无后顾之忧。

（3）各职能部门可根据自己部门的资源与任务情况来调整、安排资源力量，提高资源利用率。

（4）相对职能式结构来说，减少了工作层次与决策环节，提高了工作效率与反应速度。

（5）相对项目式组织结构来说，在一定程度上避免了资源的浪费。

（6）在强矩阵式模式中，由于项目经理来自公司的项目经理部门，可使项目运行符合公司的有关规定，不易出现矛盾。

5.矩阵式组织形式的缺点

（1）矩阵式项目组织的结合部多，组织内部的人际关系、业务关系、沟通渠道等都较复杂，容易造成信息量膨胀，引起信息流不畅或失真，因此，需要依靠有力的组织措施和规章制度规范管理。若项目经理和职能部门负责人双方产生重大分歧难以统一时，还需企业领导出面协调。

（2）项目组织成员接受原单位负责人和项目经理的双重领导，当领导之间发生矛盾、意见不一致时，当事人将无所适从，影响工作。在双重领导下，若组织成员过于受控于职能部门时，将削弱其在项目上的凝聚力，影响项目组织作用的发挥。

（3）在项目施工高峰期，一些服务于多个项目的人员可能应接不暇而顾此失彼。

二、组织形式的选择

前面介绍的职能式、项目式和矩阵式三种项目组织形式各有各的优点和缺点。其实这三种组织形式具有内在联系，它们可以表示为一个变化的系列，职能式结构在一端，项目式结构在另一端，而矩阵式结构是介于职能式和项目式之间的一种结构形式。

在具体的项目实践中，究竟选择何种项目的组织形式没有一个可循的公式。一般在充分考虑各种组织结构特点、企业特点、项目特点和项目所处环境等因素的条件下，才能做出较为恰当的选择。

一般来说，职能式组织结构比较适用于规模较小，偏重于技术的项目，而不适用于环境变化较大的项目。因为环境的变化需要各职能部门间的紧密合作，而职能部门本身的存在，以及责权的界定成为部门间密切配合不可逾越的障碍。当一个公司中包括许多项目或项目的规模较大、技术复杂时，则应选择项目式的组织结构。同职能式组织结构相比，在对付不稳定的环境时，项目组织结构显示出自己潜在的长处，这来自项目团队的整体性和各类人才的紧密合作。同前两种组织结构相比，矩阵式组织形式无疑在充分利用组织资源上显示出了巨大的优越性，由于其融合了两种结构的优点，这种组织形式在进行技术复杂、规模巨大的项目管理时呈现出了明显的优势。

三、项目管理实施规划

施工项目实施规划应以施工项目管理规划大纲的总体构想为指导来具体规定各项管理工作的目标要求、责任分工和管理方法，把履行施工合同和落实项目管理目标责任书的任务，贯穿项目管理实施规划，作为项目管理人员的行为准则。

施工项目管理实施规划必须由项目经理组织项目经理部在工程开工之

前编制完成。监理工程师应审核承包人的施工项目管理实施规划，并在检查各项施工准备工作完成后，才能正式批准开工。

施工项目管理实施规划主要包括以下内容：

（1）项目概况。

（2）总体工作计划。

（3）组织方案。

（4）技术方案。

（5）进度计划。

（6）质量计划。

（7）职业健康安全与环境管理计划。

（8）成本计划。

（9）资源需求计划。

（10）风险管理计划。

（11）信息管理计划。

（12）项目沟通管理计划。

（13）项目收尾管理计划。

（14）项目目标控制措施。

（15）技术经济指标。

四、项目管理规划的总体要求

施工项目管理规划总体应满足以下要求：

（1）符合招标文件、合同条件以及发包人（包括监理工程师）对工程的具体要求。

（2）具有科学性和可执行性，符合工程实际的需要。

（3）符合国家和地方的法律法规、规程和规范的有关规定。

（4）符合现代管理理论，尽量采用新的管理方法、手段和工具。

（5）运用系统工程的理论和观点来组织项目管理，使规划达到最优化的效果。

第二节 建筑工程项目的施工成本

一、建筑工程项目成本的概念

（一）项目成本

项目成本是指建筑业企业以施工项目作为成本核算对象的施工过程中所耗费的生产资料转移价值和劳动者的必要劳动所创造的价值的货币形式。也就是某施工项目在施工中所发生的全部生产费用的总和，包括所消耗的主、辅材料，构配件，周转材料的摊销费或租赁费，支付给生产工人的工资、奖金以及项目经理部（或分公司、工程处）一级组织和管理工程施工所发生的全部费用。施工项目成本不包括劳动者为社会所创造的价值，如税金和计划利润，也不应包括不构成项目价值的一切非生产性支出。明确这些，对研究施工项目成本的构成和进行施工项目成本管理非常重要。

建筑工程施工项目成本是建筑业企业的产品成本，亦称工程成本，一般以项目的单位工程作为成本核算对象，通过各单位工程成本核算的综合来反映施工项目成本。

在建筑工程施工项目管理中，最终是要使项目达到质量高、工期短、消耗低、安全好等目标，而成本是这四项目标经济效果的综合反映。因此，建筑工程施工项目成本是施工项目管理的核心。

研究施工项目成本，既要看到施工生产中耗费形成的成本，又要重视成本的补偿，这才是对施工项目成本的完整理解。施工项目成本是否准确客观，对企业财务成果和投资者的效益影响很大。成本多算，则利润少计，可分配利润就会减少；反之，成本少算，则利润多计，可分配的利润就会虚增而实亏。因此，要正确计算施工项目成本，就要进一步改革成本核算制度。

(二)施工项目成本的构成

建筑业企业在工程项目施工中为提供劳务、作业等过程中所发生的各项费用支出,按照国家规定计入成本费用。按国家有关规定,施工企业工程成本由直接成本和间接成本组成。

直接成本是指施工过程中直接耗费的构成工程实体或有助于工程形成的各项支出,包括人工费、材料费、机械使用费和其他直接费。所谓其他直接费,是指直接费以外施工过程中发生的其他费用。

间接成本是指企业的各项目经理部为施工准备、组织和管理施工生产所发生的全部施工间接费。施工项目间接成本应包括现场管理人员的人工费(基本工资、工资性补贴、职工福利费)、资产使用费、工具用具使用费、保险费、检验试验费、工程保修费、工程排污费以及其他费用等。

二、施工项目成本管理的内容

施工项目成本管理是建筑业企业项目管理系统中的一个子系统,这一系统的具体工作内容包括成本预测、成本决策、成本计划、成本控制、成本核算、成本检查和成本分析等。

施工项目经理部在项目施工过程中对所发生的各种成本信息,通过有组织、有系统地进行测、计划、控制、核算和分析等工作,促使施工项目系统内各种要素按照一定的目标运行,使施工项目的实际成本能够控制在预定的计划成本范围内。

(一)施工项目的成本预测

施工项目的成本预测是通过成本信息和施工项目的具体情况,并运用一定的专门方法,对未来的成本水平及其可能发展趋势做出科学的估计,其实质就是在施工之前对成本进行预测及核算。通过成本预测,可以使项目经理部在满足建设单位和企业要求的前提下,选择成本低、效益好的最佳成本方案,并能在施工项目成本形成过程中,针对薄弱环节,加强成本控制、克服盲目性、提高预见性。因此，施工项目的成本预测是施工项目成本决策与计划的依据。

（二）施工项目的成本计划

施工项目的成本计划是项目经理部对项目施工成本进行计划管理的工具。它是以货币形式编制施工项目在计划期内的生产费用、成本水平、成本降低率，以及为降低成本所采取的主要措施和规划的书面方案，它是建立施工项目成本管理责任制、开展成本控制和核算的基础。

一般来说，一个施工项目的成本计划应包括从开工到竣工所必需的施工成本，它是该施工项目降低成本的指导文件，也是设立目标成本的依据。

（三）施工项目的成本控制

施工项目的成本控制是指在施工过程中，对影响施工项目成本的各种因素加强管理，并采取各种有效措施，将施工中实际发生的各种消耗和支出严格控制在成本计划范围内，随时提示并及时反馈，严格审查各项费用是否符合标准，计算实际成本和计划成本之间的差异并进行分析、消除施工中的损失浪费现象，发现和总结先进经验。通过成本管理，使之最终实现甚至超过预期的成本节约目标。

施工项目的成本控制应贯穿施工项目从招投标阶段开始直到项目竣工验收的全过程，它是企业全面成本管理的重要环节。

（四）施工项目的成本核算

施工项目的成本核算是指项目施工过程中所发生的各种费用和形成施工项目成本的核算。施工项目的成本核算所提供的各种成本信息，是成本预测、成本计划、成本控制、成本分析和成本考核等各个环节的依据。因此，加强施工项目成本核算工作，对降低施工项目成本、提高企业的经济效益具有积极的作用。

（五）施工项目的成本分析

施工项目的成本分析是在成本形成过程中，对施工项目成本进行的对比评价和剖析总结工作，它贯穿施工项目成本管理的全过程，也就是说，施工项目成本分析主要利用施工项目的成本核算资料，与目标成本、预算成本及类似的施工项目的实际成本等进行比较，了解成本的变动情况，也要分析主要技术经济指标对成本的影响。

（六）施工项目的成本考核

所谓成本考核，就是施工项目完成后，对施工项目成本形成中的各责任者、按施工项目成本目标责任制的有关规定，将成本的实际指标与计划、定额、预算进行对比和考核，评定施工项目成本计划的完成情况和各责任者的业绩，并以此给予相应的奖励和处罚。

三、施工项目成本计划的预测

（一）施工投标阶段的成本估算

投标报价是施工企业采取投标方式承揽施工项目时，以发包人招标文件中的合同条件、技术规范、设计图纸与工程量表、工程的性质和范围、价格条件说明和投标须知等为基础，结合调研和现场考察的情况，根据企业自己的定额、市场价格信息和有关规定，计算和确定承包该项工程的报价。

施工投标报价的基础是成本估算。企业首先应依据反映本企业技术水平和管理水平的企业定额，计算确定完成拟投标工程所需支出的全部生产费用，即估算该施工项目施工生产的直接成本和间接成本，包括人工费、材料费、机械使用费、现场管理费用等。

（二）项目经理部的责任目标成本

在实施项目管理之前，首先由企业与项目经理协商，将合同预算的全部造价收入，分为现场施工费用（制造成本）和企业管理费用两部分。其中，以现场施工费用核定的总额，作为项目成本核算的界定范围和确定项目经理部责任成本目标的依据。

将正常情况下的制造成本确定为项目经理的可控成本，形成项目经理的责任目标成本。由于按制造成本法计算出来的施工项目成本，实际上是项目的施工现场成本，反映了项目经理部的成本管理水平，这样，用制造成本法既便于对项目经理部成本管理责任的考核，也为项目经理部节约开支、降低消耗提供可靠的基础。

责任目标成本是企业对项目经理部提出的指令成本目标，以施工图预算为依据，也是对项目经理进行施工项目管理规划、优化施工方案、制定降低成本的对策和管理措施提出的要求。

（三）项目经理部的计划目标成本

项目经理部在接受企业法定代表人委托之后，应通过主持编制项目管理实施规划寻求降低成本的途径，组织编制施工预算，确定项目的计划目标成本。

施工预算是项目经理部根据企业下达的责任成本目标，在编制详细的施工项目管理规划中不断优化施工技术方案和合理配置生产要素的基础上，通过工料消耗分析和制定节约成本措施之后确定的计划成本，也称现场目标成本。一般情况下，施工预算总额控制在责任成本目标的范围内，并留有一定余地。在特殊情况下，若项目经理部经过反复挖潜，仍不能把施工预算总额控制在责任成本目标范围内时，则应与企业进一步协商修正责任成本目标，或共同探索进一步降低成本的措施，以使施工预算建立在切实可行的基础上。

（四）计划目标成本的分解与责任体系的建立

目标责任成本总的控制过程为：划分责任→确定成本费用的可控范围→编制责任预算→进行内部验工计价→责任成本核算→责任成本分析→成本考核（信息反馈）。

1. 划分责任

确定责任成本单位，明确责、权、利和经济效益。施工企业的责任成本控制应以工人、班组的制造成本为基础，以项目经理部为基本责任主体。要根据职能简化、责任单一的原则，合理划分所要控制的成本范围，赋予项目经理部相应的责、权、利，实行责任成本一次包干。公司既是本级的责任中心，又是项目经理部责任成本的汇总部门和管理部门。形成三级责任中心，即班组责任中心、项目经理部责任中心、公司责任中心。这三级责任中心的核算范围为其该级所控制的各项工程的成本、费用及差异。

2. 确定成本费用的可控范围

要按照责任单位的责权范围大小，确定可以衡量的责任目标和考核范围，形成各级责任成本中心。

班组主要控制制造成本，即工费、料费、机械费三项费用。

项目经理部主要控制责任成本，即工费、料费、机械费、其他直接费、间接费五项费用。公司主要控制目标责任成本，即工费、料费、机械费、公司管理费、公司其他间接费、公司不可控成本费用、上交公司费用等。

3. 编制责任成本预算

将以上两条作为依据，编制责任成本预算。注意责任成本预算中既要有人工、材料、机械台班等数量指标，也要有按照人工、材料、机械台班等的固定价格计算的价值指标，以便于基层具体操作。

4. 进行内部验工计价

验工即为工程队当月的目标责任成本，计价即为项目经理部当月的制造成本。各项目经理部把当月验工资料以报表的形式上报，供公司审批；计价细分为大小临时工程计价、桥隧路工程计价（其中又分为班组计价、民工计价）、大堆料计价、运杂费计价、机械队机械费计价、公司材料费计价。其中机械队机械费、公司材料费一般采取转账方式。细分计价方式比较有利于成本核算和实际成本费用的归集。

5. 责任成本核算

通过成本核算，可以反映施工耗费和计算工程实际成本，为企业管理提供信息。通过对各项支出的严格控制，力求以最少的施工耗费取得最大的施工成果，并以此计算所属施工单位的经济效益，为分析考核、预测和计划工程成本提供科学依据。核算体系分班组、项目经理部、公司三级，主要核算人工费、材料费、机械使用费、其他直接费和施工管理费五个责任成本项目。

6.责任成本分析

成本分析主要是利用成本核算资料及其他相关资料，全面分析了解成本变动情况，系统研究影响成本升降的各种因素及其形成的原因，挖掘降低成本的潜力，正确认识和掌握成本变动的规律性。通过成本分析，可以对成本计划的执行过程进行有效的控制，及时发现和制止各种损失和浪费，为预测成本、编制下期成本计划和经营决策提供重要依据。分析的方法有四种：①比较分析法；②比率分析法；③因素分析法；④差额分析法。所采取的主要方式是项目经理部相关部门与公司指挥部相关部门每月共同审核分析，再据此进行季度、年度成本分析。

7.成本考核

每月要对工程预算成本、计划成本及相关指标的完成情况进行考核、评比。其目的在于充分调动职工的自觉性和主动性，挖掘内部潜力，达到以最少的耗费，取得最大的经济效益。成本考核的方法有四个方面：第一，对降低成本任务的考核，主要是对成本降低率的考核；第二，对项目经理部的考核，主要是对成本计划的完成进行考核；第三，对班组成本的考核，主要是考核材料、机械、工时等消耗定额的完成情况；第四，对施工管理费的考核，公司与项目经理部分别考核。

第三节 建筑工程项目施工进度控制

一、施工项目进度控制概念

项目进度控制应以实现施工合同约定的竣工日期为最终目标，即必须在合同规定的期限内把建筑工程交付给业主（建设单位）。

一般来说，项目施工应分期分批竣工，这样，施工合同可能约定几个分期分批竣工日期。这个日期是发包人的要求，是不能随意改变的，发包人和承包人任何一方改变这个日期，都会引起索赔。因此，项目管理者应以合同约定的竣工日期指导控制行动。

二、施工进度控制计划内容

（一）施工总进度计划包括的内容

（1）编制说明。主要包括编制依据、步骤、内容。

（2）施工进度总计划包括其有两种形式：一种为横道图，另一种为网络图。

（3）分期分批施工工程的开工、竣工日期，工期一览表。

（4）资源供应平衡表。为满足进度控制而需要的资源供应计划。

（二）单位工程施工进度计划包括的内容

（1）编制说明。主要包括编制依据、步骤、内容和方法。

（2）进度计划图。

（3）单位工程施工进度计划的风险分析及控制措施。单位工程施工进度计划的风险分析及控制措施指施工进度计划由于其他不可预见的因素，如工程变更、自然条件和拖欠工程款等原因无法按计划完成时而采取的措施。

三、施工项目进度计划的编制步骤

（一）施工总进度计划编制步骤

1.收集编制依据

收集编制依据主要是指收集工程设计文件、施工合同、资源配置计划、施工经验以及相关的定额资料等，这些依据为后续的进度计划编制提供了基础和指导。

2.确定进度控制目标

根据施工合同确定单位工程的先后施工顺序和开、竣工日期及工期。应在充分调查研究的基础上，确定一个既能实现合同工期，又可实现指令工期，比这两种工期更积极可靠（更短）的工期作为编制施工总进度计划。从而确定作为进度控制目标的工期。

3.计算工程量

首先根据建设项目的特点划分项目。项目划分不宜过多，应突出主要项目，一些附属、辅助工程可以合并。然后估算各主要项目的实物工程量。

4.确定各单位工程的施工期限和开竣工日期

影响单位施工期限的因素很多，主要是建筑类型、结构特征和工程规模，施工方法、施工管理水平，劳动力和材料供应情况，以及施工现场的地形、地质条件等。因此，各单位工程的工期按合同约定的工期，并根据现场具体情况，综合考虑后确定。

5.安排各单位工程的搭接关系

在确定各主要单位工程的施工期限之后，就可以进一步安排各单位工程的搭接施工时间。在解决这一问题时，一方面要根据施工部署中的计划工期及施工条件，另一方面要尽量使主要工种的工人基本上连续、均衡地施工。在具体安排时应着重考虑以下几点：

（1）根据（合同约定）使用要求和施工可能，分期分批地安排施工，明确每个单位工程竣工时间。

（2）对于施工难度较大、施工工期较长的，应尽量先安排施工。

（3）同一时期的开工项目不应过多。

（4）每个施工项目的施工准备、土建施工、设备安装和试生产的时间要合理衔接。

（5）土建工程中的主要分部分项工程和设备安装工程实行连续、均衡的流水施工。

6.编制施工进度计划

根据各施工项目的工期与搭接时间，编制初步进度计划；按照流水施工与综合平衡的要求，调整进度计划，最后编制施工总进度计划。

（二）单项工程进度计划编制步骤

1.研究施工图和有关资料并调查施工条件

认真研究施工图、施工组织总设计对单位工程进度计划的要求。

2.施工过程划分

施工过程的多少、粗细程度根据工程不同而有所不同，宜粗不宜细。

（1）施工过程的粗细程度。为使进度计划能简明清晰、便于掌握，原则上应在可能条件下尽量减少施工过程的数目。分项越细，则项目越多，就会显得越繁杂，所以，施工过程划分的粗细要根据施工任务的具体情况来确定。原则上应尽量减少项目数量，能够合并的项目尽可能予以合并。

（2）施工过程项目应与施工方法一致。施工过程项目的划分，应结合施工方法来考虑，以保证进度计划表能够完全符合施工进展的实际情况，真正能起到指导施工的作用。

3.编排合理施工顺序

施工顺序是在施工方案中确定的施工流向和施工程序的基础上，按照所选施工方法和施工机械的要求确定的。

确定施工顺序是为了按照施工的技术规律和合理的组织关系，解决各项目之间在时间上的先后顺序和搭接关系，以期达到保证质量、安全施工、充分利用空间、争取时间、实现合理安排工期的目的。

工业与民用建筑的施工顺序不同。在设计施工顺序时，必须根据工程的特点、技术和组织上的要求以及施工方案等进行研究，不能拘泥于某种僵化的顺序。

4.计算各施工过程的工程量与定额

施工过程确定之后，根据施工图纸及有关工程量计算规则，按照施工顺序的排列，分别计算各个施工过程的工程量。

在计算工程量时，应注意施工方法，不管何种施工方法，计算出的工程量应是一样的。

在采用分层分段流水施工时，工程量也应按分层分段分别加以计算，以保证与施工实际吻合，有利于施工进度计划的编制。

工程量的计算单位应与劳动定额中同一项目的单位一致，避免工程量计算后再套用定额时，又要重复计算。

如已有施工图预算，则在编制施工进度计划时，不必计算，直接从施工图预算中选取。但是，要注意根据施工方法的需要，按施工实际情况加以修订和调整。

5.确定劳动力和机械需求量及持续时间

计算劳动量和机械台班需要量时，应根据现行劳动定额，并考虑当地实际施工水平，预测超额完成任务的可能性。

施工项目工作持续时间的计算方法一般有经验估计法、定额计算法和倒排计划法。

（1）经验估计法。这种方法就是根据过去的经验进行估计，一般适用于采用新工艺、新技术、新结构、新材料等无定额可循的工程。先估计出完成该施工项目的最乐观时间（A）、最悲观时间（C）和最可能时间（B）三种施工时间，然后确定该施工项目的工作持续时间。在确定施工班组人数时，应考虑最小劳动组合人数、最小工作面和可能安排的施工人数等因素。

（2）定额计算法。这种方法就是根据施工项目需要的劳动量或机械台班量，以及配备的劳动人数或机械台数，来确定其工作持续时间。

最小劳动组合，即某一施工过程进行正常施工所必需的最低限度的班组人数及其合理组合。最小工作面，即施工班组为保证安全生产和有效的操作所必需的工作面。可能安排的人数，指施工单位所能配备的人数。

工作班制的确定。一般情况下，当工期允许、劳动力和机械周转使用不紧迫、施工工艺上无连续施工要求时，可采用一班制施工。当组织流水施工时，为了给第二天连续施工创造条件，某施工准备工作或施工过程可考虑在夜班进行，即采用两班制施工。当工期较紧，或为了提高施工机械的使用率及加快机械的周转使用，或工艺上要求连续施工时，某些施工项目可考虑两班甚至三班制施工。

（3）倒排计划法。倒排计划法是根据流水施工方式及总工期要求，先确定施工时间和工作班制，再确定施工班组人数或机械台数。如果计算得出的施工人数或机械台数对施工项目来说过多或过少，则应根据施工现场条件、施工工作面大小、最小劳动组合、可能得到的人数和机械等因素合理调整。如果工期太紧，施工时间不能延长，则可考虑组织多班组、多班制的施工。

6.编制施工进度计划

编制施工进度计划应优先使用网络计划图，也可使用横道计划图。

7.出劳动力和物资计划

有了施工进度计划以后，还需要编制劳动力和物资需要量计划，附于施工进度计划之后。这样，就可以更具体、更明确地反映出完成该进度计划所必须具备的基本条件，便于领导掌握情况，统一平衡，保证及时调配，以满足施工任务的实际需要。

四、横道图

横道图即甘特图，也可称为条状图。以横竖轴表格的形式，将时间与活动（项目）相结合，表示一个任务、计划，或者项目的完成情况(进度)。横道图在工程进度计划制订、项目管理等方面运用非常频繁，是项目管理人员的必备工具之一。

表格由左右两部分组成，左边部分反映拟建工程所划分的施工项目、工程量、定额、劳动量或台班量、工作班制、施工人数及工作持续时间等计算内容，右边部分则用水平线段反映各施工项目的搭接关系和施工进度，其中的格子根据需要可以是一格表示一天或若干天。

左边部分计算完毕后，即可编制施工进度计划的初步方案。一般的编制方法有以下两种。

（一）根据施工经验直接安排的方法

这是根据经验资料及有关计算，直接在进度表上画出进度线的方法。这种方法比较简单实用。但施工项目多时，不一定能达到最优计划方案。其一般步骤是：先安排主导分部工程的施工进度，然后将其余分部工程尽可能配合主导分部工程，最大限度地合理搭接起来，使其相互联系，形成施工进度计划的初步方案。

在主导分部工程中，应优先安排主导施工项目的施工进度，力求其施工班组能连续施工，而其余施工项目尽可能与它配合、搭接或平行施工。

（二）按工艺组合组织流水施工的方法

这种方法是将某些在工艺上有关系的施工过程归并为一个工艺组合，组织各工艺组合内部的流水施工，然后将各工艺组合最大限度地搭接起来，组织分别流水。

五、施工进度计划的实施

实施施工进度计划，要做好三项工作，即编制年、月、季、旬、周进度计划和施工任务书，通过班组实施；做好施工记录，掌握现场施工实际情况；落实跟踪控制进度计划。

（一）编制年、月、季、旬、周作业计划和施工任务书，通过班组实施

施工组织设计中编制的施工进度计划，是按整个项目（或单位工程）编制的，也带有一定的控制性，但还不能满足施工作业的要求。实际作业时是按年、季、月、旬、周作业计划和施工任务书执行的。

作业计划除依据施工进度计划编制外，还应依据现场情况及年、季、月、旬、周的具体要求编制。计划以贯彻施工进度计划、明确当期任务及满足作业要求为前提。

施工任务书是一份计划文件，也是一份核算文件，又是原始记录。它把作业计划下达到班组，并将计划执行与技术管理、质量管理、成本核算、原始记录、资源管理等融合为一体。

施工任务书一般由工长根据计划要求、工程数量、定额标准、工艺标准、技术要求、质量标准、节约措施、安全措施等为依据进行编制。

任务书下达班组时，由工长进行交底。交底内容为交任务、交操作规程、交施工方法、交质量、交安全、交定额、交节约措施、交材料使用、交施工计划、交奖罚要求等，做到任务明确、报酬预知、责任到人。

施工班组接到任务书后，应做好分工，安排完成，执行中要保质量、保进度、保安全、保节约、保工效。任务完成后，班组自检，在确认已经

完成后，向工长报请验收。工长验收时查数量、查质量、查安全、查用工、查节约，然后回收任务书，交作业队登记结算。

（二）做好施工记录，掌握现场施工实际情况

在施工中，如实记载每项工作的开始日期、工作进程和完成日期，记录每日完成数量，施工现场发生的情况，干扰因素的排除情况。可为计划实施的检查、分析、调整、总结供原始资料。

（三）落实跟踪控制进度计划

检查作业计划执行中的问题，找出原因，并采取措施解决；督促供应单位按进度要求供应资料；控制施工现场临时设施的使用；按计划进行作业条件准备；传达决策人员的决策意图。

六、施工进度计划的调整

（一）施工进度的调整内容

施工进度计划的调整，以施工进度计划检查结果进行调整，调整的内容包括：施工内容、工程量、起止时间、持续时间、工作关系、资源供应。

（1）调整内容。调整上述六项中的一项或多项，还可以将几项结合起来调整，例如，将工期与资源、工期与成本、工期资源及成本结合起来调整。只要能达到预期目标，调整越少越好。

（2）关键线路长度的调整方法。当关键线路的实际长度比计划长度提前时，首先要确定是否对原计划工期予以缩短。如果不缩短，可以利用这个机会降低资源强度或费用，方法是选择后续关键工作中资源占用量大的或直接费用高的予以延长，延长的长度不应超过已完成的关键工作提前的时间量。当关键线路的实际进度计划比计划进度落后时，计划调整的任务是采取措施把失去的时间抢回来。

（3）非关键路线时差的调整。时差调整的目的是更充分地利用资源、

降低成本，满足施工需要，时差调整的幅度不得大于计划总时差。

（4）增减工作项目。增减工作项目均不应打乱原网络计划总的逻辑关系。由于增减工作项目，只能改变局部的逻辑关系，此局部改变不影响总的逻辑关系。增加工作项目，只是对原遗漏或不具体的逻辑关系进行补充；减少工作项目，只是对提前完成了的工作项目或原不应设置的而设置了的工作项目予以删除。只有这样才是真正调整而不是"重编"。增减工作项目之后重新计算时间参数。

（5）逻辑关系调整。施工方法或组织方法改变之后，逻辑关系也应调整。

（6）持续时间的调整。原计划有误或实现条件不充分时，方可调整。调整的方法是更新估算。

（7）资源调整。资源调整应在资源供应发生异常时进行。所谓异常，即因供应满足不了需要（中断或强度降低），影响了计划工期的实现。

（二）施工进度计划调整

（1）施工进度调整应及时有效。

（2）使用网络计划进行调整，应利用关键线路。

（3）利用网络计划时差调整。调整后的进度计划要及时向班组及有关人员下达，防止继续执行原进度计划。

（4）调整后编制的施工进度计划及时下达。

第四节 施工项目进度计划的总结

施工进度计划完成后，项目经理部要及时进行施工进度控制总结。

一、施工进度计划控制总结的依据

（1）施工进度计划。

（2）施工进度计划执行的实际记录。

（3）施工进度计划的检查结果。

（4）施工进度计划的资料调整。

二、施工进度计划总结内容

施工进度计划总结内容包括合同工期目标及计划工期目标完成情况、施工进度控制经验、施工进度控制中存在的问题及分析、科学的施工进度计划方法的应用情况、施工进度控制的改进意见。

三、施工进度控制经验

经验是指对成绩及其原因进行分析，为以后进度控制提供可借鉴的本质的、规律性的东西。分析进度控制的经验可以从以下几个方面进行：

（1）编制什么样的进度计划才能取得较大效益。

（2）优化计划更有实际意义。包括优化方法、目标、计算、电子计算机应用等。

（3）怎样实施、调整与控制计划。包括记录检查、调整、修改、节约、统计等措施。

（4）进度控制工作的创新。

（5）施工进度控制中存在问题及分析。

施工进度控制目标没有实现，或在计划执行中存在缺陷。应对存在的问题进行分析，分析时可以定量计算，也可以定性地分析。对产生问题的原因要从编制和执行计划中去找。

问题要找清，原因要查明，不能解释不清，遗留问题到下一控制循环中解决。施工进度控制一般存在以下问题：工期拖后、资源浪费、成本浪费、计划变化太大等。

施工进度控制中出现上述问题的原因一般是计划本身的原因、资源供应和使用中的原因、协调方面的原因、环境方面的原因。

（6）施工进度控制的改进意见。对施工进度控制中存在的问题，进行总结，提出改进方法或意见，在以后的工程中加以应用。

第七章 建筑工程资源管理

第一节 项目资源管理概述

一、建筑工程项目资源管理的概念

（一）资源

资源也称为生产要素，指创造出产品所需要的各种因素，即形成生产力的各种要素。建筑工程项目的资源通常是指投入施工项目的人力资源、材料、机械设备、技术和资金等各要素，是完成施工任务的重要手段，也是建筑工程项目得以实现的重要保证。

1.人力资源

人力资源指在一定时间、空间条件下，劳动力数量和质量的总和。劳动力泛指能够从事生产活动的体力和脑力劳动者，是施工活动的主体，是构成生产力的主要因素，也是最活跃的因素，具有主观能动性。

人力资源掌握生产技术，运用劳动手段，作用于劳动对象，从而形成生产力。

2.材料

材料指在生产过程中将劳动加于其上的物质资料，包括原材料、设备和周转材料。通过对其进行"改造"形成各种产品。

3.机械设备

机械设备指在生产过程中用以改变或影响劳动对象的一切物质的因素，包括机械、设备工具和仪器等。

4.技术

技术指人类在改造自然、改造社会的生产和科学实践中积累的知识、技能、经验及体现它们的劳动资料，包括操作技能、劳动手段、劳动者素质、生产工艺、试验检验、管理程序和方法等。

科学技术是构成生产力的第一要素。科学技术的水平决定和反映了生产力的水平。科学技术被劳动者所掌握，并且融入劳动对象和劳动手段中，便能形成相当于科学技术水平的生产力水平。

5.资金

在商品生产条件下，进行生产活动，发挥生产力的作用，进行劳动对象的改造，还必须有资金，资金是一定货币和物资的价值总和，是一种流通手段。投入生产的劳动对象、劳动手段和劳动力，只有支付一定的资金才能得到；也只有得到一定的资金，生产者才能将产品销售给用户，并以此维持再生产活动或扩大再生产活动。

（二）建筑工程项目资源管理

建筑工程项目资源管理，是按照建筑工程项目一次性特点和自身规律，对项目实施过程中所需要的各种资源进行优化配置，实施动态控制、有效利用，以降低资源消耗的系统管理方法。

二、建筑工程项目资源管理的内容

建筑工程项目资源管理包括人力资源管理、材料管理、机械设备管理、技术管理和资金管理。

1.人力资源管理

人力资源管理指为了实现建筑工程项目的既定目标，采用计划、组织、指挥、监督、协调、控制等有效措施和手段，充分开发和利用项目中人力资源所进行的一系列活动的总称。

目前，我国企业或项目经理部在人员管理上引入了竞争机制，具有多种用工形式，包括固定工、临时工、劳务分包公司所属合同工等。项目经理部进行人力资源管理的关键在于加强对劳务人员的教育培训，提高他们的综合素质，加强思想政治工作，明确责任制，调动职工的积极性，加强对劳务人员的作业检查，以提高劳动效率，保证作业质量。

2.材料管理

材料管理指项目经理部为顺利完成工程项目施工任务进行的材料计划、订货采购、运输、库存保管、供应加工、使用、回收等一系列组织和管理工作。

材料管理的重点在现场，项目经理部应建立完善的规章制度，厉行节约和减少损耗，力求降低工程成本。

3.机械设备管理

机械设备管理指项目经理部根据所承担的具体工作任务，优化选择和配备施工机械，并且合理使用、保养和维修等各项管理工作。机械设备管理包括选择、使用、保养、维修、改造、更新等诸多环节。

机械设备管理的关键是提高机械设备的使用效率和完好率，实行责任制，严格按照操作规程加强机械设备的使用、保养和维修。

4.技术管理

技术管理指项目经理部运用系统的观点、理论和方法对项目的技术要素与技术活动过程进行计划、组织、监督、控制、协调的全过程管理。

技术要素包括技术人才、技术装备、技术规程、技术资料等，技术活动过程指技术计划、技术运用、技术评价等。技术作用的发挥除决定于技术本身的水平外，很大程度上还依赖于技术管理水平。没有完善的技术管理，先进的技术是难以发挥作用的。

建筑工程项目技术管理的主要任务是科学地组织各项技术工作，充分发挥技术的作用，确保工程质量；努力提高技术工作的经济效果，使技术与经济有机地结合起来。

5.资金管理

资金从流动过程来讲，第一是投入，即筹集到的资金投入工程项目上；第二是使用，也就是支出。资金管理，就是财务管理，指项目经理部根据工程项目施工过程中资金流动的规律，编制资金计划，筹集资金，投入资金，资金使用，资金核算与分析等管理工作。项目资金管理的目的是保证收入、节约支出、防范风险和提高经济效益。

三、建筑工程项目资源管理的主要环节

1. 编制资源配置计划

编制资源配置计划的目的是根据业主需要和合同要求，对各种资源投入量、投入时间、投入步骤做出合理安排，以满足施工项目实施的需要。计划是优化配置和组合的手段。

2. 资源供应

为保证资源的供应，应根据资源配置计划，安排专人负责组织资源的来源，进行优化选择，并投入施工项目，使计划得以实现，保证项目的需要。

3. 节约使用资源

根据各种资源的特性，科学地配置和组合，协调投入，合理使用，不断纠正偏差，达到节约资源、降低成本的目的。

4. 对资源使用情况进行核算

通过对资源的投入、使用与产出的情况进行核算，了解资源的投入、使用是否恰当，最终实现节约使用的目的。

5. 进行资源使用效果的分析

一方面对管理效果进行总结，找出经验和问题，评价管理活动；另一方面又为管理提供储备和反馈信息，以指导以后（或下一循环）的管理工作。

第二节　项目人力资源管理

一、人力资源优化配置

人力资源优化配置的目的是保证施工项目进度计划的实现，提高劳动力使用效率，降低工程成本。项目经理部应根据项目进度计划和作业特点优化配置人力资源，制订人力需求计划，报企业人力资源管理部门批准，企业人力资源管理部门与劳务分包公司签订劳务分包合同，远离企业本部

的项目经理部可在企业法定代表人授权下与劳务分包公司签订劳务分包合同。

（一）人力资源配置的要求

1.数量合适

根据工程量的多少和合理的劳动定额，结合施工工艺和工作面的情况确定劳动者的数量，使劳动者在工作时间内满负荷工作。

2.结构合理

劳动力在组织中的知识结构、技能结构、年龄结构、体能结构、工种结构等方面，应与所承担的生产任务相适应，满足施工和管理的需要。

3.素质匹配

素质匹配指劳动者的素质结构与物质形态的技术结构相匹配，劳动者的技能素质与所操作的设备、工艺技术的要求相适应，劳动者的文化程度、业务知识、劳动技能、熟练程度和身体素质等与所担负的生产和管理工作相适应。

（二）人力资源配置的方法

人力资源的高效率使用，关键在于制订合理的人力资源使用计划。企业管理部门应审核项目经理部的进度计划和人力资源需求计划，并做好下列工作。

（1）在人力资源需求计划的基础上编制各种需求计划，防止漏配。必要时根据实际情况对人力资源计划进行调整。

（2）人力资源配置应贯彻节约原则，尽量使用自有资源；若现在劳动力不能满足要求，项目经理部应向企业申请加配，或在企业授权范围内进行招募，或把任务转包出去；如现有人员或新招收人员在专业技术或素质上不能满足要求，应提前进行培训，培训完毕再上岗作业。

（3）人力资源配置应有弹性，让班组有超额完成指标的可能，激发工人的劳动积极性。

（4）尽量使项目使用的人力在组织上保持稳定，防止频繁变动。

(5）为保证作业需要，工种组合、能力搭配应适当。

(6）应使人力资源均衡配置，以便于管理，达到节约的目的。

二、劳务分包合同

项目所使用的人力资源无论是来自企业内部，还是企业外部，均应通过劳务分包合同进行管理。

劳务分包合同是委托和承接劳动任务的法律依据，是签约双方履行义务、享受权利及解决争议的依据，也是工程顺利实施的保障。劳务分包合同的内容应包括工程名称，工作内容及范围，提供劳务人员的数量、合同工期，合同价款及确定原则，合同价款的结算和支付，安全施工，重大伤亡及其他安全事故处理，工程质量、验收与保修，工期延误，文明施工，材料机具供应，文物保护，发包人、承包人的权利和义务，违约责任等。

劳务合同通常有两种形式：一是按施工预算中的清工承包，一是按施工预算或投标价承包。一般根据工程任务的特点与性质来选择合同形式。

三、人力资源动态管理

人力资源动态管理指根据项目生产任务和施工条件的变化对人力需求和使用进行跟踪平衡、协调，以解决劳务失衡、劳务与生产脱节的动态过程。其目的是实现人力动态的优化组合。

1.人力资源动态管理的原则

（1）以建筑工程项目的进度计划和劳务合同为依据。

（2）始终以劳动力市场为依托，允许人力在市场内充分合理地流动。

（3）以企业内部劳务的动态平衡和日常调度为手段。

（4）以达到人力资源的优化组合和充分调动作业人员的积极性为目的。

2.项目经理部在人力资源动态管理中的责任

为了提高劳动生产率，充分有效地发挥和利用人力资源，项目经理部应做好以下工作。

（1）项目经理部应根据工程项目人力需求计划向企业劳务管理部门申请派遣劳务人员，并签订劳务合同。

（2）为了保证作业班组有计划地进行作业，项目经理部应按规定及时向班组下达施工任务单或承包任务书。

（3）在项目施工过程中不断进行劳动力平衡、调整，解决施工要求与劳动力数量、工种、技术能力、相互配合间存在的矛盾。项目经理部可根据需要及时进行人力的补充或减员。

（4）按合同支付劳务报酬。解除劳务合同后，将人员遣归劳务市场。

3.企业劳务管理部门在人力资源动态管理中的职责

企业劳务管理部门对劳动力进行集中管理，在动态管理中起着主导作用，它应做好以下工作。

（1）根据施工任务的需要和变化，从社会劳务市场中招募和遣返劳动力。

（2）根据项目经理部提出的劳动力需求量计划与项目经理部签订劳务合同，按合同向作业队下达任务，派遣队伍。

（3）对劳动力进行企业范围内的平衡、调度和统一管理。某一施工项目中的承包任务完成后，收回作业人员，重新进行平衡、派遣。

（4）负责企业劳务人员的工资、奖金管理，实行按劳分配，兑现奖罚。

四、人力资源的绩效评价与激励

人力资源的绩效评价既要考虑人力的工作业绩，还要考虑其工作过程、行为方式和客观环境条件，并且应与激励机制相结合。

1.绩效评价的含义

绩效评价指按一定标准，应用具体的评价方法，检查和评定人力个体或群体的工作过程、工作行为、工作结果，以反映其工作成绩，并将评价结果反馈给个体或群体的过程。

绩效评价一般分为三个层次：组织整体的、项目团队或项目小组的、员工个体的绩效评价。其中，员工个体的绩效评价是项目人力资源管理的基本内容。

2.绩效评价的作用

现代项目人力资源管理是系统性管理，即从人力资源的获得、选择与招聘，到使用中的培训与提高、激励与报酬、考核与评价等全方位、专门的管理体系，其中绩效评价尤其重要。绩效评价为人力资源管理各方面提供反馈信息，其作用如下。

（1）绩效评价可使管理者重新制订或修订培训计划，纠正可识别的工作失误。

（2）确定员工的报酬。现代项目管理要求员工的报酬遵循公平与效率的原则，因此，必须对每位员工的劳动成果进行评定和计量，按劳分配。合理的报酬不仅是对员工劳动成果的认可，还可以产生激励作用，在组织内部形成竞争的氛围。

（3）通过绩效评价可以掌握员工的工作信息，如工作成就、工作态度、知识和技能的运用程度等，从而决定员工的留退、升降、调配。

（4）通过绩效评价，有助于管理者对员工实施激励机制，如薪酬奖励、授予荣誉、培训提高等。

为了充分发挥绩效评价的作用，在绩效评价方法、评价过程、评价影响等方面，必须遵循公开公平、客观公正、多渠道、多方位、多层次的评价原则。

3.员工激励

员工激励是做好项目管理工作的重要手段，管理者必须深入了解员工个体或群体的各种需要，正确选择激励手段，制定合理的奖惩制度，恰当地采取奖惩和激励措施。激励能够提高员工的工作效率，有助于项目整体目标的实现，有助于提高员工的素质。

激励方式有多种多样，如物质激励与荣誉激励、参与激励与制度激励、目标激励与环境激励、榜样激励与情感激励等。

第三节　项目材料管理

一、建筑工程项目材料管理的任务

建筑工程项目材料管理的主要任务可归纳为保证供应、降低消耗、加速周转、节约费用四个方面，具体内容如下。

1.保证供应

材料管理的首要任务是根据施工生产的要求，按时、按质、按量供应生产所需的各种材料。经常保持供需平衡，既不短缺导致停工待料，也不超储积压造成浪费和资金周转失灵。

2.降低消耗

为合理地、节约地使用各种材料，提高它们的利用率，因此，要制定合理的材料消耗定额，严格地按定额计划平衡材料、供应材料、考核材料消耗情况，在保证供应时监督材料的合理使用、节约使用。

3.加速周转

缩短材料的流通时间，加速材料周转，这也意味着加快资金的周转。为此，要统筹安排供应计划，做好供需衔接；要合理选择运输方式和运输工具，尽量就近组织供应，力争直达直拨供应，减少二次搬运；要合理设库和科学地确定库存储备量，保证及时供应，加快周转。

4.节约费用

全面地实行经济核算，不断降低材料管理费用，以最少的资金占用、最低的材料成本完成最多的生产任务。为此，在材料供应管理工作中，必须明确经济责任，加强经济核算，提高经济效益。

二、建筑工程项目材料的供应

1.企业管理层的材料采购供应

建筑工程项目材料管理的目的是贯彻节约原则，降低工程成本。材料管理的关键环节在于材料的采购供应。工程项目所需要的主要材料和大宗材料应由企业管理层负责采购，并按计划供应给项目经理部，企业管理层的采购与供应直接影响着项目经理部工程项目目标的实现。

企业物流管理部门对工程项目所需的主要材料、大宗材料实行统一计划、统一采购、统一供应、统一调度和统一核算，并对使用效果进行评估，实现工程项目的材料管理目标。

2.项目经理部的材料采购

供应为了满足施工项目的特殊需要，调动项目管理层的积极性，企业应授权项目经理部必要的材料采购权,负责采购授权范围内所需的材料,以利于弥补相互间的不足,保证供应。随着市场经济的不断完善,建筑材料市场必将不断扩大,项目经理部的材料采购权也会越来越大。此外,对于企业管理层的采购供应,项目管理层也可拥有一定的建议权。

3.企业应建立内部材料市场

为了提高经济效益,促进节约,培养节约意识,降低成本,提高竞争力,企业应在专业分工的基础上,把商品市场的契约关系、交换方式、价格调节、竞争机制等引入企业,建立企业内部的材料市场,满足施工项目的材料需求。

在内部材料市场中,企业材料部门是卖方,项目管理层是买方,各方的权限和利益由双方签订买卖合同予以明确。主要材料和大宗材料、周转材料、大型工具、小型及随手工具均应采取付费或租赁方式在内部材料市场解决。

三、建筑工程项目材料的现场管理

(一)材料的管理责任

项目经理是现场材料管理的全面领导者和责任者,项目经理部材料员是现场材料管理的直接责任人,班组料具员在主管材料员业务指导下协助班组长并监督本班组合理领料、用料、退料。

(二)材料的进场验收

材料进场验收能够划清企业内部和外部经济责任,防止进料中的差错事故和因供货单位、运输单位的责任事故给企业造成不应有的损失。

1.进场验收要求

材料进场验收必须做到认真、及时、准确、公正、合理,严格检查进场材料的有害物质含量检测报告。按规范应复验的必须复验,无检测报告或复验不合格的应予以退货,严禁使用有害物质含量不符合国家规定的建筑材料。

2.进场验收

材料进场前应根据施工现场平面图进行存料场地及设施的准备,保持进场道路畅通,以便运输车辆进出。验收的内容包括单据验收、数量验收和质量验收。

(三)材料的储存与保管

材料的储存应根据材料的性能和仓库条件,按照材料保管规程,采用科学的方法进行保管和保养,以减少材料保管损耗,保持材料原有使用价值。进场的材料应建立台账,要日清、月结、定期盘点、账实相符。

(四)材料的发放和领用

材料领发标志着料具从生产储备转入生产消耗,必须严格执行领发手续,明确领发责任。控制材料的领发、监督材料的耗用,是实现工程节约、防止超耗的重要保证。

凡有定额的工程用料都应凭定额领料单实行限额领料。限额领料指在施工阶段对施工人员所使用物资的消耗量控制在一定的消耗范围内,是企业内开展定额供应、提高材料的使用效果和企业经济效益、降低材料成本的基础和手段。对于超限额的用料,用料前应办理手续,填写超限额领料单,注明超耗原因,经项目经理部材料管理人员审批后实施。

材料的领发应建立领发料台账,记录领发状况和节超状况,分析、查找用料节超原因,总结经验、吸取教训,不断提高管理水平。

四、材料的使用监督

对材料的使用进行监督是为了保证材料在使用过程中能合理地消耗,充分发挥其最大效用。监督的内容包括是否认真执行领发手续,是否严格执行配合比,是否按材料计划合理用料,是否做到随领随用、工完料净、工完料退、场退地清、谁用谁清,是否按规定进行用料交底和工序交接,是否做到按平面图堆料,是否按要求保护材料等。检查是监督的手段,检查要做好记录,对存在的问题应及时分析处理。

第四节　项目机械设备管理

随着工程施工机械化程度的不断提高，机械设备在施工生产中发挥着不可替代的决定性作用。施工机械设备的先进程度及数量是施工企业的主要生产力，是保持企业在市场经济中稳定协调发展的重要物质基础。加强建筑工程项目机械设备管理，对于充分发挥机械设备的潜力、降低工程成本、提高经济效益起着决定性的作用。

一、机械设备管理的内容

机械设备管理的具体工作内容包括机械设备的选择及配套、维修和保养、检查和修理、制定管理制度、提高操作人员技术水平、有计划地做好机械设备的改造和更新。

二、建筑工程项目机械设备的合理使用

要使施工机械正常运转，在使用过程中经常保持完好的技术状况，就要尽量避免机件的过早磨损及消除可能产生的事故，延长机械的使用寿命，提高机械的生产效率。合理使用机械设备必须做好以下工作。

1.人机固定

实行机械使用、保养责任制，指定专人使用、保养，实行专人专机，以便操作人员更好地熟悉机械性能和运转情况，更好地操作设备。非本机人员严禁上机操作。

2.实行操作证制度

对所有机械操作人员及修理人员都要进行上岗培训，建立培训档案，让他们既掌握实际操作技术，又懂得基本的机械理论知识和机械构造，经考核合格后持证上岗。

3.遵守合理使用规定

严格遵守合理的使用规定，防止机件早期磨损，延长机械使用寿命和

修理周期。

4.实行单机或机组核算

将机械设备的维护、机械成本与机车利润挂钩进行考核,根据考核成绩实行奖惩,这是提高机械设备管理水平的重要举措。

5.合理组织机械设备施工

加强维修管理,提高单机效率和机械设备的完好率,合理组织机械调配,做好施工计划工作。

6.做好机械设备的综合利用

施工现场使用的机械设备尽量做到一机多用,充分利用台班时间,提高机械设备利用率。如垂直运输机械,也可在回转范围内做水平运输、装卸等。

7.机械设备安全作业

在机械作业前,项目经理部应向操作人员进行安全操作交底,使操作人员清楚地了解施工要求、场地环境、气候等安全生产要素。项目经理部应按机械设备的安全操作规程安排工作和进行指挥,不得要求操作人员违章作业,也不得强令机械设备带病操作,更不得指挥和允许操作人员野蛮施工。

8.为机械设备的施工创造良好条件

现场环境、施工平面布置应满足机械设备作业要求,道路交通应畅通、无障碍,夜间施工要安排好照明。

三、建筑工程项目机械设备的保养与维修

为保证机械设备经常处于良好的技术状态,必须强化对机械设备的维护保养工作。机械设备的保养与维修应贯彻"养修并重、预防为主"的原则,做到定期保养,强制进行,正确处理使用、保养和修理的关系,不允许只用不养、只修不养。

（一）机械设备的保养

机械设备的保养坚持推广以"清洁、润滑、调整、紧固、防腐"为主要内容的"十字"作业法,实行例行保养和定期保养制,严格按使用说明

书规定的周期及检查保养项目进行。

1.例行（日常）保养

例行保养属于正常使用管理工作，不占用机械设备的运转时间。例行保养是在机械运行的前后及过程中进行的清洁和检查，主要检查要害、易损零部件（如机械安全装置）的情况、冷却液、润滑剂、燃油量、仪表指示等。例行保养由操作人员自行完成，并认真填写机械例行保养记录。

2.强制保养

所谓强制保养，是按一定的周期和内容分级进行，需占用机械设备运转时间而停工进行的保养。机械设备运转到规定的时限，不管其技术状态好坏、任务轻重，都必须按照规定作业范围和要求进行检查和维护保养，不得借故拖延。

企业要开展现代化管理教育，使各级领导和广大设备使用工作者认识到：机械设备的完好率和使用寿命在很大程度上取决于保养工作的好坏，如忽视机械技术保养，只顾眼前的需要和方便，直到机械设备不能运转时才停用，则必然会导致设备的早期磨损、寿命缩短、各种材料消耗增加，甚至危及安全生产。不按照规定保养设备是粗野的使用、愚昧的管理，与现代化企业的科学管理是背道而驰的。

（二）机械设备的维修

机械设备的维修是对机械设备的自然损耗进行修复，排除机械运行的故障，对损坏的零部件进行更换、修复。对机械设备的维修可以保证机械设备的使用效率，延长使用寿命。机械设备修理分为大修理、中修理和小修理。

1.大修理

大修理是对机械设备进行全面的解体检查修理，保证各零部件质量和配合要求，使其达到良好的技术状态，恢复可靠性和精度等工作性能，以延长机械的使用寿命。

2.中修理

中修理是更换与修复设备的主要零部件和数量较多的其他磨损件，并校正机械设备的基准，恢复设备的精度、性能和效率，以延长机械设备的大修间隔。

3.小修理

小修理一般指临时安排的修理，目的是消除操作人员无力排除的突然故障、个别零件损坏或一般事故性损坏等问题，一般都和保养相结合，不列入修理计划。而大修理、中修理需列入修理计划，并按计划的预检修制度执行。

第五节 项目技术管理

一、建筑工程项目技术管理工作的内容

建筑工程项目技术管理工作包括技术管理基础工作、施工过程的技术管理工作、技术开发管理工作三个方面的内容。

1.技术管理基础工作

技术管理基础工作包括实行技术责任制、执行技术标准与规程、制定技术管理制度、开展科学研究、开展科学实验、交流技术情报和管理技术文件等。

2.施工过程的技术管理工作

施工过程的技术管理工作包括施工工艺管理、材料试验与检验、计量工具与设备的技术核定、质量检查与验收和技术处理等。

3.技术开发管理工作

技术开发管理工作包括技术培训、技术革新、技术改造、合理化建议和技术攻关等。

二、建筑工程项目技术管理基本制度

（一）图纸自审与会审制度

建立图纸会审制度，明确会审工作流程，了解设计意图，明确质量要

求，将图纸上存在的问题和错误、专业之间的矛盾等尽可能地在工程开工之前解决。

施工单位在收到施工图及有关技术文件后，应立即组织有关人员学习研究施工图纸。在学习、熟悉图纸的基础上进行图纸自审。

图纸会审是指在开工前，由建设单位或其委托的监理单位组织、设计单位和施工单位参加，对全套施工图纸共同进行的检查与核对。图纸会审的程序如下。

（1）设计单位介绍设计意图和图纸、设计特点及对施工的要求。

（2）施工单位提出图纸中存在的问题和对设计的要求。

（3）三方讨论与协商，解决提出的问题，写出会议纪要，交给设计人员。设计人员对会议纪要提出的问题进行书面解释或提出设计变更通知书。

（二）建筑工程项目管理实施规划与季节性施工方案管理制度

建筑工程项目管理实施规划是整个工程施工管理的执行计划，必须由项目经理组织项目经理部在开工前编制完成，旨在指导施工项目实施阶段的管理和施工。

（三）技术交底制度

制定技术交底制度，明确技术交底的详细内容和施工过程中需要跟踪检查的内容，以保证技术责任制的落实、技术管理体系正常运转以及技术工作按标准和要求运行。

技术交底是在正式施工前，对参与施工的有关管理人员、技术人员及施工班组的工人交代工程情况和技术要求，避免发生指导和操作错误，以便科学地组织施工，并按合理的工序、工艺流程进行作业。技术交底包括整个工程、各分部分项工程、特殊和隐蔽工程，应重点强调易发生质量事故和安全事故的工程部位或工序，防止发生事故。技术交底必须满足施工规范、规程、工艺标准、质量验收标准和施工合同条款。

1.技术交底形式

（1）书面交底：把交底的内容和技术要求以书面形式向施工的负责人和全体有关人员交底，交底人与接收人在交底完成后分别在交底书上签字。

（2）会议交底：通过组织相关人员参加会议，向到会者进行交底。

（3）样板交底：组织技术水平较高的工人做出样板，经质量检查合格后，对照样板向施工班组交底。交底的重点是操作要领、质量标准和检验方法。

（4）挂牌交底：将交底的主要内容、质量要求写在标牌上，挂在操作场所。

（5）口头交底：适用于人员较小、操作时间比较短、工作内容比较简单的项目。

（6）模型交底：对于比较复杂的设备基础或建筑构件，可做模型进行交底，使操作者加深认识。

2.设计交底

由设计单位的设计人员向施工单位交底，一般和图纸会审一起进行。内容包括：设计文件的依据，建设项目所处规划位置、地形、地貌、气象、水文地质、工程地质、地震烈度、施工图设计依据、设计意图以及施工时的注意事项等。

3.施工单位技术负责人向下级技术负责人交底

施工单位技术负责人向下级技术负责人交底的内容包括工程概况一般性交底，工程特点及设计意图，施工方案，施工准备要求，施工注意事项，包括地基处理、主体施工、装饰工程的注意事项及工期、质量、安全等。

4.技术负责人对工长、班组长进行技术交底

施工项目技术负责人应按分部分项工程对工长、班组长进行技术交底，内容包括：设计图纸具体要求，施工方案实施的具体技术措施及施工方法，土建与其他专业交叉作业的协作关系及注意事项，各工种之间协作与工序交接质量检查，设计要求，规范、规程、工艺标准，施工质量标准及检验方法，隐蔽工程记录、验收时间及标准，成品保护项目、办法与制

度以及施工安全技术措施等。

5.工长对班组长、工人交底

工长主要利用下达施工任务书的时间对班组长、工人进行分项工程操作交底。

（四）隐蔽、预检工作管理制度

隐蔽、预检工作实行统一领导，分专业管理。各专业应明确责任人，管理制度要明确隐蔽、预检的项目和工作程序，参加的人员制订分栋号、分层、分段的检查计划，对遗留问题的处理要由专人负责。确保及时、真实、准确、系统，资料完整具有可追溯性。

隐蔽工程是指完工后将被下一道工序掩盖，其质量无法再次进行复查的工程部位。隐蔽工程项目在隐蔽前应进行严密检查，做好记录，签署意见，办理验收手续，不得后补。如有问题需复验的，必须办理复验手续，并由复验人做出结论，填写复验日期。

施工预检是工程项目或分项工程在施工前所进行的预先检查。预检是保证工程质量、防止发生质量事故的重要措施。除施工单位自身进行预检外，监理单位还应对预检工作进行监督并予以审核认证。预检时要做好记录。建筑工程的预检项目如下。

（1）建筑物位置线，包括水准点、坐标控制点和平面示意图，重点工程应有测量记录。

（2）基槽验线，包括轴线、放坡边线、断面尺寸、标高（槽底标高、垫层标高）和坡度等。

（3）模板，包括几何尺寸、轴线、标高、预埋件和留孔洞位置、模板牢固性、清扫口留置、模板清理、脱膜剂涂刷和止水要求等。

（4）楼层放线，包括各层墙柱轴线和边线。

（5）翻样检查，包括几何尺寸和节点做法等。

（6）预制构件，包括轴线位置、构件型号、堵孔、清理、标高、垂直偏差及构件裂缝和损伤处理等。

（7）设备基础，包括位置、标高、几何尺寸、预留孔和预埋件等。

（五）材料、设备检验和施工试验制度

由项目技术负责人明确责任人和分专业负责人，明确材料、成品、半成品的检验和施工试验的项目，制定试验计划和操作规程，对结果进行评价。确保项目所用材料、构件、零配件和设备的质量，进而保证工程质量。

（六）工程洽商、设计变更管理制度

由项目技术负责人指定专人组织制定管理制度，经批准后实施。明确工程洽商内容、技术洽商的责任人及授权规定等。对于涉及影响规划及公用、消防部门已审定的项目，如改变使用功能，增减建筑高度、面积，改变建筑外廓形态及色彩等项目时，应明确其变更需具备的条件及审批的部门。

第六节 项目资金管理

一、项目资金管理的目的

1.保证收入

生产的正常进行需要一定的资金来保证，项目经理部资金的来源包括公司拨付资金、向发包人收取工程进度款和预付备料款，以及通过公司获取的银行贷款等。

由于工程项目生产周期长，采用的是承发包合同形式，工程款一般按月度结算收取，因此，要抓好月度价款结算，组织好日常工程价款收入，管好资金入口。国际通用的国际咨询工程师联合会条款采用中期付款结算月度施工完成量，施工单位每月按规定日期报送监理工程师，并会同监理工程师到现场核实工程进度，经发包方审批后，即可办理工程款拨付。

我国工程造价多数采用暂定量或合同价款加增减账结算，抓好工程预算结算以尽快确定工程价款总收入，是施工单位工程款收入的保证。开工

以后，随工、料、机的消耗，生产资金陆续投入，必须随工程施工进展抓紧抓好已完工程的工程量确认及变更、索赔、奖励等工作，及时向建设单位办理工程进度款的支付。在施工过程中，特别是工程收尾阶段，注意抓好消除工程质量缺陷，保证工程款足额拨付，工程质量缺陷暂扣款有时占用较大资金。同时还要注意做好工程保修，以利于5%的工程尾款（质量保证金）在保修期满后及时回收。

2.节约支出

施工中直接或间接的生产费用支出耗费的资金数额很大，须精心计划、节约使用，保证项目经理部有资金支付能力。主要是抓好工、料、机的投入，需要注意的是，其中有的工、料、机投入可负债延期支付，但终究是要用某未来期收入偿付的，为此同样要加强管理。必须加强资金支出的计划编制，各种工、料、机都要有消耗定额，管理费用要有开支标准。

总之，抓好开源节流，组织好工程款回收，控制好生产费用支出，保证项目资金正常运转，在资金周转中使投入能得到补偿并增值，才能保证生产持续进行。

3.防范资金风险

项目经理部对项目资金的收入和支出要做到合理的预测，对各种影响因素进行正确评估，最大限度地避免资金的收入和支出风险。工程款拖欠，施工方垫付工程款造成许多施工企业效益滑坡，甚至出现经营危机。

注意发包方资金到位情况，签好施工合同，明确工程款支付办法和发包方供料范围。在发包方资金不足的情况下，尽量要求发包方供三材（钢材、木材、商品混凝土）和门窗等加工定货，防止发包方把属于甲方供料、甲方分包范围的转给承包方支付。关注发包方资金动态，在已经发生垫资施工的情况下，要适当掌握施工进度，以利于回收资金。如果发现工程垫资超出原计划控制幅度，要考虑调整施工方案，压缩规模，甚至暂缓施工，同时积极与开发商协商，保住开发项目，以利收回垫资。

4.提高经济效益

项目经理部在项目完成后做出资金运用状况分析，确定项目经济效益。项目效益的好坏，相当程度上取决于能否管好、用好资金。资金的节约可以降低财务费用，减少银行贷款利息支出。必须合理使用资金，在支付工、料、机生产费用上，考虑货币的时间因素，签好有关付款协议，货比三家，压低价格。承揽任务，履行合同的最终目的是取得利润，只有通过"销售"产品收回工程价款，取得了盈利，成本得到补偿，资金得到增值，企业再生产才能顺利进行。一旦发生呆账、坏账，应收工程款只停留在财务账面上，利润就不实了。为此，抓资金管理，就投入生产循环往复不断发展来讲，既是起点也是终点。

二、编制项目资金收支计划

项目经理部根据施工合同、承包造价、施工进度计划、施工项目成本计划、物资供应计划等编制项目年、季、月度资金收支计划，上报企业财务部门审批后实施。通过项目资金计划管理实现收入有规定，支出有计划，追加按程序。为使项目资金运营处于受控状态，计划范围内一切开支要有审批，主要工料的大宗开支要有合同。

1.项目资金收支计划的内容

项目资金计划包括收入方和支出方两部分。收入方包括项目本期工程款等收入、向公司内部银行借款，以及月初项目的银行存款。支出方包括项目本期支付的各项工料费用、上缴利税基金及上级管理费、归还公司内部银行借款，以及月末项目银行存款。

工程前期投入一般要大于产出，这主要是现场临时建筑、临时设施、部分材料及生产工具的购置、对分包单位的预付款等支出较多，另外，还可能存在发包方拖欠工程款，使得项目存在较大债务的情况。在安排资金时要考虑分包人、材料供应人的垫付能力，在双方协商基础上安排付款。在资金收入上要与发包方协调，促其履行合同按期拨款。

2.年、季、月度资金收支计划的编制

年度资金收支计划的编制要根据施工合同工程款支付的条款和年度生产计划安排，预测年内可能达到的资金收入，再参照施工方案，安排工、料、机费用等资金分阶段投入，做好收入和支出在时间上的平衡。编制时，关键是摸清工程款到位情况，测算筹集资金的额度，安排资金分期支付，平衡资金，确定年度资金管理工作总体安排。这对保证工程项目顺利施工，保证充分的经济支付能力，稳定队伍，提高职工生活，顺利完成各项税费基金的上缴是十分重要的。

月、季度资金收支计划的编制是年度资金收支计划的落实与调整。要结合生产计划的变化，安排好月、季度资金收支，重点是月度资金收支计划。以收定支，量入为出，根据施工月度作业计划，计算出主要工、料、机费用及分项收入，结合材料月末库存，由项目经理部各用款部门分别编制材料、人工、机械、管理费用及分包费支出等分项用款计划，经平衡确定后报企业审批实施。月末最后5日内提出执行情况分析报告。

三、项目资金的使用管理

1. 内部银行

内部银行即企业内部各核算单位的结算中心，它按照商业银行运行机制，为各核算单位开立专用账号，核算各单位货币资金收支，把企业的一切资金收支和内部单位的存款业务都纳入内部银行。内部银行本着"对存款单位负责、谁账户里的款谁用、不许透支、存款有息、借款付息、违章罚款"的原则，实行金融市场化管理。

内部银行同时行使企业财务管理职能，进行项目资金的收支预测，统一对外收支与结算，统一对外办理贷款筹集资金和内部单位的资金借款，并负责组织好企业内部各单位利税和费用上缴等工作，发挥企业内部的资金调控管理职能。内部银行具有市场化管理和企业财务管理调控两项职能，既体现了项目经理部在资金管理上的权利，又能在公司财务部门调控管理下统一运行，充分发挥项目经理部资金管理的积极性。

2. 财务台账

鉴于市场经济条件下多数商品及劳务交易，事项发生期和资金支付期不在同一报告期，债务问题在所难免，而会计账又不便于对各工程繁多的债权债务逐一开设账户，做出记录。

因此，为控制资金，项目经理部需要设立财务台账，做会计核算的补充记录，进行债权债务的明细核算。

依据材料供应渠道，按组织内部材料部门供应和项目经理自行采购的不同供料方式建立材料供货往来账户，按材料的类别或供货单位逐一设立，对所有材料（包括场外钢筋等加工料）均反映应付贷款（贷方）和已付购货款（借方）。抓好项目经理部的材料收、发、存管理是基础，材料一进场就按规定验收入库，当期按应付贷款进行会计处理，在资金支付时冲减应付购贷款。此项工作由项目材料部门负责提供依据，交财务部门编制会计凭证，其副页发给材料员登记台账。

依据劳务供应渠道，按组织自有工人劳务队、外部市场劳务队和市场劳务分包公司，建立劳务作业往来账户，按劳务分包公司名称逐一设立，反映应付劳务费和已付劳务费的情况。抓好劳务分包的定额管理是基础，要按报告期对已完分部分项工程进行结算，包括索赔增减账的结算，实行平方米包干的也要将报告期已完平方米包干项目进行结算，对未完劳务可报下个报告期一并结算。此项工作由项目劳资部门负责提供依据，由定额员交财务部门编制会计凭证，其副页发给定额员登记台账。

不属于以上工料生产费用的资金投入范围的分包工程、机械租赁作业、商品混凝土，分别建立分包工程、产品作业、供应等往来账户，应按合同单位逐一设立，反映应付款和已付款。要按报告期或已完分部分项工程对上述合同单位生产完成量进行分期结算。此项工作由项目生产计划统计部门负责办理提供依据，由统计员交财务部门编制会计凭证，其副页发给统计员登记台账。

项目经理部的台账可以由财务人员登账，也可以在财务人员指导下由项目经理部登账，总之要便于工作。明细台账要定期和财务账核对，做到账账相符，还要和仓库保管员的收发存实物账及其他业务结算账核对，做到账实相符，做到财务总体控制住，以利于发挥财务的资金管理作用。

3.项目资金的使用管理

首要是建立健全项目经理负责的项目资金管理责任制，做到统一管理、归口负责、业务交权对口、明确职责与权限。

项目资金的使用管理应本着促进生产、节省投入、量入为出、适度负债的原则，要兼顾国家、企业、员工三者的利益，要依法办事，按规定支付各种费用，尤其要保证员工工资按时发放，保证劳务费按劳务合同结算和支付。

项目资金的管理实际上反映了项目管理的水平，从施工方案的选择、进度安排到工程的建造，要用先进的施工技术、科学的管理方法提高生产效率，保证工程质量，降低各种消耗，努力做到以较少的资金投入创造较大的经济价值。

管理方式讲求手段，要合理控制材料资金占用。项目经理部要核定材料资金占用额，包括主要材料、周转材料、生产工具等。例如，对周转材料可依租赁价按月计价计算支出，然后对劳务队占用与使用按预算核定收入数，节约有奖；反之，扣一定比例的劳务费。

抓报量、抓结算，随时办理增减账索赔，根据生产随时做好分部工程和整个工程的预算结算，及时回收工程价款，减少应收账款占用。抓好月度中期付款结算及时报量，减少未完施工占用。

第八章 建筑工程招标与合同管理

第一节 建设工程招标与投标

一、建设工程招标

建设工程招标,是指项目建设单位(业主)将工程项目的内容和要求以文件形式标明,招引项目承包单位(承包商)来报价(投标),经比较,选择理想承包单位并达成协议的活动。对于业主来说,招标就是择优的过程。由于工程的性质和业主的评价标准不同,择优可能有不同的侧重面,但一般包含如下4个主要方面:较低的价格、先进的技术、优良的质量和较短的工期。业主通过招标,从众多的投标商中进行评选,既要从其突出的侧重面进行衡量,又要综合考虑上述4个方面的因素,最后确定中标者。

客观来讲,建设工程施工招标应该具备的条件包括以下几项:①招标人已经依法成立;②初步设计及概算应当履行审批手续的,已经批准;③招标范围、招标方式和招标组织形式等应当履行核准手续的,已经核准;④有相应资金或资金来源,已经落实;⑤有招标所需的设计图纸及技术资料。这些条件和要求一方面是从法律上保证了项目和项目法人的合法化,另一方面也从技术和经济上为项目的顺利实施提供了支持和保障。

(一)招标投标项目的确定

从理论上讲,在市场经济条件下,建设工程项目是否采用招标投标的方式确定承包人,业主有着完全的决定权;采用何种方式进行招标,业主也有着完全的决定权。但是为了保证公共利益，各国的法律都规定了由政府资金投资的公共项目（包括部分投资的项目或全部投资的项目）、涉及公共利益的其他资金投资项目，投资额在一定额度之上时，要采用招标投标方式进行。对此我国也有详细的规定。

以下项目宜采用招标的方式确定承包人：一是大型基础设施、公用事业等关系社会公共利益、公众安全的项目，二是全部或者部分使用国有资金投资或者国家融资的项目，三是使用国际组织或者外国政府资金的项目。

（二）招标方式的确定

世界银行贷款项目中的工程和货物的采购，可以采用国际竞争性招标、有限国际招标、国内竞争性招标、询价采购、直接签订合同、自营工程等采购方式。其中，国际竞争性招标和国内竞争性招标都属于公开招标，而有限国际招标则相当于邀请招标。

招标分公开招标和邀请招标两种方式。

1. 公开招标

公开招标亦称无限竞争性招标，招标人在公共媒体上发布招标公告，提出招标项目和要求，符合条件的一切法人或者组织都可以参加投标竞争，都有同等竞争的机会。按规定应该招标的建设工程项目一般应采用公开招标方式。

公开招标的优点是招标人有较大的选择范围，可在众多的投标人中选择报价合理、工期较短、技术可靠、资信良好的中标人。但是公开招标的资格审查和评标的工作量比较大，耗时长、费用高，且有可能因资格预审把关不严导致鱼目混珠的现象发生。

如果采用公开招标方式，招标人就不得以不合理的条件限制或排斥潜在的投标人。例如，不得限制本地区以外或本系统以外的法人或组织参加投标等。

2. 邀请招标

邀请招标亦称有限竞争性招标，招标人事先经过考察和筛选，将投标邀请书发给某些特定的法人或者组织，邀请其参加投标。为了保护公共利益，避免邀请招标方式被滥用，各个国家和世界银行等金融组织都有相关规定：按规定应该招标的建设工程项目一般应采用公开招标，如果要采用邀请招标，需经过批准。

对于有些特殊项目，采用邀请招标方式确实更加有利。根据我国的有关规定，有下列情形之一的，经批准可以进行邀请招标：一是项目技术复杂或有特殊要求，只有少量几家潜在投标人可供选择的。二是受自然地域环境限制的。三是涉及国家安全、国家秘密或者抢险救灾，适宜招标但不宜公开招标的。四是拟公开招标的费用与项目的价值相比，不值得的。五是法律法规规定不宜公开招标的。

招标人采用邀请招标方式，应当向3个以上具备承担招标项目能力、资信良好的特定的法人或者其他组织发出投标邀请书。

（三）自行招标与委托招标

招标人可自行办理招标事宜，也可以委托招标代理机构代为办理招标事宜。

招标人自行办理招标事宜，应当具有编制招标文件和组织评标的能力。招标人不具备自行招标能力的，必须委托具备相应资质的招标代理机构代为办理招标事宜。

工程招标代理机构资格分为甲、乙两级。其中乙级工程招标代理机构只能承担工程投资额（不含征地费、大市政配套费与拆迁补偿费）在3000万元以下的工程招标代理业务。工程招标代理机构可以跨省、自治区、直辖市承担工程招标代理业务。

（四）招标信息的发布与修正

1.招标信息的发布

工程招标是一种公开的经济活动，因此，要采用公开的方式发布信息。招标公告应在国家指定的媒介（报刊和信息网络）上发表，以保证信息发布到必要的范围以及发布得及时、准确。招标公告应该尽可能地发布翔实的项目信息，以保证招标工作的顺利进行。

招标公告应当载明招标人的名称和地址，招标项目的性质、数量、实施地点和时间，投标截止日期以及获取招标文件的办法等事项。招标人或其委托的招标代理机构应当保证招标公告内容的真实、准确和完整。

拟发布的招标公告文本应当由招标人或其委托的招标代理机构的主要负责人签名并加盖公章。招标人或其委托的招标代理机构发布招标公告，应当向指定媒介提供营业执照（或法人证书）、项目批准文件的复印件等证明文件。

招标人或其委托的招标代理机构应至少在一家指定的媒介发布招标公告。指定报刊在发布招标公告的同时，应将招标公告如实抄送指定网络。招标人或其委托的招标代理机构在两个以上媒介发布的同一招标项目的招标公告的内容应当相同。

招标人应当按招标公告或者投标邀请书规定的时间、地点出售招标文件或资格预审文件。自招标文件或者资格预审文件出售之日起，至停止出售之日止，最短不得少于5个工作日。

投标人必须自费购买相关招标或资格预审文件，但对招标文件或者资格预审文件的收费应当合理，不得以营利为目的。对于所附的设计文件，招标人可以向投标人酌收押金；对于开标后投标人退还设计文件的，招标人应当向投标人退还押金。招标文件或者资格预审文件售出后不予退还。招标人在发布招标公告、发出投标邀请书后，或者售出招标文件或资格预审文件后，不得擅自终止招标。

2.招标信息的修正

如果招标人在招标文件已经发布之后发现有问题需要进一步澄清或修改，必须依据以下原则进行：一是时限。招标人对已发出的招标文件进行必要的澄清或者修改，应当在招标文件要求提交投标文件截止时间至少15日前发出。二是形式。所有澄清文件必须以书面形式进行。三是全面。所有澄清文件必须直接通知所有招标文件收受人。

由于修正与澄清文件是对于原招标文件的进一步补充或说明，因此，该澄清或者修改的内容应为招标文件的有效组成部分。

（五）资格预审

招标人可以根据招标项目本身的特点和要求，要求投标申请人提供有关资质、业绩和能力等的证明，并对投标申请人进行资格审查。资格审查分为资格预审和资格后审。资格预审是指招标人在招标开始之前或者开始初期，由招标人对申请参加投标的潜在投标人进行资质条件、业绩、信誉、技术、资金等多方面情况的资格审查，经认定合格的潜在投标人才可以参加投标。

通过资格预审可以使招标人了解潜在投标人的资信情况，包括财务状况、技术能力以及以往从事类似工程的施工经验，从而选择优秀的潜在投标人参加投标，降低将合同授予不合格的投标人的风险。通过资格预审，可以淘汰不合格的潜在投标人，从而有效地控制投标人的数量，进而减少评审阶段的工作时间，减少评审费用，也为不合格的潜在投标人节约投标的无效成本。通过资格预审，招标人可以了解潜在投标人对项目投标的兴趣，如果潜在投标人的兴趣大大低于招标人的预料，招标人可以修改招标条款，以吸引更多的投标人参加竞争。

（六）标前会议

标前会议也称为投标预备会或招标文件交底会，是招标人按投标须知规定的时间和地点召开的会议。标前会议上，招标人除介绍工程概况以外，还可以对招标文件中的某些内容加以修改或补充说明，以及对投标人书面提出的问题和会议上即兴提出的问题予以解答。会议结束后，招标人应将会议纪要以书面通知的形式发给每一个投标人。

无论是会议纪要，还是对个别投标人的问题的解答，都应以书面形式发给每一个获得投标文件的投标人，以保证招标的公平和公正。但对问题的答复不需要说明问题来源。会议纪要和答复函件形成招标文件的补充文件，都是招标文件的有效组成部分，与招标文件具有同等法律效力。当补充文件与招标文件内容不一致时，应以补充文件为准。

为了使竞标单位在编写投标文件时有充分的时间考虑招标人对招标文件的补充或修改内容，招标人可以根据实际情况在标前会议上确定延长投标截止时间。

（七）评标

评标分为评标的准备、初步评审、详细评审、编写评标报告等过程。

初步评审主要是进行符合性审查，即重点审查投标书是否实质上响应了招标文件的要求。审查内容包括投标资格审查、投标文件完整性审查、投标担保的有效性、与招标文件是否有显著的差异和保留等。如果投标文件实质上不响应招标文件的要求，将作为无效投标处理，不必进行下一阶段的评审。另外还要对报价计算的正确性进行审查，如果计算有误，通常的处理方法是：大小写不一致的，以大写为准；单价与数量的乘积之和与所报的总价不一致的，应以单价为准；标书正本和副本不一致的，则以正本为准。这些修改一般应由投标人代表签字确认。

详细评审是评标的核心，是对标书进行实质性审查，包括技术评审和商务评审。技术评审主要是对投标书的技术方案、技术措施、技术手段、技术装备、人员配备、组织结构、进度计划等的先进性、合理性、可靠性、安全性、经济性等进行分析评价。商务评审主要是对投标书的报价高低、报价构成、计价方式、计算方法、支付条件、取费标准、价格调整、税费、保险及优惠条件等进行评审。

评标方法可以采用评议法、综合评分法或评标价法等，可根据不同的招标内容选择确定相应的方法。

评标结束应该推荐中标候选人。评标委员会推荐的中标候选人应当限定在1~3人，并标明排列顺序。

二、建设工程投标

建设工程投标是指承包商向招标单位提出承包该工程项目的价格和条件，供招标单位选择以获得承包权的活动。对于承包商来说，参加投标就如同参加一场赛事竞争，因为它关系到企业的兴衰存亡。这场赛事不仅比报价的高低，而且比技术、经验、实力和信誉。特别是在当前国际承包市场上，工程越来越多的是技术密集型项目，势必给承包商带来两方面的挑战：一是技术上的挑战，要求承包商具有先进的科学技术，能够完成高、新、尖、难工程；二是管理上的挑战，要求承包商具有现代先进的组织管理水平，能够以较低价中标，靠管理和索赔获利。

（一）研究招标文件

投标单位取得投标资格，获得招标文件之后的首要工作就是认真仔细地研究招标文件，充分了解其内容和要求，以便有针对性地安排投标工作。研究招标文件的重点应放在投标者须知、合同条款、设计图纸、工厂范围及工程量表上，还要研究技术规范要求，看是否有特殊的要求。投标人应该重点注意招标文件中以下几个方面的问题。

1.投标人须知

"投标人须知"是招标人向投标人传递基础信息的文件，包括工程概况、招标内容、招标文件的组成、投标文件的组成、报价的原则、招标投标时间安排等关键信息：①投标人需要注意招标工程的详细内容和范围，避免遗漏或多报。②投标人还要特别注意投标文件的组成，避免因提供的资料不全而被作为废标处理。③投标人还要注意招标答疑时间、投标截止时间等重要时间安排，避免因遗忘或迟到等原因而失去竞争机会。

2.投标书附录与合同条件

投标书附录与合同条件是招标文件的重要组成部分，其中可能标明了招标人的特殊要求，即投标人在中标后应享受的权利及所要承担的义务和责任等，投标人在报价时需要考虑这些因素。

3.技术说明

投标人要研究招标文件中的施工技术说明，熟悉所采用的技术规范，了解技术说明中有无特殊施工技术要求和有无特殊材料设备要求，以及有关选择代用材料、设备的规定，以便根据相应的定额和市场确定价格，计算有特殊要求项目的报价。

4.永久性工程之外的报价补充文件

永久性工程是指合同的标的物——建设工程项目及其附属设施。为了保证工程建设的顺利进行，不同的业主还会对承包商提出额外的要求。

例如，对旧有建筑物和设施的拆除，工程师的现场办公室及其各项开支、模型、广告、工程照片和会议费用等。如果有的话，则需要将其列入工程总价中，弄清一切费用纳入工程总报价的方式，以免产生遗漏从而导致损失。

（二）进行各项调查研究

在研究招标文件的同时，投标人需要开展详细的调查研究，即对招标工程的自然、经济和社会条件进行调查，这些都是工程施工的制约因素，必然会影响工程成本，是投标报价所必须考虑的，所以在报价前必须了解清楚。

1.市场宏观经济环境调查

应调查工程所在地的经济形势和经济状况，包括与投标工程实施有关的法律法规、劳动力与材料的供应状况、设备市场的租赁状况、专业施工公司的经营状况与价格水平等。

2.工程现场考察和工程所在地区的环境考察

要认真考察施工现场，调查具体工程所在地区的环境，包括一般自然条件、施工条件及环境，如地质地貌、气候、交通、水电等的供应和其他资源情况等。

3.工程业主方和竞争对手公司的调查

业主、咨询工程师的情况，尤其是业主的项目资金落实情况，参加竞争的其他公司与工程所在地的工程公司的情况，与其他承包商或分包商的关系。参加现场踏勘与标前会议，可以获得更充分的信息。

（三）复核工程量

有的招标文件中提供了工程量清单，尽管如此，投标人还是需要进行复核。因为这直接影响投标报价以及中标的机会。例如，当投标人大体上确定了工程总报价以后，可适当采用报价技巧（如不平衡报价法）对某些工程量可能增加的项目提高报价，而对某些工程量可能减少的可以降低报价。

对于单价合同，尽管是以实测工程量结算工程款，但投标人仍应根据图纸仔细核算工程量，当发现相差较大时，投标人应向招标人要求澄清。

对于总价固定合同，更要特别引起重视，工程量估算的错误可能带来无法弥补的经济损失，因为总价合同是以总报价为基础进行结算的，如果工程量出现差异，可能对施工方极为不利。对于总价合同，如果业主在投标前对争议工程量不予更正，而且是对投标者不利的情况，投标者在投标时要附上声明：工程量表中某项工程量有错误，施工结算应按实际完成量计算。

承包商在核算工程量时，还要结合招标文件中的技术规范弄清工程量中每一细目的具体内容，避免出现计算单位、工程量或价格方面的错误与遗漏。

（四）选择施工方案

施工方案是报价的基础和前提，也是招标人评标时要考虑的重要因素之一。有什么样的方案，就有什么样的人工、机械与材料消耗，就会有相应的报价。因此，必须弄清分项工程的内容、工程量、所包含的相关工作、工程进度计划的各项要求、机械设备状态、劳动与组织状况等关键环节，据此制订施工方案。

施工方案应由投标人的技术负责人主持制订，主要应考虑施工方法、主要施工机具的配置、各工种劳动力的安排及现场施工人员的平衡、施工进度及分批竣工的安排及安全措施等。施工方案的制订应在技术、工期和质量保证等方面对招标人有吸引力，同时又有利于降低施工成本。

要根据分类汇总的工程数量和工程进度计划中该类工程的施工周期、合同技术规范要求以及施工条件和其他情况选择和确定每项工程的施工方法，应根据实际情况和自身的施工能力来确定各类工程的施工方法。对各种不同施工方法，应当从保证完成计划目标、保证工程质量、节约设备费用、降低劳务成本等多方面综合比较，选定最适用、经济的施工方案。

要根据上述各类工程的施工方法选择相应的机具设备，并计算所需数量和使用周期，研究确定采购新设备、租赁当地设备或调动企业现有设备。

要研究确定工程分包计划。根据概略指标估算劳务数量，考虑其来源及进场时间安排。注意当地是否有限制外籍劳务的规定。另外，根据所需劳务的数量，估算所需管理人员和生活性临时设施的数量和标准等。

要用概略指标估算主要的和大宗的建筑材料的需用量，考虑其来源和分批进场的时间安排，从而可以估算现场用于存储、加工的临时设施（如仓库、露天堆放场、加工场地或工棚等）。

根据现场设备、高峰人数和一切生产和生活方面的需要，估算现场用水、用电量，确定临时供电和排水设施；考虑外部和内部材料供应的运输方式，估计运输和交通车辆的需要和来源；考虑其他临时工程的需要和建设方案，提出某些特殊条件下保证正常施工的措施，如排除或降低地下水以保证地面以下工程施工的措施；冬期、雨季施工措施以及其他必需的临时设施安排，如现场安全保卫设施，包括临时围墙、警卫设施、夜间照明、现场临时通信联络设施等。

（五）投标计算

投标计算是投标人对招标工程施工所要发生的各种费用的计算。在进行投标计算时，必须首先根据招标文件复核或计算工程量。作为投标计算的必要条件，应预先确定施工方案和施工进度。此外，投标计算还必须与采用的合同计价形式相协调。

（六）确定投标策略

施工企业为了在竞争的投标活动中取得胜利，获得尽可能多的盈利，必须在弄清内外环境的基础上制订相应的投标策略，以指导其投标全过程的活动。常见的投标策略有以下几种：①靠经营管理水平取胜。②靠改进设计取胜。③靠缩短建设工期取胜。④靠低利策略取胜。⑤报低价，着眼于施工索赔。⑥掌握某种有发展前途的工程施工技术，宁肯目前少赚钱，如建造核电站反应堆及海洋工程。

（七）正式投标

投标人按照招标人的要求完成标书的准备与填报之后，就可以向招标人正式提交投标文件。在投标时需要注意以下几个方面。

1.投标的截止日期

招标人所规定的投标截止日就是提交标书最后的期限。投标人在投标截止日之前所提交的投标文件是有效的，超过该日期之后就会被视为无效投标。在招标文件要求提交投标文件的截止时间后送达的投标文件，招标人可以拒收。

2.投标文件的完备性

投标人应当按照招标文件的要求编制竞标文件。投标文件应当对招标文件提出的实质性要求和条件做出响应。投标不完备或投标没有达到招标人的要求，在招标范围以外提出新的要求，均被视为对招标文件的否定，不会被招标人所接受。投标人必须为自己所投出的标负责，如果中标，必须按照投标文件中所阐述的方案来完成工程，这其中包括质量标准、工期与进度计划、报价限额等基本指标以及招标人所提出的其他要求。

3.标书的标准

标书的提交要有固定的要求，包括签章和密封。如果不密封或密封不满足要求，投标是无效的。投标书还需要按照要求签章，投标书需要盖有投标企业公章以及企业法人的名章（或签字）。如果项目所在地与企业距离较远，由当地项目经理部组织投标，需要提交企业法人对投标项目经理的授权委托书。

第二节　建设工程合同管理

一、建设工程合同管理概述

1.建设工程合同的概念

建设工程合同是承包商进行工程建设、发包人支付价款的合同。进行工程建设的行为包括监理、勘察、设计、施工。

2.建设工程合同的特点

建设工程合同除具备一般合同所具有的特性以外,还具有以下特点:一是合同标的物的特殊性。工程项目合同标的物是建设项目。二是合同执行周期长。一般为几个月或一年以上。三是合同内容多。由工程项目经济法律关系的多元性,以及工程项目的单件性所决定的每个工程项目的特殊性和建设项目受到的多方面、多条件的约束限制和影响,都要相应地反映在项目合同中。四是合同涉及面广。主要表现在合同的签订和实施过程中会涉及多方面的关系,如建设单位可能与咨询单位、材料供应单位、构配件生产和设备加工厂家等有相关联系。五是合同风险大。由于建设工程合同的上述特点及合同金额大、竞争激烈等因素,加剧了建设工程合同的风险性。

二、施工承包合同的内容

建设工程施工合同分为施工总承包合同和施工分包合同。施工总承包合同的发包人是建设工程的建设单位或取得建设项目总承包资格的项目总承包单位,在合同中一般称为业主或发包人。施工总承包合同的承包人是承包单位,在合同中一般称为承包人。

施工分包合同分为专业工程分包合同和劳务作业分包合同。分包合同的发包人一般是取得施工总承包合同的承包单位,在分包合同中一般沿用施工总承包合同中的名称,即仍称为承包人。而分包合同的承包人一般是专业化的专业工程施工单位或劳务作业单位,在分包合同中一般称为分包人或劳务分包人。

在国际工程合同中,业主可以根据施工承包合同的约定选择某个单位作为指定分包商,指定分包商一般应与承包人签订分包合同,接受承包人的管理和协调。

(一)施工承包合同示范文本

为了规范和指导合同当事人双方的行为,国际工程界许多著名组织,如国际咨询工程师联合会（FIDIC，Fédération Internationale Des Ingénieurs Conseils）、美国建筑师协会（AIA，American Institute of Architects）、美国总承包商协会（AGC，Associated General Contractors of America）、英国土木工程师学会（ICE，The Institution of Civil Engineers）、世界银行集团（WBG，World Bank Group）等，都编制了指导性的合同示范文本，规定了合同双方的一般权利和义务，对引导和规范建设行为起到非常重要的作用。

（二）施工承包合同文件

1.各种施工合同示范文本的组成

协议书、通用条款、专用条款。构成施工合同文件的组成部分，除了协议书、通用条款和专用条款，一般还应该包括中标通知书，投标书及其附件，有关的标准、规范及技术文件，图纸，工程量清单，工程报价单或预算书等。

2.合同文件的优先顺序

作为施工合同文件组成部分的上述各个文件，其优先顺序是不同的，解释合同文件优先顺序的规定一般在合同通用条款内，可以根据项目的具体情况在专用条款内进行调整。以下是合同文件的优先顺序：协议书（包括补充协议），中标通知书，投标书及其附件，专用合同条款，通用合同条款，有关的标准、规范及技术文件，图纸，工程量清单，工程报价单或预算书等。发包人在编制招标文件时，可以根据具体情况规定优先顺序。

3.各种施工合同示范文本的内容

合同双方的一般权利和义务包括代表业主利益进行监督管理的监理人员的权力和职责、工程施工的进度控制、工程施工的质量控制、工程施工的费用控制、施工合同的监督与管理、工程施工的信息管理、工程施工的组织与协调、施工安全管理与风险管理等。

工程师定义明确为工程监理单位委派的总监理工程师或发包人指定的履行合同的代表，其具体身份和职权由发包人和承包人在专用条款中约定。工程师可以根据需要委派代表，行使合同中约定的部分权力和职责。

（三）进度控制的主要条款内容

1.施工进度计划

（1）施工进度计划的编制。施工进度计划的编制应当符合国家法律规定和一般工程实践惯例，施工进度计划经发包人批准后实施。施工进度计划是控制工程进度的依据，发包人和监理人有权按照施工进度计划检查工程进度情况。

发包人和监理人对承包人提交的施工进度计划的确认，不能减轻或免除承包人根据法律规定和合同约定应承担的任何责任或义务。

（2）开工通知。发包人应按照法律规定获得工程施工所需的许可。经发包人同意后，监理人发出的开工通知应符合法律规定。监理人应在计划开工日期7天前向承包人发出开工通知，工期自开工通知中载明的开工日期起计算。

除专用合同条款另有约定外，因发包人原因造成监理人未能在计划开工日期之日起90天内发出开工通知的，承包人有权提出价格调整要求，或者解除合同。发包人应当承担由此增加的费用和（或）延误的工期，并向承包人支付合理利润。

2.工期延误

（1）因发包人原因导致工期延误。在合同履行过程中，因下列情况导致工期延误和（或）费用增加的，由发包人承担由此延误的工期和（或）增加的费用，且发包人应支付承包人合理的利润：①发包人未能按合同约定提供图纸或所提供图纸不符合合同约定的。②发包人未能按合同约定提供施工现场、施工条件、基础资料、许可、批准等开工条件的。③发包人提供的测量基准点、基准线和水准点及其书面资料存在错误或疏漏的。④发包人未能在计划开工日期之日起7天内同意下达开工通知的。⑤发包人未能按合同约定日期支付工程预付款、进度款或竣工结算款的。⑥监理人未按合同约定发出指示、批准等文件的。⑦专用合同条款中约定的其他情形。

因发包人原因未按计划开工日期开工的，发包人应按实际开工日期顺延竣工日期，确保实际工期不低于合同约定的工期总日历天数。

（2）因承包人原因导致工期延误。因承包人原因造成工期延误的，可以在专用合同条款中约定逾期竣工违约金的计算方法和逾期竣工违约金的上限。承包人支付逾期竣工违约金后，不免除承包人继续完成工程及修补缺陷的义务。

3.暂停施工

（1）发包人原因引起的暂停施工。因发包人原因引起暂停施工的，监理人经发包人同意后，应及时下达暂停施工指示。因发包人原因引起的暂停施工，发包人应承担由此增加的费用和（或）延误的工期，并支付承包人合理的利润。

（2）承包人原因引起的暂停施工。因承包人原因引起的暂停施工，承包人应承担由此增加的费用和（或）延误的工期，且承包人在收到监理人复工指示后84天内仍未复工的，视为约定的承包人无法继续履行合同的情形。

（3）指示暂停施工。监理人认为有必要时，并经发包人批准后，可向承包人作出暂停施工的指示，承包人应按监理人指示暂停施工。

（4）紧急情况下的暂停施工。因紧急情况需暂停施工，且监理人未及时下达暂停施工指示的，承包人可先暂停施工，并及时通知监理人。监理人应在接到通知后24小时内发出指示，逾期未发出指示，视为同意承包人暂停施工。

4.提前竣工

发包人要求承包人提前竣工的，发包人应通过监理人向承包人下达提前竣工指示，承包人应向发包人和监理人提交提前竣工建议书，提前竣工建议书应包括实施的方案、缩短的时间、增加的合同价格等内容。发包人接受该提前竣工建议书的，监理人应与发包人和承包人协商采取加快工程进度的措施，并修订施工进度计划，由此增加的费用由发包人承担。承包人认为提前竣工指示无法执行的，应向监理人和发包人提出书面异议，发包人和监理人应在收到异议后7天内予以答复。任何情况下，发包人不得压缩合理工期。

发包人要求承包人提前竣工，或承包人提出提前竣工的建议能够给发包人带来效益的，合同当事人可以在专用合同条款中约定提前竣工的奖励。

5.竣工日期

工程经竣工验收合格的，以承包人提交竣工验收申请报告之日为实际竣工日期，并在工程接收证书中载明；因发包人原因，未在监理人收到承包人提交的竣工验收申请报告42天内完成竣工验收，或完成竣工验收不予签发工程接收证书的，以提交竣工验收申请报告的日期为实际竣工日期；工程未经竣工验收，发包人擅自使用的，以转移占有工程之日为实际竣工日期。

（四）质量控制的主要条款内容

1.承包人的质量管理

承包人按照约定向发包人和监理人提交工程质量保证体系及措施文件，建立完善的质量检查制度，并提交相应的工程质量文件。对于发包人和监理人违反法律规定和合同约定的错误指示，承包人有权拒绝实施。

承包人应对施工人员进行质量教育和技术培训，定期考核施工人员的劳动技能，严格执行施工规范和操作规程。

承包人应按照法律规定和发包人的要求，对材料、工程设备以及工程的所有部位及其施工工艺进行全过程的质量检查和检验，并作详细记录，编制工程质量报表，报送监理人审查。此外，承包人还应按照法律规定和发包人的要求进行施工现场取样试验、工程复核测量和设备性能检测，提供试验样品、提交试验报告和测量成果以及其他工作。

2.监理人的质量检查和检验

监理人按照法律规定和发包人授权对工程的所有部位及其施工工艺、材料和工程设备进行检查和检验。承包人应为监理人的检查和检验提供方便，包括监理人到施工现场或合同约定的其他地方进行查看和查阅施工原始记录。监理人为此进行的检查和检验不免除或减轻承包人按照合同约定应当承担的责任。

监理人的检查和检验不应影响施工的正常进行。监理人的检查和检验影响施工正常进行的，且经检查和检验不合格的，影响正常施工的费用由承包人承担，工期不予顺延；经检查和检验合格的，由此增加的费用和（或）延误的工期由发包人承担。

3.隐蔽工程检查

（1）承包人自检。承包人应当对工程隐蔽部位进行自检，并经自检确认是否具备覆盖条件。

（2）检查程序。除专用合同条款另有约定外，工程隐蔽部位经承包人自检确认具备覆盖条件的，承包人应在共同检查前48小时书面通知监理人检查，通知中应载明隐蔽检查的内容、时间和地点，并应附有自检记录和必要的检查资料。

监理人应按时到场并对隐蔽工程及其施工工艺、材料和工程设备进行检查。经监理人检查确认质量符合隐蔽要求，并在验收记录上签字后，承包人才能进行覆盖。经监理人检查质量不合格的，承包人应在监理人指示的时间内完成修复，并由监理人重新检查，由此增加的费用和（或）延误的工期由承包人承担。

除专用合同条款另有约定外，监理人不能按时进行检查的，应在检查前24小时向承包人提交书面延期要求，但延期不能超过48小时，由此导致工期延误的，工期应予以顺延。监理人未按时进行检查，也未提出延期要求的，视为隐蔽工程检查合格，承包人可自行完成覆盖工作，并作相应记录报送监理人，监理人应签字确认。

（3）重新检查。承包人覆盖工程隐蔽部位后，发包人或监理人对质量有疑问的，可要求承包人对已覆盖的部位进行钻孔探测或揭开重新检查，承包人应遵照执行，并在检查后重新覆盖恢复原状。经检查证明工程质量符合合同要求的，由发包人承担由此增加的费用和（或）延误的工期，并支付承包人合理的利润；经检查证明工程质量不符合合同要求的，由此增加的费用和（或）延误的工期由承包人承担。

（4）承包人私自覆盖。承包人未通知监理人到场检查，私自将工程隐蔽部位覆盖的，监理人有权指示承包人钻孔探测或揭开检查，无论工程隐蔽部位质量是否合格，由此增加的费用和（或）延误的工期均由承包人承担。

4.分部分项工程验收

除专用合同条款另有约定外,分部分项工程经承包人自检合格并具备验收条件的,承包人应提前48小时通知监理人进行验收。监理人不能按时进行验收的,应在验收前24小时向承包人提交书面延期要求,但延期不能超过48小时。监理人未按时进行验收,也未提出延期要求的,承包人有权自行验收,监理人应认可验收结果。分部分项工程未经验收的,不得进入下一道工序施工。分部分项工程的验收资料应当作为竣工资料的组成部分。

5.缺陷责任与保修

缺陷责任期自实际竣工日期起计算,合同当事人应在专用合同条款约定缺陷责任期的具体期限,但该期限最长不超过24个月。单位工程先于全部工程进行验收,经验收合格并交付使用的,该单位工程缺陷责任期自单位工程验收合格之日起算。因发包人原因导致工程无法按合同约定期限进行竣工验收的,缺陷责任期自承包人提交竣工验收申请报告之日起开始计算;发包人未经竣工验收擅自使用工程的,缺陷责任期自工程转移占有之日起开始计算。

工程竣工验收合格后,因承包人原因导致的缺陷或损坏致使工程、单位工程或某项主要设备不能按原定目的使用的,则发包人有权要求承包人延长缺陷责任期,并应在原缺陷责任期届满前发出延长通知,但缺陷责任期最长不能超过24个月。

除专用合同条款另有约定外,承包人应于缺陷责任期届满后7天内向发包人发出缺陷责任期届满通知,发包人应在收到缺陷责任期满通知后14天内核实承包人是否履行缺陷修复义务,承包人未能履行缺陷修复义务的,发包人有权扣除相应金额的维修费用。发包人应在收到缺陷责任期届满通知后14天内,向承包人颁发缺陷责任期终止证书。

三、施工专业分包合同的内容

专业工程分包是指施工总承包单位将其所承包工程中的专业工程发包给具有相应资质的其他建筑业企业完成的活动。

（一）专业工程分包合同的主要内容

专业工程分包合同示范文本的结构、主要条款和内容与施工承包合同相似，包括词语定义与解释，双方的一般权利和义务，分包工程的施工进度控制、质量控制、费用控制，分包合同的监督与管理，信息管理，组织与协调，施工安全管理与风险管理等。

分包合同内容的特点是，既要保持与主合同条件中相关分包工程部分的规定的一致性，又要区分负责实施分包工程的当事人变更后的两个合同之间的差异。分包合同所采用的语言文字和适用的法律、行政法规及工程建设标准一般应与主合同相同。

（二）工程承包人（总承包单位）的主要责任和义务

承包人应提供总包合同（有关承包工程的价格内容除外）供分包人查阅。分包人应全面了解总包合同的各项规定（有关承包工程的价格内容除外）。项目经理应按分包合同的约定，及时向分包人提供所需的指令、批准、图纸并履行其他约定的义务，否则分包人应在约定时间后24小时内将具体要求、需要的理由及延误的后果通知承包人。项目经理在收到通知后48小时内不予答复，应承担因延误造成的损失。

（三）承包人的工作

向分包人提供与分包工程相关的各种证件、批件和各种相关资料，向分包人提供具备施工条件的施工场地；组织分包人参加发包人组织的图纸会审，向分包人进行设计图纸交底；提供合同专用条款中约定的设备和设施，并承担因此发生的费用。

随时为分包人提供确保分包工程的施工所要求的施工场地和通道等，满足施工运输的需要，保证施工期间的畅通；负责整个施工场地的管理工作，协调分包人与同一施工场地的其他分包人之间的交叉配合，确保分包人按照经批准的施工组织设计进行施工。

1.专业工程分包人的主要责任和义务

（1）分包人对有关分包工程的责任。除合同条款另有约定，分包人应履行并承担总包合同中与分包工程有关的承包人的所有义务与责任,同时应避免因分包人自身行为或疏漏造成承包人违反总包合同中约定的承包人义务的情况发生。

(2)分包人与发包人的关系。分包人需服从承包人转发的发包人或工程师对分包工程有关的指令。未经承包人允许,分包人不得以任何理由与发包人或工程师产生直接工作联系,分包人不得直接致函发包人或工程师,也不得直接接受发包人或工程师的指令。如分包人与发包人或工程师产生直接工作联系,将被视为违约,并承担违约责任。

(3)承包人指令。就分包工程范围内的有关工作,承包人随时可以向分包人发出指令,分包人应执行承包人根据分包合同所发出的所有指令。分包人拒不执行指令,承包人可委托其他施工单位完成该指令事项,产生的费用从应付给分包人的相应款项中扣除。

(4)分包人的工作。按照分包合同的约定,对分包工程进行设计(分包合同有约定时)、施工、竣工和保修。

按照合同约定的时间,完成规定的设计内容,报承包人确认后在分包工程中使用。承包人承担由此产生的费用。

在合同约定的时间内,向承包人提供年、季、月度工程进度计划及相应进度统计报表。

在合同约定的时间内,向承包人提交详细的施工组织设计,承包人应在专用条款约定的时间内批准,分包人方可执行。

遵守政府有关主管部门对施工场地交通、施工噪声以及环境保护和安全文明生产等的管理规定,按规定办理有关手续,并以书面形式通知承包人,承包人承担由此发生的费用(因分包人责任造成的罚款除外)。

分包人应允许承包人、发包人、工程师及其三方中任何一方授权的人员在工作时间内,合理进入分包工程施工场地或材料存放的地点,以及施工场地以外与分包合同有关的分包人的任何工作或准备的地点,分包人应提供方便。

已竣工工程未交付承包人之前,分包人应负责已完分包工程的成品保护工作,保护期间发生损坏,分包人自费予以修复;承包人要求分包人采取特殊措施保护的工程部位和相应的追加合同价款,双方在合同专用条款内约定。

2.合同价款及支付

（1）分包工程合同价款。分包工程合同价款可以采用以下3种中的一种（应与总包合同约定的方式一致）：一是固定价格。在约定的风险范围内，合同价款不再调整。二是可调价格。合同价款可根据双方的约定而调整，应在专用条款内约定合同价款调整方法。三是成本加酬金。合同价款包括成本和酬金两部分，双方在合同专用条款内约定成本构成和酬金的计算方法。

（2）合同价款的支付。实行工程预付款的，双方应在合同专用条款内约定承包人向分包人预付工程款的时间和数额，开工后按约定的时间和比例逐次扣回。承包人应按专用条款约定的时间和方式向分包人支付工程款（进度款），按约定时间承包人应扣回的预付款与工程款（进度款）同期结算。

分包合同约定的工程变更调整的合同价款、合同价款的调整、索赔的价款或费用以及其他约定的追加合同价款，应与工程进度款同期调整支付。承包人超过约定的支付时间不支付工程款（预付款、进度款），分包人可向承包人发出要求付款的通知，承包人不按分包合同约定支付工程款（预付款、进度款），导致施工无法进行，分包人可停止施工，由承包人承担违约责任。

承包人应在收到分包工程竣工结算报告及结算资料后28天内支付工程竣工结算价款，在发包人不拖延工程价款的情况下无正当理由不按时支付，从第29天起按分包人同期向银行贷款利率支付拖欠工程价款的利息，并承担违约责任。

3.禁止转包或再分包

分包人不得将其承包的分包工程转包给他人，也不得将其承包的分包工程的全部或部分再分包给他人，否则将被视为违约，并承担违约责任。分包人经承包人同意可以将劳务作业再分包给具有相应劳务分包资质的劳务分包企业。分包人应对再分包的劳务作业的质量等相关事宜进行督促和检查，并承担相关连带责任。

四、施工劳务分包合同的内容

劳务作业分包是指施工承包单位或者专业分包单位（均可作为劳务作业的发包人）将其承包工程中的劳务作业发包给劳务分包单位（即劳务作业承包人）完成的活动。

1.承包人的主要义务

组建与工程相适应的项目管理班子，全面履行总（分）包合同，组织实施项目管理的各项工作，对工程的工期和质量向发包人负责。完成劳务分包人施工前期的下列工作：向劳务分包人交付具备本合同项下劳务作业开工条件的施工场地，满足劳务作业所需的能源供应、通信及施工道路畅通，向劳务分包人提供相应的工程资料，向劳务分包人提供生产、生活临时设施。

负责编制施工组织设计，统一制订各项管理目标，组织编制年、季、月施工计划，物资需用量计划表，实施对工程质量、工期、安全生产、文明施工、计量检测、实验化验的控制、监督、检查和验收。

负责工程测量定位、沉降观测、技术交底，组织图纸会审，统一安排技术档案资料的搜集整理及交工验收。按时提供图纸，及时交付材料、设备，所提供的施工机械设备、周转材料、安全设施必须保证施工需要。按合同约定向劳务分包人支付劳动报酬，负责与发包人、监理、设计及有关部门联系，协调现场工作关系。

2.劳务分包人的主要义务

劳务分包合同条款中规定的劳务分包人的主要义务如下。

（1）对劳务分包范围内的工程质量向承包人负责，组织具有相应资格证书的熟练工人投入工作；未经承包人授权或允许，不得擅自与发包人及有关部门建立工作联系；自觉遵守法律法规及有关规章制度。

（2）严格按照设计图纸、施工验收规范、有关技术要求及施工组织设计精心组织施工，确保工程质量达到约定的标准。科学安排作业计划，投入足够的人力、物力，保证工期。

（3）加强安全教育，认真执行安全技术规范，严格遵守安全制度，落实安全措施，确保施工安全。

（4）加强现场管理，严格执行建设主管部门及环保、消防、环卫等有关部门对施工现场的管理规定，做到文明施工。

（5）承担由于自身责任造成的质量修改、返工、工期拖延、安全事故、现场脏乱造成的损失及各种罚款。

（6）自觉接受承包人及有关部门的管理、监督和检查。接受承包人随时检查其设备、材料保管、使用情况，及其操作人员的有效证件、持证上岗情况。与现场其他单位协调配合，照顾全局。

（7）劳务分包人须服从承包人转发的发包人及工程师的指令。除合同另有约定外，劳务分包人应对其作业内容的实施、完工负责，劳务分包人应承担并履行总（分）包合同约定的、与劳务作业有关的所有义务及工作程序。

3.保险

劳务分包人施工开始前，承包人应获得发包人为施工场地内的自有人员及第三方人员生命财产办理的保险，且不需劳务分包人支付保险费用。运至施工场地用于劳务施工的材料和待安装设备由承包人办理或获得保险，且不需劳务分包人支付保险费用。

承包人必须为租赁或提供给劳务分包人使用的施工机械设备办理保险，并支付保险费用。劳务分包人必须为从事危险作业的职工办理意外伤害保险，并为施工场地内自有人员生命财产和施工机械设备办理保险，支付保险费用。保险事故发生时，劳务分包人和承包人有责任采取必要的措施，防止或减少损失。

4.工时及工程量的确认

采用固定劳务报酬方式的，施工过程中不计算工时和工程量；采用按确定的工时计算劳务报酬的，由劳务分包人每日将提供劳务的人数报承包人，由承包人确认。

采用按确认的工程量计算劳务报酬的，由劳务分包人按月（或旬、日）将完成的工程量报承包人，由承包人确认。对于劳务分包人未经承包人认可，超出设计图纸范围和因劳务分包人原因造成返工的工程量，承包人不予计量。

5.劳务报酬最终支付

全部工作完成，经承包人认可后14天内，劳务分包人向承包人递交完整的结算资料，双方按照本合同约定的计价方式进行劳务报酬的最终支付。承包人收到劳务分包人递交的结算资料后14天内进行核实，给予确认或者提出修改意见。承包人确认结算资料后14天内向劳务分包人支付劳务报酬尾款。劳务分包人和承包人对劳务报酬结算价款发生争议时，按合同约定处理。

第九章　建筑工程项目质量控制管理

第一节　工程质量控制与监理工作

一、建筑工程项目的质量控制管理

建筑工程项目的质量控制管理是一项复杂而系统的工作，贯穿项目的全生命周期，是确保工程安全性、经济性和使用功能的核心任务。随着现代建筑技术的发展和建筑工程规模的扩大，质量控制的重要性愈加凸显。工程质量不仅是施工方的责任，还依赖监理单位的科学监督与管理，以及业主、设计单位、施工单位的通力合作。工程质量控制的最终目标是通过系统性、预见性和可操作性的措施，实现建筑工程质量的全面合格与优化，保障工程建设的顺利完成。

（一）工程质量控制的基本概念

工程质量控制是一种贯穿建筑工程规划、设计、施工及验收等全过程的动态管理活动，其核心任务是识别、分析和控制可能影响质量的各种因素，以确保建筑工程质量符合国家标准、设计要求和合同约定。这种系统化的管理方式强调预防为主，同时注重过程中的监控和问题的及时纠正。工程质量控制的三个关键要素包括：

1.质量标准

工程质量控制的首要任务是明确质量标准。这些标准是依据国家相关法律法规、设计文件和技术规范制定的，确保各参与方在工程质量方面有明确的参考依据和衡量准则。例如，混凝土的强度等级、钢材的质量标准及建筑节能规范等，均需要在施工中严格遵守。

2.控制环节

工程质量控制涵盖建筑工程中的多个关键环节，包括：

（1）材料采购：确保采购的建筑材料和设备符合设计要求和相关规范。例如，水泥的强度等级、钢筋的抗拉强度等须经过严格检测后方可使用。

（2）施工工艺：对施工过程中的技术措施和工艺进行监督，确保各工序按照设计文件和规范要求进行。

（3）设备安装：针对机电设备、供水系统等的安装和调试，确保符合质量标准并能正常运行。

（4）竣工验收：通过一系列试验和检验，确认工程实体质量是否达到设计和规范要求。

3.责任主体

工程质量控制涉及多个责任主体的协同配合：

（1）业主：负责明确质量要求和目标，委托合格的设计单位、施工单位及监理单位。

（2）设计单位：提供科学合理的设计文件，为质量控制提供依据。

（3）施工单位：严格执行设计和规范要求，确保施工工艺质量。

（4）监理单位：通过独立、公正的监督，确保施工过程符合设计和规范要求，防止质量问题发生。

（二）工程质量控制的重要意义

建筑工程质量控制的重要性不仅体现在工程建设阶段，还对建筑物的长期使用功能、安全性及经济效益产生深远影响。

1.保障安全性

建筑物的质量直接关系到其结构安全和使用安全。通过严格的质量控制，可以有效预防结构损伤、坍塌等重大事故的发生，保障人民的生命财产安全。例如，高层建筑中钢筋混凝土结构的施工质量，直接决定了建筑的抗震性能和承载能力。

2.提升经济效益

高质量的工程不仅减少返工、维修等隐性成本，还能显著延长建筑物的使用寿命。例如，在施工过程中若能严格控制防水层的质量，就能避免后期渗漏问题带来的高额修复费用。此外，建筑物质量的提升还能增加其市场价值，提高投资回报率。

3.符合法律法规

工程质量与法律法规之间存在着密切的联系。质量控制不仅能够确保工程满足国家相关规范和法律要求，还能有效减少因质量问题引发的法律纠纷。

质量控制是确保工程质量符合国家法律法规工程建设强制性标准要求的关键。它涉及工程承包单位、建设单位、勘察、设计单位等多个方面的责任和监管机制。例如，工程承包单位要树立质量第一的理念，明确工程质量责任，健全质量管理制度，加强质量管理，严格按照施工图纸及说明书进行施工，确保施工质量符合国家法律法规工程建设强制性标准要求。

通过有效的质量控制，可以减少因质量问题引发的法律纠纷。例如，如果工程质量不符合国家法律法规工程建设强制性标准要求，可能导致工程无法顺利实施，无法持续满足使用功能和安全性能需求，无法实现预期功能，从而引发法律纠纷。因此，确保工程质量符合标准要求是预防法律纠纷的重要措施。

4.满足使用功能

质量控制的另一个重要目标是确保建筑物的使用功能与设计预期一致。例如，学校建筑需满足教育功能需求，确保室内采光、通风和噪声控制达到标准；医院建筑则需满足洁净室、供水供氧等功能要求。通过科学的质量控制管理，可以有效保障建筑物功能的全面实现，满足用户需求。

5.提升社会满意度

高质量的建筑工程能够获得用户和社会的广泛认可，进而提升项目的社会影响力。例如，公共建筑如体育馆、博物馆等，其质量水平直接影响公众的使用体验和社会评价。

二、建筑工程项目的监理工作

建筑工程项目的监理工作贯穿项目实施的各个阶段，其核心职责在于通过文件审核、施工过程监督、工程验收和关系协调，全面保障工程质量、进度和安全。监理单位作为独立第三方，在建设过程中发挥着重要的桥梁和保障作用，其专业性和公正性是项目顺利实施的重要基石。只有在监理工作的有效开展下，才能确保建筑工程达到设计目标，实现业主的投资价值。监理单位的核心职责贯穿项目实施的各个阶段，其工作内容涵盖文件审核、施工过程监督、工程验收和关系协调四大方面。

（一）审核工程相关文件

在建筑工程项目中，工程监理工作的起点是对项目的相关文件进行全面审核。这项工作对项目实施的科学性、规范性和可控性至关重要。

1. 图纸的完整性和可实施性

施工图纸是工程实施的基础，监理单位必须确保其完整性和可实施性。完整的图纸不仅包括建筑设计图，还涉及结构、电气、给排水等多专业内容。监理人员需检查图纸中是否存在不明确或矛盾之处，并及时提出修改建议。

2. 施工组织设计的合理性

施工组织设计是施工单位为指导现场施工而制定的计划性文件。监理人员应审查其是否符合项目特点，例如，是否对施工现场条件、施工难点及风险点进行了充分考虑，确保计划具有可行性和科学性。

3. 技术方案的可行性

技术方案的审查旨在确保施工技术、工艺流程和质量控制措施能够满足设计和规范要求。例如，地基处理方案、钢筋绑扎工艺和混凝土浇筑技术是否能有效控制质量，需由监理单位从专业角度进行评估。

通过全面的文件审核，监理单位能够为后续的施工阶段奠定良好的基础，减少设计缺陷和方案不合理导致的问题。

（二）对施工过程进行监督

施工过程监督是工程监理工作的核心内容，贯穿项目实施的全过程，旨在确保施工行为符合技术规范和设计要求，避免因操作不当或管理缺失而影响工程质量。

1.材料与设备检验

材料和设备是工程质量的重要保障，监理单位需对进场材料和设备进行严格检验。例如，钢筋的型号和性能是否符合设计要求，混凝土配比是否合理，以及机电设备的规格和功能是否符合标准等。材料不合格时，监理人员有权拒绝其进场使用。

2.关键工序的质量控制

施工中的关键工序直接影响工程的安全性和耐久性，如地基处理、钢筋绑扎、模板安装及混凝土浇筑等。监理人员需重点关注这些工序的施工质量，并确保施工单位按照既定规范进行操作。例如，在混凝土浇筑时，需检查模板支撑是否牢固，混凝土振捣是否充分。

3.隐蔽工程的验收

隐蔽工程是施工中被后续结构覆盖而无法直接检查的部分，如地下管道铺设、防水层施工和钢筋工程。隐蔽工程的验收是监理工作的关键环节，需在隐蔽施工完成后、后续工序开始前进行验收确认。通过验收，可以有效避免后续阶段因隐蔽工程问题而返工的风险。

（三）组织工程验收

工程竣工后，监理单位需要组织工程验收工作，以确保项目达到设计标准并符合相关法律法规的要求。工程验收是工程项目质量评价的重要环节，直接关系到项目的交付使用。

1.分项、分部工程验收

在工程竣工验收前，需先对各分项工程（如基础工程、主体结构工程）和分部工程（如地基基础分部、主体结构分部）进行验收。监理单位需对施工质量进行全面检查，确保每一部分工程均符合设计和规范要求。

2.竣工验收的全面检查

在竣工验收阶段，监理单位需审查施工资料的完整性，包括工程施工记录、试验报告、材料检验报告等。同时，还需检查设备运行情况，确保机电设备、消防设施等能正常运行。

通过组织严谨的验收工作，监理单位能够确保工程的整体质量，保障建筑物的安全性和功能性。

（四）协调各方关系

在工程项目中，监理单位不仅负责质量监督，还承担着协调业主、设计单位和施工单位关系的职责。这种协调作用是确保项目顺利实施的重要保障。

1.业主与施工单位的协调

施工过程中可能出现业主与施工单位在施工目标、技术方案等方面的分歧。监理单位需站在独立公正的立场上，推动双方达成共识。例如，当业主提出变更要求时，监理需评估变更的合理性，并指导施工单位调整方案。

2.设计单位与施工单位的沟通

在实际施工过程中，设计图纸可能因现场条件限制而需要调整。监理单位需及时组织施工单位和设计单位沟通，确保变更既满足设计要求，又符合施工实际。

3.信息流通与决策支持

监理单位在施工过程中需建立高效的信息流通机制，确保问题能够及时发现、反馈并解决。例如，在隐蔽工程验收时，监理单位需快速与相关方沟通解决施工发现的问题，以免影响后续工序的进行。

通过高效地协调工作，监理单位能够为项目创造良好的合作氛围，避免因沟通不畅导致的工期延误和质量问题。

第二节 验收阶段与施工阶段质量控制

一、验收阶段质量控制

验收阶段是工程项目实施的最后一个环节，也是确保项目成果能够满足客户需求和质量标准的关键步骤。在这一阶段，针对工程质量的全面检查和控制至关重要。通过科学的质量控制手段，可以有效保证项目成果符合设计要求和合同约定，避免因质量问题引发后续纠纷或影响正常使用。以下是验收阶段常用的质量控制方法。

（一）原材料检验

工程项目质量的基础在于原材料的合格性。在验收阶段，原材料检验是不可或缺的步骤。通过对已使用或留样的原材料进行检测，确保其质量符合相关标准。例如，对于钢筋、水泥等建筑材料，需核查其物理性能和化学成分是否达到设计要求。原材料的合格性不仅直接影响工程结构的安全性，也关系到项目的长期使用寿命。

（二）施工质量检查

施工质量检查是验收阶段的核心内容。这项工作需要对整个工程的施工过程和成果进行全面核查，包括基础施工、主体结构、安全性能、环保措施等多个方面。施工质量检查重点在于确保施工单位严格按照设计图纸和技术规范施工。例如，对于主体结构，需要检查是否存在裂缝、偏移或强度不足的问题。只有确保施工质量无瑕疵，才能为项目的正常运行奠定基础。

第九章　建筑工程项目质量控制管理

（三）设备调试和测试

在许多工程项目中，设备的安装和运行质量对整体工程效果有重要影响。验收阶段需对项目中的设备进行全面调试和测试。例如，在建筑项目中，需测试电梯的运行平稳性和消防设备的应急性能；在工业项目中，则需对生产设备的输出能力和安全性能进行测试。通过调试和测试，可以发现设备运行中可能存在的问题，并及时加以修正，以确保设备能够正常投入使用。

（四）工程文档审查

验收阶段还需要对工程文档进行详细审查，这是一项不容忽视的重要工作。完整且准确的工程文档不仅是项目实施过程的记录，还是后续使用和维护的重要依据。审查内容包括设计图纸、施工图纸、验收记录以及技术变更文件等。通过核查这些文件的完整性和准确性，可以确保所有工程信息均可追溯，并为业主在未来的维护和改造中提供可靠依据。

（五）现场检查和测试

现场检查和测试是验证工程质量是否符合标准的重要手段。在这一环节中，监理和验收人员需要深入现场，对工程实体进行详细检查。例如，对于建筑工程，需要确认墙体的垂直度、地面平整度是否符合规范；对于机电工程，需要测试电力系统的稳定性和管道系统的密闭性。通过现场检查和必要的抽样测试，可以确保工程实体的质量符合设计要求。

（六）交付文件检查

验收阶段的另一个重要任务是对交付文件进行核查。交付文件是业主正式接收工程项目的依据，主要包括竣工报告、验收记录、操作手册等。这些文件需要具备完整性和准确性，并能够满足用户在后续管理中的需求。例如，操作手册需明确设备的使用方法和保养要点，而竣工报告则需清晰记录工程质量的评定结论。

（七）风险评估

风险评估是验收阶段的一项重要工作，旨在识别和评估项目的安全隐患和环境风险。例如，对于高层建筑项目，需要评估抗震性能是否达标；对于工业项目，则需要评估可能存在的污染排放问题。通过风险评估，可以提前发现潜在问题，并制定有效的风险应对措施，确保工程项目的长期安全和可持续性。

二、施工阶段质量控制

在工程施工阶段中，质量控制是确保工程符合设计要求的关键环节。通过系统的质量管理措施，可以有效避免施工过程中可能出现的问题，从而保证工程的稳定性和安全性。以下是施工阶段质量控制的重要方面。

（一）技术交底

根据工程的重要性，在单位工程开工前，企业或项目的技术负责人需组织全面的技术交底。对于工程复杂或工期较长的项目，应根据基础、结构、装修等不同阶段有针对性地进行技术交底。每个分项工程施工前，项目技术负责人应向所有参与施工的班组及配合工种进行详细的技术说明。这些说明包括图纸解析、施工组织设计、分项工程技术细节及安全注意事项等内容。技术交底通过明确施工要求，如轴线、尺寸、高度、预留孔洞、预埋件、材料规格和配比等，来确保施工的规范性。同时，还需明确工序衔接、工种配合、施工方法和进度安排，以及质量、安全和节约措施。除书面和口头形式外，必要时可通过样板展示或示范操作进行更直观的交底。

（二）测量控制

对于提供的原始基准点、基准线和参考标高等测量控制点，需进行严格的复核，经审核批准后方可开展准确的测量放线工作。测定并保护好场地的平面控制网和主轴线桩位，是建筑物和构筑物定位的重要依据，也是确保施工测量精度和顺利施工的基础。因此，在复测施工测量控制网时，应对建筑方格网以及控制高程的水准网点和标桩位置等进行抽检。

（三）材料控制

在工程项目中，材料的质量控制是确保工程质量的关键环节。材料控制不仅涉及材料本身的品质，还包括材料的采购、加工、运输、贮存等多个环节。有效的材料控制能够减少材料的损失和变质，确保材料按质、按量、按期满足工程项目的需要。

（四）机械设备控制

1.确定机械设备的使用形式

在施工项目中，机械设备的使用形式应根据项目特点及工程量，按必要性、可能性和经济性的原则确定。常见的使用形式包括自行采购、租赁、承包和调配等。

2.机械设备的操作与维护

正确地进行机械设备的操作是保证项目施工质量的重要环节。施工单位应贯彻人机固定原则，实行定机、定人、定岗位责任的"三定"制度。要合理划分施工段，组织好机械设备的流水施工。当一个项目有多个单位工程时，应使机械在单位工程之间流水作业，减少进出场时间和装卸费用。搞好机械设备的综合利用，尽量做到一机多用，充分发挥其效率。要使现场环境、施工平面布置符合机械作业要求，为机械设备的施工创造良好条件。

为了保持机械设备的良好技术状态，提高设备运转的可靠性和生产的安全性，减少零件的磨损，延长使用寿命，降低消耗，提高机械施工的经济效益，应做好机械设备的保养。保养分为例行保养和强制保养。例行保养的主要内容包括保持机械设备的清洁，检查运转情况，防止设备腐蚀，按技术要求润滑等。强制保养是按照一定周期和内容分级进行保养。

（五）计量控制

在施工过程中，计量控制是一项关键工作，包括投料计量、施工过程的监测计量，以及对项目、产品或过程进行测试、检验和分析的计量。计量工作的核心任务是贯彻统一的计量单位制度，确保量值的准确传递，从而保证数值的一致性。这对于控制施工生产工艺过程至关重要，能够促进施工技术的发展，提高工程项目的整体质量。因此，计量不仅是保障工程项目质量的重要手段，也是施工项目质量管理的基础工作之一。

第三节 建筑钢筋分项工程的质量控制与主体结构工程质量控制

一、监理工程师对建筑钢筋分项工程的质量控制

钢筋分项工程是保证建筑结构安全的重要环节，因此对整个工程的成功至关重要。作为负责工程现场的监理工程师，确保钢筋分项工程的质量成为监理工作的核心任务之一。在钢筋原材料进场时，监理工程师需进行严格的检查和验收，以保证使用的钢筋符合质量标准。

在钢筋进场时，监理工程师首先应核对钢筋的出厂质保资料与每批钢筋的批号铁牌，确保两者信息一致。每捆钢筋必须附有铁牌，并且出厂质保资料中记录的数量应不小于实际进场数量，否则拒绝接收，以此杜绝假冒伪劣钢筋的进入。

对于已进场的钢筋，应按同一牌号、规格、炉号进行分批处理，每批重量不超过60吨，并按规定取样进行检验。另外，同一冶炼和浇铸方法的不同炉罐号也可组合成混合批，但需保证各炉罐号之间的碳含量差不超过0.02%，锰含量差不超过0.15%。通过这种方式，确保进场的钢筋经过合理试验后符合工程使用标准。

在实际施工中，监理工程师有时会忽略钢筋加工过程的质量控制，往往在成品安装后才进行质量检查，因而可能导致因钢筋加工不符合标准而返工。这不仅浪费资源，还会延误工期，对项目的进度极为不利。为避免此类问题，监理工程师应深入钢筋加工现场，持续监控钢筋加工质量，重点注意以下几个方面：

（一）钢筋的弯钩和弯折应符合下列规定

在建筑钢筋分项工程中，对钢筋的弯钩和弯折进行严格控制，是确保工程质量的关键步骤。以下重点探讨钢筋的弯钩、弯折及箍筋加工的相关要求和执行细节，尤其是在涉及质量控制的各个环节中，展示监理工程师的职责。关于钢筋末端的弯钩和弯折，有以下几项规定：

1.Ⅰ级钢筋的末端弯钩

要求做180°弯钩，且弯曲部分的内直径不得小于钢筋直径的2.5倍。弯钩完成后的平直部分长度必须至少是钢筋直径的3倍。这不仅能够增强连接强度，还能避免在施加拉力时，钢筋因弯曲半径过小而过早变形或断裂。

2.Ⅱ级和Ⅲ级钢筋末端的135°弯钩

设计若要求采用135°弯钩，其弯曲部分的内直径需不小于钢筋直径的4倍，同时，弯后的平直段长度应符合具体的设计要求。这种设计主要用于增强钢筋之间的摩擦力，提高整体结构的稳固性。

3.钢筋的弯折

对于不大于90°的弯折，弯曲处的内直径应至少是钢筋直径的5倍。科学合理的弯曲设计可以大幅减小钢筋内应力的集中，避免由于弯曲导致的过早破损。

（二）箍筋加工的控制

箍筋是钢结构中不可忽视的部分，其加工的标准直接关系着结构的抗震和稳定性能。

1.箍筋末端的弯钩

设计规定其弯曲内直径需按标准执行，尤其是在弯曲后，平直部分的长度也必须合乎设计标准要求。如果设计没有具体规定，一般情况下，对于普通结构，其长度不应小于5倍箍筋直径。在抗震设防结构中，这一长度不得小于10倍箍筋直径。

2.抗震结构的箍筋弯钩角度

这些结构的箍筋末端通常要求经过135°弯钩，以增强其抗冲击能力，并将箍筋的拉拔强度最大限度地发挥出来。

3.钢筋调直的冷拉方法

在调整钢筋直线度时，应谨慎控制冷拉率。具体来说，对HPB235级钢筋，冷拉率不宜高于4%，对HRB335、HRB400和RRH400级钢筋，冷拉率不应超过1%。合理的冷拉控制能够提高钢筋的强度和弹性模量，从而确保结构的整体品质。

4.对钢筋异常现象的处理

在加工过程中，如发现钢筋出现脆断或力学性能显著异常，监理工程师需特别关注此现象，并对相关钢筋进行化学成分及其他专项检测。确保问题钢筋不流入施工环节，维护工程的整体质量。

（三）对钢筋连接的控制

在建筑钢筋分项工程中，钢筋的连接方式直接影响结构的整体质量和稳定性。因此，必须对连接方式进行严格的质量控制。钢筋连接通常采用三种主要方式：绑扎搭接、焊接和机械连接。焊接和机械连接是钢筋连接中非常重要的方式。所有进行焊接或机械连接的操作人员必须持有相关资质证书，这是确保工程质量的首要条件。在焊接方面存在多种形式，包括电阻点焊、闪光对焊、电弧焊、电渣压力焊、气压焊和预埋件埋弧压力焊等。

焊工在正式进行施焊前，必须在现场条件下进行试焊，试验合格后方可投入正式施工。试焊的结果必须符合相关的质量检验与验收标准。此项要求为强制性条款，因此，监理工程师必须督促施工单位严格执行，以尽量避免由于返工造成的浪费以及工期的延误。

在设计焊接接头的位置时，需要将其设置在受力较小的区域。同一根纵向钢筋上不宜设置两个或两个以上的接头。接头的末端至钢筋弯起点的距离必须不小于钢筋直径的10倍，这可以确保钢筋连接的安全性。在同一个构件中，接头彼此之间要错开分布，保证结构的均匀性。

同时，在同一连接区段内，纵向受力钢筋的接头面积百分率必须符合设计要求。如果设计中没有具体要求，应遵循以下规定：受拉区的接头面积百分率不超过50%；抗震设防框架梁端和柱端的箍筋加密区不应设置接头；直接承受动力荷载的构件中不宜采用焊接接头。

焊接接头的位置选择尤为重要，如果在完成安装后才发现问题，不仅会造成材料和人力的浪费，还会对工期造成严重影响。因此，设计和施工过程中需要严格按照标准进行焊接接头位置的选择与布置。

（四）焊接操作的控制

焊接操作的控制在建筑工程中起着关键作用，它直接影响结构的安全性和耐久性。为了确保焊接质量，操作人员必须严格按照各类操作规程进行施工。以下详尽阐述钢筋点弧焊、电渣压力焊和闪光对焊在施工中的注意事项。

1.钢筋点弧焊

钢筋点弧焊包括帮条焊、搭接焊、剖口焊、窄间隙焊和熔槽帮条焊五种接头形式。为保证焊接质量，应注意以下几点：

（1）焊条与工艺选择：根据焊接的钢筋牌号、直径、接头形式和焊接位置，选择合适的焊条、焊接工艺和焊接参数。合理的焊条选用能够确保焊缝质量和连接牢固。

（2）主筋保护：焊接过程中应防止烧伤主筋，这直接关系到钢筋的整体受力性能。

（3）焊接地线接触：焊接地线与钢筋必须保持紧密接触，以确保焊接电流的稳定性和焊接结果的可靠性。

（4）焊接过程控制：应及时清理焊渣，确保焊缝表面平滑。同时，焊缝的余高应平缓过渡，并且弧坑应填满，以保证焊接质量达到设计要求。

（5）焊接缺陷检查：施工中应检查焊接件是否存在夹渣、气泡等缺陷。对严重缺陷需进行取样试验，待试验合格后方可继续施工，并应改善焊接工艺以消除不良现象。

2.电渣压力焊

电渣压力焊主要应用于现浇混凝土结构中竖向或斜向钢筋的连接。在采用电渣压力焊时，需特别注意以下方面：

（1）应用范围：电渣压力焊不适用于水平钢筋连接，因此，不得将竖向焊接后的钢筋横置于梁、板等构件中使用。设计变更时，尤其应警惕这种错误应用，以免造成结构隐患。

（2）焊接参数调整：依据所焊接钢筋的直径来确定焊机的容量，并调整电流量，以适应具体的焊接要求。

（3）焊接参数控制：根据电渣压力焊的焊接参数，调整电流、焊接电压和通电时间。这些是焊接成败的决定性因素。

（4）焊包质量检查：焊包高度不得低于钢筋表面的4 mm，否则必须进行返工。这关系到焊接的稳固性和后续的结构稳定性。

（5）焊工自检与缺陷处理：焊接期间，焊工需进行自检。出现偏心、弯折、烧伤等缺陷时，必须及时找出原因并采取补救措施，防止问题扩大。

3.闪光对焊的控制

在进行闪光对焊时，应施行严密的监控，确保焊接效果。

（1）设备选择和维护：选择合适的焊接设备，并定期进行维护保养，以确保设备的正常运行和焊接质量。

（2）焊接参数设定：根据钢筋的规格和材质，合理设定焊接电流、时间等参数，以实现最佳的焊接效果。

（3）安全操作：焊接操作过程中，焊工须佩戴防护装备，防止高温和电弧对人体造成伤害。

（4）质量检测：对于焊接后的钢筋，须进行全面的质量检测，包括焊缝的外观、尺寸及内部缺陷，以确保焊接达到设计标准。

在焊接操作过程中，监理工程师的责任至关重要。他们需要全程监督焊接施工，确保操作人员严格遵循规程。通过科学的工序安排和严谨的质量管理，确保建筑结构的安全稳固，避免后期维修和返工的不必要浪费。对于焊接操作的每一个细节都应该予以重视，这不仅对当前工程有益，也为之后的施工项目积累宝贵的经验和教训。各类焊接方式的科学应用，可以大幅提升建筑工程的整体质量和耐用性。因此，严格控制和监督焊接操作，是建筑施工中不可或缺的一环。

二、主体结构工程质量控制

在建筑工程中，主体结构工程的质量控制至关重要。确保钢筋混凝土工程各方面达到设计和规范要求，不仅能提升结构的安全性和耐久性，还能保障建设项目的整体质量。

（一）钢筋混凝土工程的检查

1.模板工程

模板作为混凝土成型的重要工具，其准确性、稳定性直接影响着主体结构的质量。在施工前，必须制定详尽的模板施工方案，明确各项技术要求和施工步骤。施工过程中，应对模板的强度、刚度和稳定性进行详细检查，确保支撑面积足够，并具备良好的防水、防冻性能。模板安装的平整度、几何尺寸及拼缝情况必须符合设计要求，同时要检查隔离剂的涂刷是否到位，以避免混凝土与模板黏结。

此外，模板的平面位置及垂直度、预埋件及预留孔洞的位置均需符合规范标准。对于重要的结构构件，其模板的拆卸需特别注意混凝土强度和拆模顺序，还需核实拆模方案的计算方法，以确保结构的完整性与安全性。

2.钢筋工程

钢筋工程是主体结构质量控制的核心环节，覆盖从钢筋进场检验至钢筋安装的各个步骤。首先，应检查每批进场钢筋的合格证和复试报告。此外，钢筋的成型加工质量、连接试验报告及操作者合格证也需要严格审查。

在钢筋安装中，注重预埋件的规格、数量、位置及锚固长度对工程质量的影响。箍筋的间距、数量以及弯钩角度和平直长度都是保证结构安全性的重要参数。在完成这些检查且达到验收标准后，必须填写"钢筋隐蔽工程检查记录"，方可对其进行混凝土浇筑。

3.混凝土工程

混凝土的质量对工程结构的稳定性至关重要。在施工前，需要对混凝土主要原料的合格证及复试报告进行检查，确保其符合设计和施工标准。

混凝土的配合比、搅拌质量和坍落度均须在规定范围内，尤其在冬季施工时，要特别注意浇筑时的入模温度。

现场混凝土试块的留置、浇筑工艺及养护方法均需按标准执行。此外，还需严格检验后浇带的留置和处理是否按要求进行。混凝土实体检测主要包括强度和钢筋保护层厚度，检测方法包含破损法和非破损法，以确保其满足结构设计要求。

（二）砌体工程的检查

在建筑工程中，砌体工程是确保结构稳定性和安全性的重要组成部分。为保证砌体工程的质量，必须对施工过程中涉及的各项材料和工艺细节进行严格的检查和控制。

1.砌体材料的检验

首要任务是对所用砌体材料的品种、规格、型号和级别进行详细的检验。具体内容包括核验证书、性能检测报告中列明的材料信息，如几何尺寸和外观质量。此外，对于砌体构成的主要成分，如块材、水泥，以及增强使用的钢筋和外加剂，应认真考察其进场复验报告，以确保这些材料符合工程设计要求和建筑规范。

2.砌筑砂浆的质量控制

砌筑砂浆在施工中起着关键的黏结作用。为确保其性能，须对砂浆的配合比进行精准配置，并做好相关计量工作，确保搅拌过程中所有成分的质量达到标准。这包括对砂浆的稠度和保水性的检查，以确保砂浆能够与砌体材料正确结合。此外，还需制作一定数量的试块，检验其在不同养护条件下的强度，确保其能满足设计要求。

3.砌体施工技法的检查

砌体施工的方法直接影响工程的整体质量。其中涉及多项具体检查内容：例如，必须确保皮数杆的设置符合设计要求，从而准确地控制砖的层数和高度；灰缝的处理必须严格控制，包括其宽度，以及避开出现瞎缝、假缝、透明缝或通缝等不良现象。砂浆的强度和饱满度，再加上其与砌体间的黏结状况，需在施工过程中持续监测。正确留槎与接槎的方法，以及洞口、马牙槎与脚手眼等部位的处理，都是控制墙体稳定性的重要环节。最后，砌体的标高、轴线位置、平整度与垂直度需常规校对，确保墙体构造的精准。同时，检查在砌体中所用钢筋的品种、规格、数量和位置等几何尺寸，特别是钢筋接头的细节。需要确保所有这些元素严格依据设计图纸进行操作，以最大限度地保证工程的安全性。

4.特殊砌体产品的检查

对特定砌体材料，如混凝土小型空心砌块、轻骨料混凝土小型空心砌块和蒸压加气混凝土砌块的使用，须特别关注其产品的龄期。通常，这些材料要求自然存放至少28天，以确保其物理性能达到最佳状态。

第十章　建筑工程项目成本管理

第一节　建筑工程项目施工成本管理的原则与措施

一、施工成本的基本概念

施工成本是指在建筑工程生产过程中所发生的全部费用，是生产耗费的货币化表现形式。工程项目作为拟建或在建的建筑产品，其成本属于生产成本范畴，涵盖了生产过程中消耗的各种资源及其组织管理费用。具体来说，施工成本包括以下几方面内容：

（一）材料成本

材料成本主要包括消耗的主材料、辅材料、结构件的成本，以及周转材料的摊销费或租赁费。这些材料是施工生产的基础，是成本的重要组成部分。

（二）人工成本

人工成本指支付给参与施工的生产工人的工资和奖金。人工费用直接关系到项目成本的控制，合理安排施工人员是降低人工成本的重要途径。

（三）机械成本

机械成本指施工中使用的机械设备所产生的费用，包括机械使用费或租赁费。这部分成本在现代建筑施工中占据较大比例，合理使用机械设备是降低施工成本的重要手段。

(四)管理成本

管理成本指在施工现场进行组织与管理所发生的各种费用支出。这些费用涵盖了管理人员的薪资、现场办公费用以及其他与施工管理相关的支出。

施工成本的核算对象通常以特定的施工项目为单位,核算内容则包括上述几类直接费用以及其他与施工相关的费用支出。

二、施工成本管理的特点和原则

(一)施工成本管理的特点

施工成本管理是施工项目管理的重要组成部分,其核心在于通过科学的管理手段控制成本,提升项目的经济效益。以下结合施工成本管理的实际情况,对其特点进行阐述。

1. 成本中心

从管理角度来看,施工企业在成本管理中承担着决策和利润中心的角色,而具体的施工项目则是企业的生产场所和成本中心。施工成本的绝大部分支出发生在项目实施阶段,项目现场成为企业成本控制的关键环节。

在实际操作中,当建筑产品的价格在合同中确定后,企业会将产品价格中包含的经营性利润和企业需收取的相关费用剔除,其余部分以预算成本的形式下达到施工项目。施工项目因此成为成本管理的责任主体。为了完成既定目标,项目需要通过科学、合理的措施降低实际成本,从而达成既定的经济效益。

2. 事先控制

施工成本具有一次性特点,施工活动只有成功的机会,不允许失败。因此,在项目管理的初始阶段,就需要对施工成本进行全面预测并制定详细的成本管理计划。

施工项目必须明确成本目标,并以此为基础采取技术、经济和管理等多方面的措施,确保目标的实现。这一过程被形象地总结为"先算后干,边干边算,干完再算"。这种事先控制的方式为项目的顺利实施提供了坚实保障，同时也大幅降低了成本超支的风险。

3.全员参与

施工项目成本管理不仅仅是财务部门的工作，而且与整个项目团队的各项管理工作密切相关。具体而言，成本管理与工期管理、质量管理、技术管理、分包管理、预算管理、资金管理以及安全管理等多方面工作形成了一张紧密的管理网络。

在这一网络中，每项管理工作都或多或少对项目成本产生直接或间接的影响。例如，技术人员对施工方案的优化、采购人员对材料成本的控制、现场管理人员对施工进度的监督等，均在一定程度上影响成本管理的成效。因此，施工成本管理是一项需要全员参与的系统性工作，团队成员的协同配合对成本控制的成功至关重要。

4.全程监控

施工成本管理贯穿于项目实施的全过程，需要对事先设定的成本目标及实施过程进行持续的监督、控制、调整和修正。在施工过程中，可能遇到多种不可预见的变化因素，如建材价格上涨、工程设计修改、工期延误以及资金到位不及时等，这些都可能对成本目标产生影响。

针对上述变化，项目团队需要及时调整预算、开展合同索赔、进行增减账管理等，以便应对外部变化带来的影响。这种全程监控的特点能够确保成本管理的灵活性和准确性，为项目顺利完成提供保障。

（二）施工成本管理的原则

施工成本管理是建筑企业提高经济效益的重要环节，其科学性和系统性决定了施工项目的管理水平和最终成果。在实际操作中，施工成本管理必须遵循以下原则：

1.成本最低化原则

施工成本管理的首要目标是实现成本的最低化，即通过科学、合理的管理手段和技术措施，在确保工程质量和施工安全的前提下，将施工成本降到最低水平。这不仅是提升企业市场竞争力的关键，也是施工成本管理的核心追求。

2.全面成本管理原则

全面成本管理原则简称"三全",包括全企业、全员和全过程的管理。具体而言:

(1)全企业:企业的领导者不仅是企业总体成本的责任人,也是施工项目成本的直接责任人。领导者需要明确施工成本管理的方针和目标,并负责构建和完善施工项目成本管理体系,确保其正常运行。与此同时,领导者还应积极营造良好的企业内部环境,调动全体员工参与施工成本管理的积极性,共同实现企业的成本目标。

(2)全员:施工成本管理不仅是财务部门或项目管理人员的工作,还是全体员工的共同责任。无论是直接参与施工的技术人员还是负责后勤保障的辅助人员,都在各自岗位上对成本管理发挥着重要作用。

(3)全过程:成本管理贯穿项目的整个生命周期,从项目策划到竣工验收,都需要进行成本的计划、控制和调整,确保项目成本始终处于受控状态。

3.成本责任制原则

成本责任制是施工成本管理的核心内容之一,其本质在于将成本管理的责任层层分解,做到分级、分工、分人。

(1)企业责任:企业需要优化自身管理,降低管理费用和经营费用,为项目实施提供成本控制的支持。

(2)项目经理部责任:项目经理部负责完成目标成本指标和成本降低率指标,并对这些目标进行进一步的分解,明确各岗位的具体目标和责任。通过细化目标,将成本管理的责任落实到每一位员工,形成人人有责的管理机制,确保总目标的实现。

若未能做到责任到人,则容易造成工作中"有人操作、无人负责"的混乱局面,进而导致成本管理的失效,最终影响企业的长远发展。

4.成本管理有效化原则

成本管理的有效化原则强调在成本管理中综合运用行政手段、经济手段和法律手段。这三者相辅相成,共同作用于施工成本的管理。

(1)行政手段:通过明确规章制度和岗位职责,规范施工成本的管理流程。

（2）经济手段：通过绩效考核、成本奖励等机制，激励员工优化资源配置。

（3）法律手段：通过合同管理、索赔管理等方式维护企业的合法权益。

这种多管齐下的方式，可以有效提高施工成本管理的科学性和执行力。

5.成本科学化原则

成本科学化是施工成本管理的重要原则之一。该原则强调在施工成本管理过程中，充分运用科学的管理方法和技术手段。

（1）预测与决策方法：在项目启动前，对施工成本进行科学预测，制定合理的成本决策。

（2）目标管理方法：以明确的目标为导向，实施全过程成本管理。

（3）量本利分析法：通过分析成本、产量和利润之间的关系，为成本控制提供依据。

这些科学方法的应用，不仅提高了施工成本管理的精确度，还为企业实现经济效益最大化提供了有力保障。

三、施工成本管理的措施

为了取得施工成本管理的理想成效，应当从多方面采取措施实施管理，通常可以将这些措施归纳为四个方面：组织措施、技术措施、经济措施、合同措施。

（一）组织措施

施工成本管理的组织措施是从施工成本管理的组织方面采取的一系列措施，这些措施旨在确保成本控制成为全员的活动，并通过合理的组织结构和工作流程来有效控制成本。组织措施的具体内容如下：

1.实行项目经理责任制

施工成本管理不仅仅是专业成本管理人员的工作，而且是需要各级项目管理人员共同参与。实行项目经理责任制，明确各级施工成本管理人员的任务和职能分工、权力和责任,这是组织措施的核心之一。

2.编制施工成本控制工作计划

组织措施的另一方面是编制施工成本控制工作计划,确定合理详细的工作流程。这包括做好施工采购规划,通过生产要素的优化配置、合理使用、动态管理,有效控制实际成本。

3.加强施工定额管理和施工任务单管理

为了控制活劳动和物化劳动的消耗,需要加强施工定额管理和施工任务单管理。这样可以确保资源得到合理使用,避免浪费。

4.加强施工调度

为了避免因施工计划不周和盲目调度造成的窝工损失、机械利用率降低、物料积压等问题,需要加强施工调度。有效的调度可以提高工作效率,减少不必要的成本支出。

5.建立科学管理体系

成本管理工作只有建立在科学管理的基础之上,具备合理的管理体制、完善的规章制度、稳定的作业秩序、完整准确的信息传递,才能取得成效。这意味着组织措施需要与其他管理措施相结合,形成一个完整的管理体系。

组织措施作为其他各类措施的前提和保障,一般不需要增加额外费用,如果运用得当,可以收到良好的效果。这是因为它们主要涉及内部管理和协调,而不是外部资源的投入。

(二)技术措施

技术措施是施工成本管理中不可或缺的重要手段,不仅可以有效解决施工中的技术问题,还能够纠正施工成本管理目标的偏差。以下是具体的技术措施内容。

1.多方案对比与技术经济分析

(1)在制定施工方案时,应提出多个不同的技术方案,通过技术经济分析对各方案进行比较。

(2)技术经济分析的核心是平衡技术可行性与经济效益,选定既能保证工程质量又能有效降低施工成本的最佳方案。

2.优化施工技术方案

（1）施工方案优化：结合项目特点和实际需求，制定科学合理的施工方案，优化施工流程，减少资源浪费。

（2）先进技术应用：提倡应用先进的施工技术，结合新材料、新设备的使用，提升施工效率。例如，使用现代化的施工机械设备可以有效减少人工成本和施工时间。

3.材料使用优化

（1）材料选用比选：在满足设计功能和工程要求的前提下，通过材料代用、调整配合比、使用添加剂等技术手段，降低材料成本。

（2）库存与运输成本控制：结合项目地理条件和施工组织设计，合理安排材料的采购、运输和库存管理，尽量减少材料的闲置和浪费。

4.机械设备选择与配置

（1）根据工程特点，科学选择施工机械和设备，避免设备过大或不足导致的资源浪费或效率降低。

（2）优化设备的使用时间和工作强度，确保机械设备处于高效运行状态。

5.预防技术失误

（1）技术措施的制定与实施必须注重对可能的技术问题进行预防性分析，避免因技术失误导致施工成本的增加。

（2）在实践中，应杜绝仅从技术角度选择方案而忽视经济效果分析的情况，确保技术决策与成本控制目标一致。

6.推广新技术与新材料

（1）积极引进和推广国内外先进的施工技术，如装配式施工技术、节能环保技术等。

（2）使用新开发的机械设备和高效节能材料，在保证施工质量的同时，降低材料和能源的消耗。

(三)合同措施

合同措施贯穿施工项目的整个生命周期,从合同谈判到合同履行直至合同终结,每个环节都对施工成本的控制起着重要作用。

1.选择合适的合同结构

根据工程规模、性质和特点,分析和比较各种合同模式(如固定总价合同、单价合同、成本加成合同等)。选择最适合具体项目的合同模式,平衡成本控制与风险分配。

2.优化合同条款

(1)合同条款应全面考虑可能影响成本和效益的因素,包括潜在风险。

(2)对引起成本变动的因素进行识别和分析,并通过合理的条款明确风险分担方式。例如,约定因设计变更、市场波动等因素导致的费用调整机制。

3.制定风险应对策略

(1)在合同条款中增加风险防范措施,如引入保险机制、分包合同条款等,降低风险带来的成本波动。

(2)增加承担风险方的数量,分散成本变动的影响,确保项目整体风险可控。

4.加强合同执行管理

(1)对方履约监控:在合同执行过程中,密切关注对方的履约情况,及时捕捉可能产生索赔的机会。

(2)自身履约防控:严格履行合同约定,避免因自身疏漏而被对方索赔,造成额外的成本增加。

5.索赔与反索赔管理

(1)合理利用合同条款,积极争取因不可控因素导致的费用补偿,如材料涨价、工期延误等。

(2)加强自身履约管理,避免触发对方的索赔条款。

6.合同变更管理

(1)对于合同执行中的变更,建立规范的审批和落实流程,确保所有变更均经过双方确认，并明确对成本的影响。

（2）及时调整预算与计划，保证施工成本管理目标的稳定性。

7.合同终结与总结

（1）在合同终结阶段，全面核查合同执行的各项条款，确保未结清事项得到妥善处理。

（2）总结合同执行过程中的经验教训，为后续项目提供参考。

第二节 建筑工程项目成本控制与核算

一、建筑工程项目成本控制

（一）建筑工程项目成本控制的意义和目的

建筑工程项目的成本控制是指在项目成本的形成过程中，对生产经营中消耗的人力、物资以及费用开支进行科学的引导、监督、调节和限制，并及时纠正可能发生或已经出现的偏差，将各项生产费用控制在计划成本范围内，以确保成本目标的实现。

建筑工程项目的成本目标可以是企业下达的指标，也可能是内部承包合同约定的内容，或由项目团队自行制定。然而这些目标通常只是简单的成本降低率或降低金额，即便进行分解，也只是粗略的降本指标，缺乏具体的实施细则，导致目标管理容易流于形式，难以发挥实际的成本控制作用。因此，项目经理部需结合建筑工程项目的实际情况，以成本目标为基础，制定清晰具体的成本计划，使其成为可见、可行且具有操作性的执行文件。

这样的成本计划应涵盖每一分部分项工程的资源消耗标准，以及每项技术和组织措施的具体内容及节约额度。这不仅能够为项目管理人员提供明确的成本控制指导，还可以作为企业对项目成本检查与考核的重要依据。

（二）建筑工程项目成本控制的原则

在建筑工程项目中，成本控制是一项贯穿全过程的重要管理任务，其实施需要遵循科学的原则。以下是关于建筑工程项目成本控制的详细分析。

1. 开源与节流相结合的原则

在建筑工程项目成本控制中，降低成本需要同时注重开源与节流。这意味着既要努力增加项目收入，也要尽可能减少不必要的支出。在具体实践中，需要做到以下几点：

（1）对每笔较大的成本费用支出，进行仔细核查，确保其有相对应的预算收入，避免出现"支大于收"的情况。

（2）在分部分项工程成本核算和月度成本核算中，开展实际成本与预算收入的对比分析，通过分析发现问题，及时纠正不利的成本偏差。

（3）通过科学分析，寻找成本节约和超支的原因，总结经验教训，以提高整体成本控制水平。

2. 全面控制原则

建筑工程项目的成本控制涉及面广，需要从全员、全过程和全方位三个层次进行全面控制。

（1）全员控制。建筑工程项目的成本管理是一项综合性工作，涉及企业的多个部门、单位和全体员工的共同努力。因此，需要调动所有员工的积极性，增强成本管理意识。通过以下措施，推动全员参与：

①制定明确的成本控制指标，将指标分解到每个人，使人人都有责任。

②在实际操作中，结合专业技术控制与群众参与控制，实现上下联动，推动成本控制制度的逐步落实。

（2）全过程控制。建筑工程项目成本控制贯穿整个项目的生命周期，包括从施工准备阶段到竣工交付使用后的保修期。全过程成本控制的核心在于：

①在施工准备阶段，制定科学合理的成本计划，为后续施工提供指导。

②在施工阶段，动态调整成本控制方案，确保各项成本支出符合计划。

③在项目竣工后，继续监控保修期内的成本支出，避免因维修问题造成额外损失。

（3）全方位控制。成本控制需要全面权衡利益，既要关注国家、集体和个人利益，也要平衡短期与长期利益。尤其是要避免为了降低成本而牺牲工程质量，杜绝偷工减料等短视行为，以维护企业的长远利益和社会形象。

3.动态控制原则

建筑工程项目具有一次性特点，其成本控制需要强调动态控制，即在项目执行过程中，实时监控和调整成本计划。这种动态控制主要体现在以下几个方面。

（1）施工准备阶段：根据施工组织设计，明确成本目标，制定详细的成本控制方案，为项目后续实施提供依据。

（2）施工过程阶段：这一阶段是成本控制的关键，动态监控每个环节的成本执行情况，及时纠正偏差，防止因失控而造成重大经济损失。

（3）竣工阶段：成本盈亏基本确定后，分析总结成本控制的成败经验，为未来项目提供参考。

4.目标管理原则

目标管理是建筑工程项目成本控制的重要方法。其核心是将目标管理的理念融入成本控制的每个环节，具体体现在以下几个方面。

（1）设定目标：目标要切实可行，结合项目实际情况，科学设定成本控制的各项指标。

（2）分解目标：将总目标细化为部门目标和个人目标，明确责任归属，形成层层落实的目标责任体系。

（3）评价与考核：对成本执行结果进行定期检查和考核，发现问题及时纠正，形成"计划—实施—检查—改进"的循环。

通过目标管理，确保成本控制的计划性和可操作性，实现对各部门和个人的精细化管理。

5.例外管理原则

例外管理是现代管理中的重要原则，在建筑工程项目成本控制中具有特别的意义，具体包括以下两个方面。

（1）识别例外问题：在施工活动中，许多问题具有偶然性和特殊性，这些"例外"问题往往对成本目标的实现产生重大影响。例如，施工过程中出现的成本盈亏异常现象，机械维修费用的暂时节约可能导致更大损失等。

（2）重点管理例外问题：对于这些例外问题，应高度重视，深入分析其产生原因，制定针对性的解决措施，避免其对项目整体成本控制产生不利影响。

6.责、权、利相结合的原则

要使建筑工程项目成本控制高效运行，必须严格按照经济责任制的要求，贯彻"责、权、利相结合"的原则，具体要求包括以下三点。

（1）明确责任：项目经理、技术人员、管理人员、各部门及班组均应承担相应的成本控制责任，形成覆盖全项目的责任网络。

（2）赋予权力：在成本控制中，各责任主体应拥有一定的权力，在规定范围内自主决定费用支出的内容和金额，以实现有效的成本管理。

（3）奖惩分明：项目经理须定期检查各部门和班组的成本控制成效，并将考核结果与工资分配挂钩，实行有奖有罚，激励全员参与成本控制。

实践证明，责、权、利相结合的管理模式能够有效提高成本控制的执行力，是实现建筑工程项目成本目标的关键。

建筑工程项目的成本控制是一个系统性、综合性的管理任务，需要结合项目特点，坚持开源与节流、全面控制、动态控制、目标管理、例外管理和责权利结合的原则。在实际操作中，通过科学的计划、严格的执行和动态的调整，可以实现成本控制目标，提升企业的经济效益和竞争力，同时保障项目质量与社会效益的同步发展。

二、建筑工程项目成本核算

（一）建筑工程项目成本核算的对象和内容

1. 建筑工程项目成本核算对象

建筑工程项目成本核算对象是指在建筑工程项目成本计算中，为归集、分配费用而确定的具体对象，即费用承担的主体。合理确定施工成本核算对象是施工成本核算的基础，也是企业成本管理的重要环节。通常情况下，企业会以每个单位工程为核算对象，归集生产费用并计算施工成本。这种做法主要基于施工图预算的编制方式，按单位工程编制的施工图预算便于与实际成本进行对比，从而检查预算执行情况，分析成本节约或超支的原因。

2. 建筑工程项目成本核算的内容

建筑工程项目的成本核算是对施工过程中实际发生的费用进行确认、计量，并按照既定的成本核算对象进行归集和分配，从而计算出工程实际成本的一项重要会计工作。通过建筑工程项目成本核算，可以全面反映企业的施工管理水平，确定施工资源的消耗补偿标准，有效控制成本支出，减少浪费和损失。因此，建筑工程项目成本核算是建筑工程企业经营管理工作的重要内容，对加强成本管理、促进节约增效、提升企业市场竞争力具有重要意义。

从广义上看，成本核算是实现成本控制的一种重要手段，同时也是成本管理的基础环节。成本核算的职能与成本计划、成本控制、成本分析和成本预测等环节紧密相联，是一个有机整体。如果缺乏完善的成本核算，成本管理便无从谈起，其他管理职能也无法得到有效发挥。因此，建筑工程项目成本核算贯穿整个项目成本管理的全过程，其重要性不言而喻。建筑工程项目成本核算不仅仅是一种核算行为，还是一种全过程的管理理念。它涵盖施工各阶段成本管理的核心内容，既强调对具体施工活动的成本控制，又贯穿施工项目的整体管理中。建筑工程项目成本核算的核心目标是提供准确的成本信息，以支持企业决策，优化资源配置，最终实现经济效益的最大化。

（二）建筑工程项目成本核算对象的确定、划分

建筑工程项目成本核算对象是指在成本核算过程中，为归集和分配费用而明确的费用承担主体。成本核算对象的合理确定是实施成本核算的基础，直接影响成本控制效果。通常情况下，核算对象应根据工程合同内容、施工生产特点、费用发生的实际情况以及企业管理要求进行划分。如果核算对象的确定与实际的生产经营管理相脱节，成本核算工作将难以开展，甚至会导致核算结果失去实际意义。

在实际工作中，成本核算对象划分是否合理，对成本管理效果有着重要影响。如果划分过粗，将没有关联或关联较弱的单项工程或单位工程合并为一个核算对象，不仅无法真实反映独立施工工程的实际成本水平，还会对成本考核和成本升降分析造成困难。这种做法不利于管理层掌握工程成本的具体情况，进而影响决策效率。反之，如果划分过细，间接费用的分摊工作量将大幅增加，同时也可能因计算复杂而难以确保核算准确性。因此，在确定成本核算对象时，需要在合理性和可操作性之间取得平衡。成本核算对象划分的原则如下：

1.单位工程为核算对象

一般情况下，建筑安装工程应以每一个独立编制施工图预算的单位工程为成本核算对象。这种划分方式能够直接反映各单位工程的成本情况，有助于控制单个工程的支出水平。对于规模较大的主体工程（如发电厂厂房主体工程），可以根据具体需要将其细分为多个分部工程，以分部工程作为成本核算对象。这种细化方式能够更准确地反映大型工程各部分的成本分布情况，为后续管理提供更精确的数据支持。

2.按工程规模和工期划分

对于规模较大、工期较长的单位工程，可以根据实际需要进一步划分为若干部位，以分部位工程作为成本核算对象。这种方式既能够避免因划分过细而导致的核算复杂化，又能够更清晰地呈现大型工程的分部成本，有助于发现具体部位的成本问题。

3.合并小型工程

对于同一工程项目内的若干单位工程，如果它们由同一单位施工，施

工地点相同，结构类型一致，开竣工时间接近且工程量较小，则可以将这些工程合并为一个成本核算对象。通过这种方式，可以简化核算流程，减少工作量，同时能够更集中地反映类似工程的整体成本情况。

在确定建筑工程项目的成本核算对象时，应从企业的实际生产经营特点出发，综合考虑核算精度与操作便捷性之间的平衡。同时，应明确核算对象与项目管理目标之间的关系，以使核算结果能够真实反映施工成本，为项目管理提供有效支持。合理的成本核算对象划分，不仅能够提高成本控制的效率，还能够为企业在工程成本考核、分析及优化方面提供有力保障。

（三）建筑工程项目成本核算的程序

建筑工程项目的成本核算是工程管理中的核心环节，是对项目实际发生费用进行系统性管理与核算的过程。科学、规范的成本核算程序对于保障项目经济效益和财务透明至关重要。以下从费用审核、费用归属确认、费用分配与归集、未完工程盘点、成本结转以及期间费用结转六个方面，详细介绍建筑工程项目成本核算的程序。

1.费用审核

费用审核是成本核算的起点，其主要目的是对实际发生的各项费用进行详细审查，以明确哪些费用应计入工程成本，哪些费用应计入期间费用或其他费用类别。审核时需要严格按照国家或地方的相关财务法规、企业内部制度以及合同约定来进行操作。费用审核的内容主要包括以下方面。

（1）费用类别审核：核查费用发生的类别是否符合项目需求，如人工费用、材料费用、机械使用费用等。

（2）合同条款对比：对照施工合同和供应商协议，确认各项费用的发生是否符合合同约定。

（3）凭证审核：确保所有费用凭证（发票、合同、付款单等）的合法性、有效性和完整性。

（4）异常费用识别：对超出预算的费用或发生在非预算范围的费用进行重点审核，分析其产生原因。

2.费用归属确认

费用归属确认是在费用审核后进行的环节,其目的是明确费用应计入的具体核算期间及项目成本的归属。由于建筑工程项目通常周期较长,各项费用的发生时间和归属时间可能存在差异,因此,需要结合实际施工进度进行详细核算。费用归属确认包括以下几个步骤。

(1)核实费用发生时间:根据费用实际发生的时间,区分当期应计入的成本与其他期间的成本。

(2)匹配施工进度:结合施工现场的实际进展,确认费用与工程进度的匹配性。

(3)划分成本类别:明确费用是直接计入工程成本,还是需按比例分摊至多个期间。

3.费用分配与归集

费用分配与归集是将经过审核和确认归属的费用,按成本核算对象进行分类、分配和归集的过程。这一环节是核算各工程成本明细的关键步骤,具体操作如下。

(1)明确核算对象:根据施工图纸或合同内容,将费用分配至具体的工程项目或子项目。

(2)确定分配标准:对于无法直接归属于单个项目的间接费用,如管理费用、办公费用等,须按照科学合理的分配标准(如面积、工期比例、投入工时等)进行分摊。

(3)归集成本明细:将分配后的费用归集到各项目成本明细表中,生成清晰的成本核算数据。

4.未完工程盘点

未完工程盘点是对尚未完成的工程进行核算,以确定当期已完工程的实际成本。这一环节需要结合施工现场实际情况和财务核算数据,确保核算与工程进度的一致性,具体步骤如下。

(1)核查施工进度:通过现场检查、施工日志或进度表等方式,核实项目的实际完成情况。

(2)计算未完工程成本:根据未完工程的完成量和单价,估算未完部分的成本金额。

（3）核对账面数据：将现场盘点结果与账面数据进行核对，确认数据一致性。

5.成本结转

成本结转是将本期已完成工程的成本结转至"工程结算成本"科目的一项重要工作，目的是明确已完工程的实际成本，并为核算工程收益提供基础。成本结转的主要内容如下。

（1）确认已完工程：根据施工单位提交的工程量清单或验收报告，确认本期已完工程的范围。

（2）结转相关费用：将与已完工程相关的各项费用（如人工费、材料费等）从在建工程科目转入工程结算成本科目。

（3）生成财务报表：将结转后的数据反映到财务报表中，为管理者提供工程成本和收益情况的整体概览。

6.期间费用结转

期间费用结转是成本核算程序中的最后一步，其主要目标是将当期发生的期间费用（如管理费用、销售费用等）从费用科目结转至损益类科目。这一过程可以区分工程成本与经营成本，使财务数据更具清晰性。期间费用结转的主要操作如下。

（1）明确费用类别：对所有期间费用进行分类，确认各项费用的核算科目。

（2）区分工程相关与非工程相关费用：将与工程无直接关系的管理费用、财务费用等单独归集。

（3）完成结转操作：按照财务制度要求，将期间费用结转至损益科目，生成相关的财务报表。

建筑工程项目的成本核算程序需要从费用审核、归属确认到分配归集、盘点和结转各环节严密衔接，确保数据真实、核算准确。这一程序既是实现成本控制的基础，也是评估项目经济效益的重要手段。通过科学规范的成本核算程序，可以为建筑工程项目的顺利实施提供有力支持，助力企业提升成本管理水平。

（四）建筑工程项目成本核算的方法

在建筑工程项目中，成本核算是进行成本控制的重要环节。它包括成本的归集和分配两个主要过程。成本归集是通过规范的会计制度对成本数据进行系统的收集和汇总，而成本分配则是将归集的间接成本分摊至各个成本对象的过程，也被称为间接成本分派。以下是建筑工程项目中常用的成本核算方法的详细介绍。

1.人工费核算

人工费是建筑工程项目成本中的核心部分，其核算直接影响项目的总成本和利润分析。因此，人工费核算需要结合实际的施工过程和用工情况，遵循科学合理的方法。以下从数据来源、核算方法及分配原则三个方面进行详细阐述。

（1）人工费核算的数据来源。人工费核算的基础是准确的数据来源，这直接决定了核算的真实性与精确性。其主要数据来源包括以下两个方面。

①单位工程用工汇总表：由劳动工资部门提供的"单位工程用工汇总表"是核算人工费的核心依据。这份表格是根据施工任务书、考勤表以及承包结算书编制的，全面反映了施工过程中的实际用工情况。

②财务数据的支撑：财务部门会根据用工汇总表编制"工资分配表"，并以此为依据，将人工费按工程项目、部门或阶段分配到相应的成本与费用科目。这一环节确保了人工费的有序核算和分配。

（2）人工费的具体核算方法。根据用工性质与工资类型的不同，人工费核算可分为计件工资和计时工资两种主要方式。

①计件工资的核算：计件工资是一种以完成工作量为依据的工资形式。这种情况下，工人的实际工作量与工资直接挂钩。由于计件工资与具体工程直接相关，因此，可以快速、直接地将费用计入相关项目的成本核算中。该方法具有两个特点：一是计件工作量一旦明确，费用分配就可以迅速完成；二是直接对应工程，减少了分摊误差。

②计时工资的核算：计时工资以工人实际工作时间为计算依据。其核算相对复杂，具体步骤包括：统计工人当月的工资总额和出勤天数；根据

各工程的实际用工天数，计算出日平均工资；按照日平均工资乘以各工程的实际用工天数，将费用分配至对应工程项目。这种方法需要更细致的数据处理，能够更精确地反映工程的人工成本。

③工资附加费和劳动保护费用的分配：除了基本工资外，工资附加费和劳动保护费用也是人工费的重要组成部分。工资附加费包括社会保险费、住房公积金等，根据工人工资的固定比例进行核算并分摊到各工程项目。劳动保护费用包括防护用品、职业健康体检费用等，与工资附加费一样，按照比例合理分配至各成本对象。

2.材料费核算

在建筑工程项目中，材料费是构成项目总成本的关键部分之一。为了确保材料费用的准确核算，必须明确材料的具体用途，并且要区分直接用于工程施工的材料和其他用途的材料。直接材料是指那些直接用于施工过程中的材料，这些材料可以直接计入成本核算对象中的"材料费"科目。而间接材料则包括那些用于施工管理和机械运作的材料，这类材料应先计入"间接费用"或"机械作业"科目，随后根据具体情况分配至各个成本核算对象。

在进行材料费核算时，可以采用以下几种方法：

（1）对于那些能够明确数量和领料对象的材料，应在领料单上详细注明具体的核算对象，并直接将这些材料费用计入该对象的成本中。

（2）对于集中配料的材料，如油漆、玻璃等，应在领料单上标注"工程集中配料"的字样。到了月末，根据实际耗用情况，编制一份"集中配料耗用计算单"，以便按照一定的比例将这些材料费用分配至各个工程项目中。

（3）对于大堆材料，如砖、瓦、砂、石等，由于难以明确分属具体对象，材料员或施工现场保管员应在月末进行盘点，通过倒算方式确定本月实际消耗的材料数量，并编制一份"大堆材料耗用量计算单"，以便进行成本归集。

（4）对于模板、脚手架等周转材料，应根据各受益对象的实际使用情况和摊销方法计算当月摊销额，并编制一份"周转材料摊销分配表"，将摊销额计入成本。如果是租用的周转材料，则按照实际支付的租赁费用计入成本。

（5）在施工过程中产生的废料及残次材料，应尽量回收再利用。对于这些材料，应编制一份"废料交库单"，估价入账，以冲减工程成本。

（6）对于月末已办理领料手续但尚未耗用、需下月继续使用的材料，应进行盘点并办理"假退料"手续，从本期成本中扣减，以确保成本的准确性。

（7）工程竣工后，剩余的材料应填写"退料单"，办理材料退库手续，并冲减相应工程成本，以确保成本的完整性和准确性。

在购入材料的过程中，企业可能发生一些采购费用。如果这些费用未直接计入材料成本而是单独归集（如计入"采购费用"或"进货费用"科目），则在领用材料时需要按照一定的比例分摊至材料成本。然而根据现行的会计准则，材料的仓储保管费用是不允许计入材料成本的，也不需要单独归集，而应在当期直接计入管理费用。这样可以确保材料费用的核算更加准确和规范。

3.周转材料费核算

（1）周转材料费用的核算首先实行内部租赁制管理，这种管理方式通过租赁费用的形式体现材料消耗，遵循"谁租用，谁承担"的原则，以此核算各项目的成本。这意味着任何租用了周转材料的部门或项目都需要承担相应的租赁费用，从而有效地将成本责任落实到具体的租用者身上。

（2）根据周转材料的租赁制度和租赁合同，出租单位与项目经理部之间会按月进行租赁费用的结算。租赁费用的计算依据是租赁数量、使用时间和内部租赁单价，这些费用一旦计算出来就会被计入项目成本。这样的做法确保了成本的及时性和准确性，同时也促进了资源的有效利用。

（3）项目经理部在周转材料调入或移出时，必须严格执行计量验收制度。如果发现材料短缺或损坏，需要按照原价进行赔偿，并将这部分费用计入项目成本。短损数量的计算方式是进场数量减去退场数量，这样可以清晰地反映材料的实际消耗情况。

（4）周转材料的进场和退场运输费用，由调入项目根据实际发生的费用全额承担，并计入项目成本。这确保了所有与周转材料相关的费用都能够得到合理的分担和记录，避免了成本的遗漏。

（5）对于一些易散失的小型零件，如U形卡、脚手扣件等，除了执行租赁制度外，还需要根据规定实行定额预提摊耗管理。摊耗的费用直接计入项目成本，同时相应减少次月的租赁基数和租赁费用。单位工程竣工时，必须对这些零件进行盘点，实物数量与之前的定额摊耗数据若有差异，需据实调整清算并计入成本。这种方法有助于更精确地控制和核算小型零件的损耗。

（6）实行租赁制管理的周转材料，原则上不再另行分配和承担周转材料的价格差异。这意味着一旦租赁费用确定，租用者就不需要再因为市场价格波动而承担额外的成本或收益。这样的做法简化了成本核算的过程，也减少了因价格波动带来的不确定性。

4.机械使用费核算

（1）机械设备费用同样实行内部租赁制，通过租赁费用反映机械设备的消耗情况，按照"谁租用，谁承担"的原则核算项目成本。

（2）根据机械设备租赁制度和相关合同，由企业内部机械设备租赁部门与项目经理部按月进行租赁费结算。租赁费用根据机械使用台班、停置台班以及内部租赁单价核算后计入项目成本。

（3）机械设备的进场和退场运输费用由承租项目全额承担，并计入项目成本。

（4）对于项目经理部租赁的各类中小型机械，其租赁费用应全额计入机械费用成本中，不作其他分摊。

（5）根据内部机械设备租赁运行管理规则，结算原始凭证需由项目经理部指定专人签署机械使用和停置台班数，作为费用结算依据。同时，现场机、电、修等操作人员的奖金由项目经理部按照绩效考核支付，相关费用计入机械成本，并按规定分配到具体的单位工程中。

（6）对于向外单位租赁的机械设备，其当月租赁费用须全额计入项目的机械费用成本。

第十一章 建筑工程监理组织

第一节 组织结构与组织机构活动基本原理

组织是管理中的一项重要职能。建立精干、高效的项目监理机构并使之正常运行，是实现建筑工程监理目标的前提条件。因此，组织的基本原理是监理工程师必备的基础知识。

一、组织与组织结构

（一）组织

1.组织的定义

所谓"组织"，是指为了实现某一系统的特定目标，通过分工协作、建立不同层次的权责体系而构建的一种由人组成的联合体。组织的存在形式具有双重内涵：它既是一种实体，又是一种动态的过程。

（1）作为实体的组织。从实体角度来看，组织是一群人为了实现特定目标而形成的正式关系集合。这样的正式组织具有以下几个关键特征。

①目标导向性：组织的成立必须基于明确的目标，并且以实现该目标为核心使命。

②明确的职务设计：组织内部的职位和职务结构须经过精心设计，确保各项活动分工明确且协调一致。

③效率要求：为了提升效率，组织中的人们需在明确的责任框架内协作，共同完成分配的任务。

（2）作为过程的组织。从动态过程来看，组织更多是指一个持续构建和优化组织结构的管理过程。这个过程包括以下几点。

①组织结构的设计：管理者需根据具体工作需要，合理设置岗位，明确每个岗位的任务、权力和责任。

②沟通与协调：构建顺畅的信息沟通渠道，以确保各部门、岗位之间的协作高效。

③调整与适应：随着外部环境的变化，管理者需对组织结构进行及时调整和优化，使其持续保持活力与竞争力。

通过上述过程，组织不仅能够有效地整合资源，还能够在合作中激发出超过个人能力总和的集体效能。

2.组织的核心特征

作为生产要素之一，组织相较于其他要素具有显著的独特性。这种独特性主要体现在以下方面：

（1）不可替代性。其他生产要素之间可能存在一定程度的替代关系，例如，通过增加机械设备可以减少劳动力需求，或者通过技术升级可以优化资源配置。然而组织作为一种协调和整合资源的要素，既无法替代其他要素，也无法被其他要素替代。它的作用在于通过合理配置各类资源，提高其整体使用效益。

（2）增值性。组织的核心价值在于为各类资源提供一个有序的运行机制，使其能够在协同合作中实现效益最大化。例如，在一个建筑项目监理机构中，通过明确每个岗位的职责分工，优化信息传递路径，各类资源可以更高效地发挥作用，从而实现超出单一要素简单叠加的综合效益。

（二）组织结构

1.组织结构的内涵

组织结构指的是组织内部各组成部分之间相对稳定的关系和相互联系方式。通过对这一结构的分析，可以更好地理解组织的运行模式。以下几个方面概括了组织结构的基本内涵：

（1）确定组织内部正式关系及职责的方式。

（2）向组织内的各部门或个体分配任务和活动的途径。

（3）协调各项分散任务和活动的手段。

（4）组织内的权力分配、地位排列和等级关系。

2.组织结构的特征

从以上几个角度可以看出，组织结构的内涵包括复杂性、规范性以及集权与分权性这三大核心特征。

（1）组织结构的复杂性。组织结构的复杂性是指组织内部存在的多样性和差异性。这种复杂性可以通过以下几个维度来体现。

①横向差异性：指的是组织内不同成员之间的差异，这些差异通常源于专业化的分工以及不同部门的职能分化。每个部门或成员的职责和任务有所不同，形成了组织的横向差异。

②纵向差异性：组织的纵向差异性指的是在管理层级的构成上，各层级之间的差异程度。具体来说，这种差异反映了从高层到低层的管理层级数量及其差异化的程度。一个管理层次越多，组织结构的纵向差异性就越大。

③空间分布差异性：空间差异指的是组织的管理机构、工作地点以及人员的地理分布所产生的差异。随着组织的发展，特别是在跨地区或跨国运作时，组织的空间扩展和人员分布的差异性将直接影响组织结构的布局和管理方式。

组织结构的复杂性会随着这些差异的变化而产生不同的影响，任何一项差异的调整都可能引起整个结构的变化，从而影响组织的效率和运作模式。

（2）组织结构的规范性。组织结构的规范性是指组织中各项工作的标准化程度。这主要涉及一系列指导和约束组织成员行为的规章制度、工作流程、工作标准等。在一个组织内，规范性表现为对成员的行为进行明确的规范和指引，确保组织内部各项工作有序进行。

组织结构的规范性通常与技术和专业化水平相关。具体来说，随着技术的进步和专业分工的深化，组织内部的标准化程度也会逐渐提高。同时，管理层级的深浅和职能分工的不同，也会对规范化产生影响。高层管理往往更注重宏观方向的规范性，而较低层次的职能部门则侧重于具体操作的标准化。

提升组织的规范性能够有效提高效率。当组织中的每一项工作都按照标准化的流程执行时，成员的自由度相对较小，这种高效、低成本的工作方式能够减少错误和浪费，为组织带来更好的效益。

（3）组织结构的集权与分权性。组织结构的集权与分权性是指组织中决策权的集中与分散程度，及其在不同管理层级中的分布情况。这一特性决定了组织的决策方式和管理效率。具体分析如下。

①集权：集权意味着决策权集中在组织的核心或最高管理层，决策过程中的关键步骤几乎全部由高层管理人员控制。集权的优势在于可以保持决策的统一性和高度一致性，适合在需要迅速统一意见或快速响应的情况下运作。高层管理者的集权决策能够迅速制定策略，减少决策层级的拖延。

②分权：分权是指将决策权分散到组织的各个管理层级，甚至赋予低层管理或个别员工一定的决策权限。分权的主要优点在于能够提高组织的灵活性和反应速度，使得每个层级都能根据自身情况做出快速反应和决策。在一些复杂的组织中，分权有助于降低决策层级的负担，提高整体运作效率。

虽然集权和分权各自有其独特的优势，但不同的组织类型和管理环境对集权与分权的要求不同。在某些情况下，集权能够确保决策的统一性，避免分歧；而在其他情况下，分权能够增强组织的灵活性，提升决策的效率。因此，管理者需要根据具体的组织需求和外部环境，灵活选择适当的决策模式，以便充分发挥组织结构的优势。

通过对组织结构的分析可以看出，组织的结构不仅仅是其内部关系的简单排列，还是一种复杂的系统，包含多层次、多维度的差异性和规范性。管理者需要根据实际情况，合理设计组织结构，确保其在复杂多变的环境中能够高效、灵活地运作。

二、组织机构活动基本原理

在组织管理过程中，如何有效推动组织内各项活动的顺利进行，是每个管理者必须深思熟虑的问题。要确保组织的目标得以实现，管理者需要根据一系列基本原理来组织、调配和运用资源。以下是组织机构活动中应遵循的几个核心原理，这些原理能帮助管理者在实践中进行合理的规划与安排，进而提升组织效率与效果。

（一）要素有用性原理

每个组织的运作都离不开一些基本要素，通常包括人力、物力、财力、信息以及时间等。要素有用性原理要求管理者在组织活动中能够充分发掘和利用这些要素的潜力。具体来说，要根据不同要素在组织中的作用进行合理安排、组合和使用，从而提高整体效率。尤其是在人员配置、资金使用、物资分配以及信息流动等方面，必须考虑如何使每一种资源都能达到最大效用。

例如，人力资源是组织中最为重要的组成部分之一，但不同人员在团队中的作用并不完全相同。同样都是监理工程师，由于其专业背景、知识储备、工作经验、沟通能力等方面的差异，其在工作中的贡献也有所不同。因此，在实际管理中，组织者应对每一位员工进行详细的分析和评估，明确其优势和特长，从而将其安排在最合适的位置，做到"人尽其才"。同理，财力、物力和信息等要素也应根据它们的特性和优势进行最合理的利用，避免资源的浪费，并确保其效益最大化。

要素有用性原理不仅仅强调资源的有效使用，还要求管理者在实际操作中具备一定的前瞻性，能够识别不同资源的潜在价值，并通过科学的规划和灵活的调整，保持各要素之间的协调与平衡。

（二）动态相关性原理

在组织活动的过程中，事物的关系并不是固定不变的，而是处于不断变化和发展的动态过程之中。动态相关性原理指出，组织内部的各个要素不仅彼此相互联系，而且彼此制约，互相依存且又相互排斥。这种相互作用推动了组织的持续发展和进步。组织中的每一个部分都像是一个相互作用的因子，这些因子之间的关系并非简单的线性或静态的，而是充满动态变化的。

组织中各要素之间的相互作用，往往在某一时刻无法完全预测或量化，因为其整体效应常常并非各部分效应的简单相加。例如，当多个部门协作时，整体的工作效果并不只是各部门工作效果的叠加，而是由于协调、沟通、冲突与合作等因素的综合作用，可能产生预期之外的结果。这种现象在组织管理中尤为明显，因而动态相关性原理要求管理者在设计组织结构时，要注意分析各要素之间的互动关系，并尽可能地调动这些因子的正面作用，从而促进组织效能的提升。

动态相关性原理强调，组织的成功不仅仅依赖单个要素的优异表现，而且要通过合理的组合与互动，发挥整体效应。因此，管理者必须具备较强的全局观念，在分析问题时要从整体出发，考虑各要素之间的关联性，避免过分关注局部问题，从而导致组织内部出现不必要的矛盾和冲突。

（三）主观能动性原理

人类与宇宙中的其他物质之间最大的不同之处在于人的主观能动性。人不仅具有生命和思维能力，还能够通过劳动改造世界并改变自身。主观能动性原理指的就是通过激发个体的主动性、创造性和参与感，从而推动整个组织的进步。与机器不同，人的活动是富有创造力和目的性的。人的主观能动性能够在一定条件下产生巨大的力量，这是任何组织管理者都不能忽视的资源。

作为管理者，激发和利用员工的主观能动性，是推动组织发展的重要手段。当员工的积极性被充分调动时，他们不仅会提高工作效率，还能主动提出创新方案，解决工作中的难题，甚至为组织创造新的价值。因此，组织管理者应该通过合理的激励机制、工作安排以及组织文化等手段，激发员工的主观能动性。

主观能动性原理特别强调了个体的潜力和创造力。一个优秀的组织不仅要依靠制度和硬性规定来管理成员，还要通过提供自由度、灵活性和成长空间，让每一位员工都能够在工作中发挥最大潜力。当每个人都能够自觉地为组织目标贡献自己的智慧和力量时，整个组织的运作将变得更加顺畅高效。

(四)规律效应性原理

在组织管理中,规律的作用不可忽视。规律效应性原理指出,任何事物的发展变化都有其内在的规律可循,成功的管理者应当懂得如何识别和运用这些规律,从而更好地推动组织活动的开展。规律效应性原理强调,管理者应该始终注重对事物本质和规律的把握,依据这些规律来制定决策和组织行动,以确保最终能够达到预期目标并取得理想的管理效应。

规律与效应是密不可分的,任何管理决策和行为的结果,都可以通过对规律的有效把握来进行预测和引导。管理者若能够理解并掌握事物的规律性特征,就能够更好地应对复杂的管理情境,减少决策的盲目性和随机性,从而提高决策的准确性和有效性。

规律效应性原理在组织管理中也强调"按规律办事"的重要性。即使在面对复杂的管理问题时,管理者也应当通过理性思考,找出问题的内在规律,并按照这一规律去做出相应的调整与决策。一个成功的管理者,正是通过对事物规律的不断探索和运用,来获得最佳的组织效应,从而推动组织目标的实现。

第二节 建筑工程项目组织管理基本模式与监理模式

一、建筑工程项目组织管理基本模式

(一)平行承发包模式

1.平行承发包模式的结构

平行承发包模式是指业主将工程项目中的设计、施工等各项任务进行分解,并分别发包给不同的设计单位和施工单位,然后与各个单位签订各自的合同。在这种模式下,设计单位之间的关系是平行的,施工单位之间的关系也是平行的,彼此独立但又互相协作。

在实施平行承发包模式时,关键在于将项目任务合理地进行分解和

分类，并确定每个合同的发包内容，以便选择最合适的承包商。在分解任务和确定合同数量与内容时，首先要考虑工程项目的性质、规模以及结构特点。例如，若项目规模庞大、范围广泛、涉及专业众多且工期较长，通常需要多个合同。其次，市场情况也是考虑的重点。根据承包商的专业领域、规模及市场分布，项目的分解应与市场结构相匹配。再次，合同的任务与内容应当适合各种规模的承包商参与竞争，并且符合市场惯例、市场范围及相关法律法规的规定。最后，还应根据项目的融资协议要求，兼顾贷款的适用范围与贷款方的资质要求。

2.平行承发包模式的优缺点

（1）平行承发包模式的优点

①有助于缩短工期：由于设计和施工任务被分解并分别发包，设计阶段与施工阶段可以并行进行，甚至可能实现交叉搭接，从而有效地缩短整个建筑工程的工期。

②有利于质量控制：在这种模式下，项目被细化并分别发包给各个承建单位，各单位之间通过合同关系互相制约，从而确保每个环节的质量。例如，主体工程与装修工程由不同的施工单位负责，当主体工程存在质量问题时，装修单位往往不会同意在不合格的主体上进行装修，这种独立性和相互制约的关系可以有效保障项目质量，类似于第三方对质量的监督。

③有利于业主选择承建单位：在许多国家，建筑市场上专业性较强、规模较小的承建单位占据较大比例。平行承发包模式下，由于合同内容相对简单、合同金额较小、风险较低，因此，专业小型承建单位有更多机会参与竞争。这样业主可以在更广泛的范围内选择承建单位，从而提高选择的灵活性和优选性。

（2）平行承发包模式的缺点

①合同数量多，管理难度大：由于合同数量较多，导致管理工作相对复杂。合同关系错综复杂，建筑工程中涉及的交接和协作部位也相应增多，这使得组织协调工作量大幅增加。因此，必须加强合同管理，确保各承建单位之间的协调和沟通畅通无阻，避免出现管理疏漏，确保工程按计划推进。

②投资控制难度较大：在平行承发包模式下，投资控制难度较大，

主要体现在以下几个方面：一是总合同金额难以准确确定，这会影响项目投资控制的效果；二是工程招标任务较多，管理方需要控制多个合同的价格，这无疑增加了投资控制的难度；三是施工过程中可能出现设计变更和修改，从而导致工程成本的增加，进一步加大了投资控制的挑战。

（二）设计/施工总分包模式

1.设计/施工总分包模式的结构

设计/施工总分包模式是一种常见的建设项目管理模式，其中，业主将项目的设计任务和施工任务分别发包给不同的总承包单位。具体而言，设计总承包单位负责整个项目的设计工作，而施工总承包单位则负责工程的施工。总承包单位根据实际需要，可以将部分设计或施工任务分包给专业的分包单位，从而形成一个包括设计总合同、施工总合同及若干分包合同在内的完整合同体系。这种模式通过明确责任划分，有效地组织和管理项目的各个环节。

2.设计/施工总分包模式的优缺点

（1）设计/施工总分包模式的优点

①有利于工程的组织与管理：在设计/施工总分包模式下，业主只需与一个设计总包单位和一个施工总包单位签订合同，因此涉及的合同数量较少。这一特点使得业主在项目管理和合同管理方面的工作量大大减轻。相较于平行承包模式，业主可以更容易地对项目进行整体协调，并且能够与监理单位和总包单位进行多层次的沟通和协作，从而提升项目的管理效率。

②有助于控制投资成本：设计/施工总分包模式中，业主通过总包合同可以较早确定项目的投资额，这有助于提前把控整个项目的成本。由于总包单位在合同签订时就已明确了价格，因此，投资管理变得更加透明和可控。同时，监理单位也可以对总包合同的执行情况进行监督，确保投资控制的有效性。

③有利于质量管理与控制：在该模式下，质量控制机制相对完善。设计总包单位负责设计阶段的质量把控，施工总包单位则负责施工过程中

的质量管理。除此之外，分包单位也有自我质量控制的责任，同时，工程监理单位的存在为整个过程提供了第三方监督与评估。这三方共同作用，形成了一套多重保障的质量管理体系，能够有效确保工程质量达到预期标准。

④有助于工期控制：总包单位对整个项目的工期有较强的控制责任，其积极性直接影响项目的进度。由于总包单位拥有调度资源和管理的权限，能够更好地协调分包单位之间的工作进度，减少因分包单位之间协调不当所导致的工期拖延。此外，监理单位的参与也能够确保工期控制的高效性，避免项目因某一环节的延误而影响整体进度。

（2）设计/施工总分包模式的缺点

①建设周期较长：设计/施工总分包模式的一个显著缺点是建设周期较长。在这一模式下，施工总包的招标通常要等到设计图纸全部完成之后才开始。这意味着设计阶段和施工阶段不能同时进行，从而增加了整个项目的周期。同时，施工招标过程往往需要耗费较长时间，进一步延缓了项目的开工进度。

②总包报价可能较高：在一些大型建筑项目中，通常只有具有资质和能力的大型承包商能够承担总包工作。这导致市场上的竞争相对较少，可能使得总包单位的报价偏高。尤其是对于分包出去的工程内容，总包单位通常会在分包报价的基础上加收管理费，最终形成较高的总报价。这一现象可能使得项目成本超出初期预算，给业主带来额外的经济压力。

（三）项目总承包模式

1.项目总承包模式的结构

项目总承包模式是指业主将一个工程项目的所有设计与施工任务，整体发包给一个总承包单位。总承包单位可以自行完成项目的全部设计和施工工作，也可以在业主的批准下，将部分设计任务或施工任务分包给其他专业单位。总承包单位的责任是确保项目按时、按质完成，并交付一个符合使用要求的工程。这种模式通常被称为"交钥匙工程"，即业主只需接收最终交付的、符合标准的完整项目，不需要参与具体的建设过程。

2.项目总承包模式的优缺点

(1) 项目总承包模式的优点

①合同管理简化:项目总承包模式的一个主要优势是合同管理简单且集中。业主只需与一个总承包单位签订合同,而总承包单位负责协调和管理所有设计、施工以及分包任务。这种结构减少了业主与多个承包单位之间的沟通与协调,极大地降低了合同数量和管理复杂度,有助于提高项目管理的效率。

②有利于投资控制:在项目总承包模式下,项目总承包单位负责项目的整体预算和成本控制,业主通常能在合同签订初期就明确项目的总投资额。这种模式能够有效控制成本,避免因设计变更和施工问题导致的费用超支。同时,总承包单位需要确保工程按合同要求完成,因此,对项目成本的控制有较强的责任心。

③提升进度控制效率:项目总承包模式能够较好地协调设计和施工阶段的工作进度。在传统模式下,设计和施工阶段往往存在一定的衔接问题;而在总承包模式下,总承包单位可以协调两者的时间安排,使得设计和施工能够有效搭接,减少项目延期的风险。这种模式有助于确保项目按时交付。

④减少业主协调工作量:由于项目的整体管理由总承包单位负责,业主的协调工作量大大减少。业主只需与总承包单位进行沟通,而项目总承包单位则负责与分包单位及其他相关方的协调。这种模式让业主能够专注于项目的宏观管理,减少了日常的细节处理。

(2) 项目总承包模式的缺点

①合同管理难度较大:尽管项目总承包模式的合同数量较少,但由于合同条款涉及范围广泛,且各方责任和利益较为复杂,因此合同管理的难度也较大。总承包单位需协调设计、施工及分包单位的工作,这往往会产生一些合同纠纷,特别是在项目进展过程中,合同条款不易准确界定时,容易引发争议。

②承包方风险较大:总承包单位承担了整个项目的全部责任,包括设计、施工和质量管理等。如果项目出现问题,总承包单位需要承担主要责任。这也意味着总承包单位需要承担较高的风险,特别是在项目规模较

大、涉及多个专业领域时，风险更为突出。因此，选择具有丰富经验和资质的总承包单位显得尤为重要。

③业主主动性受限：由于设计和施工任务交由总承包单位统一管理，业主的参与度较低，主动性受到一定程度的限制。业主在项目执行过程中，很难及时调整设计和施工方案，导致工程的质量标准和功能要求可能难以做到全面和准确。此外，业主对分包单位的选择和管理也受到一定制约，可能影响工程质量的最终效果。

④不适合复杂项目：项目总承包模式适用于较为简单和常规的建设项目，对于一些设计复杂、施工技术要求较高的项目，这种模式可能面临一些困难。例如，一些专业性较强的工程可能需要多个领域的设计和施工单位进行密切配合，而总承包单位可能难以具备所有领域的专业能力，导致项目执行难度增大。因此，项目总承包模式更适合一些标准化程度较高、专业要求不那么复杂的工程。

二、建筑工程监理模式

（一）平行承发包模式下的监理模式

在建筑工程的平行承发包模式中，业主通常会选择不同的承包商来分别承担项目的设计与施工任务。这一模式下，监理单位的选择和监理方式也有其独特的要求。根据具体情况，平行承发包模式下的监理模式主要有以下两种：

1.业主委托单一监理单位实施全程监理

在这种模式下，业主通常选择一家监理单位来负责整个工程项目的监理工作。监理单位需要具备强大的合同管理、组织协调、规划设计能力。此模式的优点是，业主与监理单位之间的沟通和协调相对简单，因为业主只需与一家监理单位签订合同，不需要管理多个监理单位。该模式适用于项目规模较小、技术要求相对简单的工程。对于较为复杂的工程项目，监理单位则需要根据项目的特点和承包商的情况，适当设置多个监理分支机构，分别对各承包商进行监理。总监理工程师负责对所有监理分支进行总体协调，从而确保监理工作的系统性和整体性。

2.业主委托多家监理单位分别对各承包商进行监理

在这种模式下，业主会选择多家监理单位，分别对各个承包商进行监理。每个监理单位的监理对象较为单一，便于管理和监督。但是由于项目的监理工作被分散到多个单位，可能导致整体协调与规划上的困难，且业主需要分别与各个监理单位签订合同，增加了合同管理的复杂性。在这种模式下，对业主的管理能力要求较高，通常适用于规模较大、技术要求复杂的工程项目。

（二）设计/施工总分包模式下的监理模式

在设计/施工总分包模式中，业主通常委托一个总承包单位负责整个项目的设计和施工工作。由于总承包单位通常会将部分工作分包给其他单位，监理工作变得尤为重要。在这种模式下，业主有以下两种选择：

1.委托单一监理单位全程监理

业主可以选择委托一家监理单位负责设计和施工阶段的全过程监理。此模式的最大优点是，监理单位能够对设计阶段和施工阶段的投资、进度、质量控制进行统筹规划和协调，从而确保项目整体目标的实现。此外，监理单位能更好地理解设计阶段的意图，从而在施工阶段进行更有效的监督。对于分包单位的选择，监理单位还需要对其资质进行严格审查，以确保分包单位能够按时保质完成任务。

2.按照设计阶段和施工阶段分别委托监理单位

另一种做法是，业主可以分别在设计阶段和施工阶段委托不同的监理单位。这种模式使得设计和施工阶段的监理工作更加专业化，能够针对不同的阶段特点进行针对性管理。然而由于设计阶段和施工阶段的监理单位独立，可能导致两个阶段之间的协调难度增加，特别是在投资控制和进度管理方面，业主需要加强对各阶段监理工作的统筹。

（三）项目总承包模式下的监理模式

在项目总承包模式下，业主通常与总承包单位签订一份综合合同，所有设计、施工、采购等工作都由总承包单位负责。这种模式下，业主一般会委托一家监理单位来负责整个工程项目的监理工作。监理单位的职责包括对总承包单位的工作进行监督和管理，确保项目按计划推进，且符合质量要求。

此模式下，对监理单位的要求较高，需要具备较为全面的知识和经验，能够对总承包单位的工作进行全方位的监督。监理单位不仅需要了解工程的具体设计和施工方案，还需要掌握合同管理、进度控制、质量监督等各方面的能力。由于业主和总承包单位之间的责任已经明确，因此，监理单位的工作重点通常是保障项目按计划顺利推进，并解决过程中可能出现的各类问题。

（四）项目总承包管理模式下的监理模式

项目总承包管理模式下，业主与总承包方只签订一份总承包合同，而总承包方负责将工程分包给各个分包商。此模式下，业主通常委托一家监理单位进行全过程监理，确保总承包方和分包商的工作按时完成，且符合质量标准。

在这种模式中，监理单位不仅需要对总承包商的工作进行监督，还需要对各个分包商的工作进行管理和协调。由于总承包商与分包商之间存在一定的独立性，监理单位在管理过程中需要特别注意分包商的质量、进度和成本控制。总承包管理模式下，监理单位的职责更为复杂，需要在多个承包商之间进行协调，并确保项目整体顺利进行。

第三节　建筑工程项目监理实施程序与原则

一、建筑工程项目监理实施程序

建筑工程项目监理是确保项目顺利完成、达到预定目标的关键环节。监理单位在接受业主的委托后，将全面介入项目的建设与管理，从而对项目的质量、进度、成本等方面进行控制和保障。监理实施程序是监理工作顺利开展的规范化流程,它涵盖了从监理合同的签订到工程竣工验收的各个环节。以下是建筑工程项目监理实施程序的详细介绍。

(一)确定项目总监理工程师,成立项目监理机构

在建筑工程项目监理工作中,项目总监理工程师的选定至关重要。监理单位在接受业主委托后,应根据项目的规模、复杂性和业主的具体要求,委派一位合格的总监理工程师来负责整个工程的监理工作。总监理工程师是项目监理工作的核心,既是项目监理单位的代表,又是业主与监理单位之间的主要联络人。总监理工程师的选派一般在监理单位参与工程投标阶段开始,通常在签订委托监理合同之前就已经确定。这一安排有助于总监理工程师尽早了解项目的特点、业主的需求以及工程的技术难点,从而在后续工作中能够更好地对接项目的具体实施。

总监理工程师不仅要具备丰富的技术知识和管理经验,还需要具备出色的沟通协调能力,能够协调各方关系,解决项目实施中的各种问题。总监理工程师的职责包括但不限于:全面负责项目的监理工作,领导和组织监理团队,确保监理计划的执行,及时处理工程中出现的各种突发问题。在选定总监理工程师之后,监理单位还需根据监理规划和合同内容,组建项目监理机构。项目监理机构通常由多个专业人员组成,涵盖工程质量、进度、安全、成本等多个方面。总监理工程师需要根据项目的实际情况和各专业的需求,合理配置监理人员,确保监理机构能够高效、有序地开展各项监理工作。

(二)编制工程项目的监理规划与制定实施细则

工程项目的监理规划是指导监理工作的重要文件。它不仅是项目监理实施的蓝图,也为监理人员的具体工作提供了依据。监理规划的编制通常需要在项目初期进行,并且应根据项目的特点、业主的需求以及项目的技术要求进行详细设计。监理规划通常包括以下几个方面:

1.监理目标

明确监理的主要目标,包括确保工程质量、控制工程进度、保证工程成本等。

2.监理职责

明确监理单位及其工作人员的职责分工,特别是总监理工程师和各专业监理工程师的责任范围。

3.监理策略

制定针对项目的监理策略,包括质量控制措施、进度控制方案、成本控制方法等。

4.监理程序

详细列出监理工作中的各项流程,包括进度检查、质量验收、安全监管、材料检查等。

在监理规划的基础上,还需要结合实际情况制定具体的实施细则。这些细则通常包括更为详细的操作规范,如施工阶段的监理控制点、质量检查程序、验收标准等。监理实施细则为监理人员的日常工作提供了明确的行动指南,确保了监理工作的顺利开展。

(三)监理工作交底

在监理工作正式开始之前,进行监理工作交底是非常必要的一步。监理工作交底的主要目的是确保监理人员对工程的具体要求、实施细节和注意事项有清晰的了解,并能够针对项目的重点、难点提前做好准备。

交底工作通常由项目总监理工程师负责组织,并结合监理规划与实施细则对监理人员进行详细讲解。监理交底内容主要包括以下几个方面:

1.工程概况

简要介绍项目的基本情况,包括项目的规模、设计要求、施工单位、进度安排等。

2.监理任务重点

明确监理工作中的重点和难点,特别是质量控制、进度控制、安全监控等方面的要求。

3.工作流程和职责分工

明确监理工作的具体流程和每个监理人员的职责,确保每项任务都能落实到位。

4.特别注意事项

提醒监理人员在监理过程中可能遇到的问题,并提供相应的应对策略。

通过工作交底,监理人员能够在项目开始之前对监理工作有全面的了解,为后续的监理工作打下良好的基础。

(四)规范化开展监理工作

建筑工程项目监理工作应严格遵循规范化的要求,确保各项工作有序推进,避免出现混乱和失误。监理工作的规范化体现在以下几个方面:

1.工作的时序性

监理工作需要按照一定的顺序和时间节点展开。例如,施工前期需要进行施工准备和材料审核;施工过程中需要进行质量检查和进度跟踪;施工后期需要组织验收和总结。各项监理工作应遵循时序性原则,确保监理活动按照计划高效开展。

2.职责分工的严密性

监理工作通常由多个专业人员共同完成,包括总监理工程师、各专业监理工程师、质量监理、进度监理等。为了确保工作协调高效,每个监理人员的职责必须明确分工,并按照职责范围进行工作。监理单位应确保各个岗位的职责相互衔接,避免重复工作或职责空缺。

3.工作目标的明确性

每项监理工作的目标必须具体明确,并且具有可操作性。监理人员应根据目标制订相应的计划和措施,并在规定的时间内完成工作。同时,监理单位还需通过定期检查、汇报等方式,评估监理工作的进展情况,确保工作目标能够顺利实现。

（五）参与验收，签署建筑工程项目监理意见

工程施工完成后，监理单位的工作并未结束。监理单位需要参与工程的验收工作，确保工程质量达到合同要求和设计标准。在正式验收之前，监理单位通常会组织一次竣工预验收，检查工程是否符合相关标准，发现问题及时与施工单位沟通，提出整改要求。

在竣工验收阶段，监理单位应与业主一起，参加由业主组织的工程竣工验收工作。验收时，监理单位应对施工过程中的质量控制、进度控制、费用支出等方面进行全面审查，并在验收报告中签署监理意见。监理意见主要包括对工程质量的评价、对工程进度的评估、对施工单位执行监理指令的情况等。

（六）提交建筑工程项目监理资料和监理工作总结

项目建设监理工作完成后，监理单位应向业主提交一份完整的监理资料，主要包括监理过程中涉及的设计变更、施工变更资料、监理指令、各类签证资料等。这些资料是监理工作的原始记录，具有法律效力，也是项目最终结算和审计的依据。此外，监理单位还需要编写一份详细的监理工作总结，内容应包括以下两个方面：

1.向业主提交的监理工作总结

总结监理工作中的主要任务、目标完成情况、业主提供的支持设施等，并对监理工作过程进行全面回顾，指出监理工作中的不足和经验教训。

2.向社会监理单位提交的总结

总结监理工作的经验教训，提出改进建议，特别是在技术方法、合同协调、成本控制等方面的经验，以供后续项目参考。

通过监理工作总结，监理单位能够对整个项目的监理过程进行全面评估，并为今后的监理工作积累经验，提升监理水平。

二、建筑工程项目监理实施原则

在建筑工程项目的监理过程中，监理单位受业主委托对工程的进度、

质量、成本等方面进行监督与管理。为了确保监理工作的顺利开展并最终实现项目的目标，监理单位必须遵循一系列实施原则。这些原则不仅有助于保障项目顺利完成，也有助于提升项目的整体效益。以下是建筑工程项目监理过程中需要遵循的几个基本原则。

（一）公正、独立、自主的原则

建筑工程监理的首要原则是确保公正、独立和自主。监理单位和监理人员应在合同约定的框架下，保持客观、公正的立场，避免任何偏袒或利益冲突。无论是从项目的质量、进度还是成本控制方面，监理单位都应根据合同的具体要求，公平地对待各方，特别是在出现争议时，应公正地进行调解和处理。

监理工程师作为项目监理的核心角色，必须保持独立性，不受任何外部压力或影响。在决策过程中，监理单位应确保监理工程师能够独立作出判断，以便在保证工程质量的同时，促进项目各方面的顺利进行。同时，监理单位应尊重工程师的自主性，给予其足够的权力和空间，使其能够有效执行监理职责。

（二）权责一致的原则

权责一致是建筑工程项目监理中的一个基本原则。在监理过程中，总监理工程师代表监理单位履行委托监理合同，承担相应的责任和义务。因此，监理单位在委托监理合同的签订过程中，必须确保总监理工程师能够获得充分的授权。这种授权不仅仅体现在权利上，还要确保总监理工程师具备处理各种问题的责任。

具体而言，监理单位应为总监理工程师提供足够的支持，使其能够在项目实施过程中全面履行职责。在监理过程中，若出现问题或矛盾，总监理工程师必须能够依据合同规定进行决策和调整。通过明确权责关系，监理工作能够更加高效、有序地开展。

(三)总监理工程师负责制的原则

总监理工程师是建筑工程监理工作中的核心人物,是监理工作的责任主体。他不仅代表监理单位履行对业主的监理责任,还需要全面负责项目的监理工作。总监理工程师的职责包括组织和领导监理团队,确保工程质量的实现,及时发现并处理工程中可能出现的问题。

总监理工程师不仅是监理工作的权力主体,还是项目监理的利益主体。在监理活动中,除了对项目本身的质量、安全、进度等方面负责外,还需要对国家的建设标准、政策进行严格遵守。总监理工程师应对项目的投资效益、监理效果以及监理团队的工作情况负责。因此,选拔和任命总监理工程师时,应根据其经验、技术能力以及管理能力等多方面因素进行全面评估。

(四)严格监理、热情负责的原则

建筑工程项目监理工作必须严格遵循国家的相关政策、规范和标准,确保工程质量和进度符合合同要求。在具体执行过程中,监理人员要具备高度的责任心和专业素养,严格按照既定程序和制度开展工作。通过细致入微的检查和严格的监督,确保每个环节都符合规定。

与此同时,监理人员还需要以热情负责的态度为业主提供服务。在执行监理任务时,不仅要关注工程质量的控制,还要及时与业主沟通,了解其需求和反馈,为业主提供建议和改进方案。监理人员要善于发现并解决项目实施过程中可能出现的各种问题,以保障项目顺利进行。

(五)综合效益的原则

建筑工程项目的监理工作不仅要着眼于业主的经济效益,还应关注社会效益和环境效益的协调统一。在监理过程中,监理单位应始终秉持综合效益的原则,既要确保项目经济目标的实现,又要考虑项目对社会和环境的影响。

建筑工程项目监理活动虽然是业主委托和授权的结果,但监理工程师应具备较高的社会责任感和责任心。在履行监理职责时,既要为业主谋取最大的经济利益，又要从全局出发，关注项目对国家、社会以及环境带来的长远影响。通过优化资源配置、合理控制成本、降低对环境的负面影响等措施，监理单位可以促进项目综合效益的提升。

第四节 建筑工程项目监理机构组织建立与人员配置

一、项目监理机构组织形式

建筑工程项目监理机构的组织形式需根据项目的特点、发包方式以及业主委托的任务，结合建设监理行业的实际情况和监理单位的自身特点，科学合理地进行确定。当前常见的项目监理组织形式主要包括直线制监理组织、职能制监理组织、直线职能制监理组织和矩阵制监理组织等。

（一）直线制监理组织

直线制监理组织是一种结构简单的组织形式，通常可分为按子项目分解和按建设阶段分解两种形式。在小型工程项目中，有时也采用按专业内容进行分解的直线制监理组织。这种组织形式具有简单清晰的特点，各个岗位按垂直系统安排，总监理工程师负责整体项目的规划、协调和组织，子项目监理组则负责具体子项目的目标控制。现场的专业或专项监理组由各子项目监理组领导。

直线制监理组织结构简单，权力高度集中，指令统一，职责明确，决策快速，且上下级关系清晰。它适用于那些能够将项目划分为若干相对独立子项目的大中型建设项目，尤其要求总监理工程师具备较强的业务能力和全面的技能，能够独立负责各项工作。

（二）职能制监理组织

职能制监理组织则是在总监理工程师的领导下，设立若干职能部门，每个职能部门负责监理工作中的某一专业领域。各职能部门依据总监理工程师的授权，在其责任范围内，向下级监理组发出指令，指导具体工作。这种组织形式的特点是目标控制明确，职能分工细化，每个职能部门通过专业管理提高整体管理效率。总监理工程师的工作负担相对较轻。然而由于职能部门较多，可能出现多头管理的情况，协调难度增加，因此，需要加强部门之间的沟通与合作。职能制监理组织适用于工程项目地理位置较为集中的情况，尤其是当各监理任务高度专业化时。

（三）直线职能制监理组织

直线职能制监理组织结合了直线制和职能制两种形式的优点。这种组织形式的核心特点是，指挥部门负责对下级部门进行指挥、命令和全面负责，而职能部门则作为指挥部门的参谋，提供业务指导，但不能直接下达指令或命令。这种组织形式能够有效集中领导，职责清晰，管理效率较高，适用范围较广，能够在一定程度上克服纯粹直线制或职能制所存在的问题。然而由于指挥部门与职能部门之间容易产生意见分歧，可能导致信息传递和协调不畅，影响工作效率。

（四）矩阵制监理组织

矩阵制监理组织结合了纵向的职能体系与横向的子项目体系，形成一种交叉的矩阵结构。在这种组织形式下，各专业监理组既受职能机构的领导，也受子项目组的直接管理，形成双重管理体制。

矩阵制组织形式的最大优点在于其高度的机动性和适应性，它能够实现集权与分权的最佳结合，适用于复杂和多变的监理任务，特别是在解决疑难问题时，能够发挥较大的优势。此外，矩阵制能够增强职能部门间的横向协调，有利于监理人员业务能力的提高。然而矩阵制监理组织也存在一定的挑战，特别是在纵横向协调时，容易产生冲突和矛盾。由于双重指挥关系，明确指令的唯一性尤为重要。如果发生指令冲突，必须明确规定如何执行，以避免混乱。矩阵制监理组织形式适用于那些能够划分为多个独立子项目的大型建设项目，尤其有助于总监理工程师对整体项目的规划、组织、协调和指导，并能确保统一的监理规范和要求，同时发挥各子项工作班子的积极性和责任感。

二、项目监理结构的建立步骤

建立一个合理的项目监理结构是确保建筑工程项目顺利进行的关键步骤。项目监理机构的组建需要根据工程的具体要求、合同规定以及项目管理的特点来进行规划。以下是建立项目监理结构的主要步骤：

（一）确定项目监理机构目标

项目监理机构的目标设定是项目监理工作的基础。在确定监理结构之前，首先需要明确监理目标。这些目标应根据委托监理合同中规定的要求来设定，确保监理工作有明确的方向和成果预期。监理目标的设定应从整体出发，制定总目标，同时根据项目的具体情况，细化为多个分目标。例如，项目的质量控制目标、进度控制目标、成本控制目标等，都需要在目标体系中进行明确和细化。

在目标设定时，还需综合考虑项目的规模、复杂度以及项目方的具体要求，确保目标的可行性和操作性。总目标和分目标的设定为后续的监理工作提供了明确的指导框架，也为监理人员的职责划分和任务分配奠定了基础。

（二）明确监理工作内容与范围

监理工作内容和范围的明确是项目监理结构得以顺利运作的关键。在确定了监理目标之后，下一步就是根据目标要求，列出监理的具体任务。这些任务需要根据委托监理合同中的相关条款详细划分，并进行分类、归并和组合，以确保监理工作能够高效、系统地展开。

监理工作内容的归并与组合，应当考虑以下因素：一是要便于目标的控制和落实，确保每项监理任务都有明确的责任归属和可操作性；二是要根据项目的组织管理模式、工程的结构特点和施工周期等要素进行合理规划；三是需要充分考虑项目的技术要求、复杂程度以及监理单位自身的组织管理能力、人员配置和技术水平等。

例如，在涉及全过程监理的项目中，监理工作可以分为设计阶段和施工阶段两个大类。在设计阶段，监理的重点可能是图纸审核和设计方案的合理性评估；而在施工阶段，监理则更多聚焦于施工质量、进度控制和安全管理等方面。不同阶段的监理工作要求不同，因此，在结构设计时要根据各阶段的任务重点进行合理分工和组合。

（三）组织结构设计

1.选择组织结构形式

由于建筑工程规模、性质等的不同，应选择适宜的组织结构形式设计项目监理机构组织结构，以适应监理工作需要。组织结构形式选择的基本原则是，有利于工程合同管理，有利于监理目标控制，有利于决策指挥，有利于信息沟通。

2.合理确定管理层次与管理跨度

管理层次是指组织的最高管理者到最基层实际工作人员之间等级层次的数量。管理层次可分为三个层次，即决策层、中间控制层和操作层。组织的最高管理者到最基层实际工作人员权责逐层递减，而人数却逐层递增。

决策层主要是指总监理工程师、总监理工程师代表，根据建筑工程监理合同的要求和监理活动内容进行科学化、程序化决策与管理。

中间控制层（协调层和执行层）由各专业监理工程师组成，具体负责监理规划的落实、监理目标控制及合同实施的管理。

操作层主要由监理员组成，具体负责监理活动的操作实施。

管理跨度是指一名上级管理人员所直接管理的下级人数。管理跨度越大，领导者需要协调的工作量越大，管理难度也越大。为使组织结构能高效运行，必须确定合理的管理跨度。项目监理机构中管理跨度的确定应考虑监理人员的素质、管理活动的复杂性和相似性、监理业务的标准化程度、各规章制度的建立健全情况、建筑工程的集中或分散情况等。

3.划分项目监理机构部门

组织中各部门的合理划分对发挥组织效用是十分重要的。如果部门划分不合理，会造成控制、协调困难，也会造成人浮于事，浪费人力、物力、财力。管理部门的划分要根据组织目标与工作内容确定，形成既有相互分工又有相互配合的组织机构。划分项目监理机构中各职能部门时，应根据项目监理机构目标、项目监理机构可利用的人力和物力资源以及合同结构情况，将质量控制、造价控制、进度控制、合同管理、信息管理、安全生产管理、组织协调等监理工作内容按不同的职能活动形成相应的管理部门。

4.制定岗位职责及考核标准

岗位职务及职责的确定要有明确的目的性，不可因人设事。根据权责一致的原则，应进行适当授权，以承担相应的职责，并应确定考核标准，对监理人员的工作进行定期考核，包括考核内容、考核标准及考核时间。

5.选派监理人员

根据监理工作任务，选择适当的监理人员，必要时可配备总监理工程师代表。监理人员的选择除应考虑个人素质外，还应考虑人员总体构成的合理性与协调性。

总监理工程师由注册监理工程师担任，总监理工程师代表工程类注册执业资格的人员（如注册监理工程师、注册造价工程师、注册建造师、注册结构工程师、注册建筑师等），也可由有中级及以上专业技术职称、3年及以上工程实践经验并经监理业务培训的人员担任；专业监理工程师由工程类注册执业资格的人员担任，也可由具有中级及以上专业技术职称，2年及以上工程实践经验并经监理业务培训的人员担任；监理员由具有中专及以上学历并经监理业务培训的人员担任。

（四）制定工作流程和信息流程

为了确保监理工作有条不紊地进行，制定合理的工作流程和信息流程至关重要。工作流程是指监理工作中的具体操作步骤和顺序，它帮助明确每个环节的操作规范，使各项任务按部就班地推进。而信息流程则是指各类信息在监理组织内部和外部之间的传递过程，确保项目各方的信息传递及时、准确，避免因信息滞后或传递不畅导致项目管理的混乱。

在制定工作流程时，应依据监理工作本身的客观规律和特点，确保流程的合理性和高效性。具体来说，工作流程应当清晰地列出每一项监理任务的操作步骤、责任人以及完成时限等，并确保各项流程之间有良好的衔接，避免出现工作断层或重复的情况。

信息流程则需要确保监理人员、施工方、业主及其他相关方之间的信息传递顺畅。为此可以利用信息化手段，如建立电子档案系统或项目管理软件，提升信息流通的效率和准确性。此外，信息流程的制定还应考虑如何有效地汇总各类数据、报告和反馈，以便于项目监理人员及时掌握项目动态，做出科学决策。

三、项目监理机构人员配置及职责分工

（一）项目监理机构人员配置

项目监理机构的人员配置应依据监理任务的范围、内容、期限，以及工程的类别、规模、技术难度和环境等多方面因素进行综合考量。同时，必须符合委托监理合同中对监理深度和密度的具体要求，确保项目监理机构能够体现整体素质，并达到监理目标控制的标准。

1.项目监理机构的人员结构

项目监理机构应具备合理的人员结构，主要包括以下几个方面：

（1）合理的专业结构。根据项目的性质以及业主的具体要求，监理人员应针对不同类型的项目进行专业化配置。专业结构应当科学合理，确保能够适应项目监理工作的需求。

（2）合理的技术职称结构。项目监理机构的职称配置应确保高、中、初级职称人员与监理工作需求相匹配，职称比例应合理，并根据不同阶段的监理工作进行适当调整，尤其在施工阶段，技术职称结构需要符合实际要求。

（3）合理的年龄结构。项目监理机构的人员结构要确保年龄层次合理，充分发挥不同年龄段人员的优势。年长人员经验丰富，中年人员综合素质较高，年轻人员则精力充沛。合理的年龄结构能够有效提升监理工作

的效率与质量。

2.项目监理机构监理人数的确定

项目监理机构监理人数的确定是一个复杂的过程，涉及多个关键因素。

（1）工程建设强度。工程建设强度指单位时间内投入的建设资金，计算公式为：工程建设强度=投资/工期。其中，投资和工期分别指监理单位负责的工程部分的投资额和工期。建设强度越大，需要投入的监理人员也会随之增加。

（2）工程建设复杂程度。根据设计工作量、项目所在地的气候、地形条件、施工方法、工期要求等因素，将工程分为不同复杂度级别。复杂项目需要更多的监理人员，简单工程则相对较少。

（3）监理单位的业务水平。监理单位的人员素质、专业能力、管理水平和经验等差异，会影响其工作效率。业务水平较低的监理单位，通常需要更多的人员来弥补不足。

（4）项目监理机构的组织结构与职能分工。项目监理机构的组织结构直接影响人员配置，必须确保各项职能得到充分分工与落实。必要时，可以根据职能要求调整监理人员的配备。

（二）项目监理组织各类人员的基本职责

在项目监理过程中，可能委托一些专业咨询机构或监测、检验机构来承担部分监理任务。这时，项目监理机构的人员配置可以适当减少，但监理机构的基本职责和管理框架依然保持完整。

1.总监理工程师的职责

总监理工程师作为项目监理机构的负责人，通常由监理单位的法定代表人书面任命，并要求具有注册监理工程师资质。总监理工程师承担项目监理机构的整体管理责任。

2.专业监理工程师的职责

专业监理工程师是在项目监理机构内，按不同专业或岗位需求设置的专业人员。对于较大规模的工程项目，通常会根据不同专业设置多名专业监理工程师。专业监理工程师有权签发相关监理文件，并且需要具备相应的资质。

3.监理员的职责

监理员是项目监理机构中专门从事现场具体监理工作的人员。与项目管理人员不同,监理员承担的是直接的监理任务,要求具有中专及以上学历,并通过专业培训。

第十二章 建筑工程安全危险源监控与事故处理

第一节 建筑工程施工危险源监控

项目监理机构要规范进行建筑工程安全监理及施工危险源监控，需先认识并明确建筑工程施工的特点。

一、建筑工程施工危险源分类

危险源指的是那些可能导致人身伤害、职业病、财产损失或工作环境破坏的因素，或者是这些不良后果的组合。在建筑施工中，危险源的种类繁多，这与建筑施工的独特性质密切相关。建筑施工过程具有很强的流动性，建筑产品的单件性和类型的多样性、施工过程的复杂性等特征，都使得施工过程充满了不确定性。因此，施工现场及其工作环境通常是动态变化的。此外，建筑工程施工通常涉及大量的体力劳动，且这些劳动往往没有标准化，这也使得工人面临较大的劳动强度和健康风险。而由于劳动者的素质普遍较低，导致一些安全隐患未能及时识别和消除。这些特点使得建筑施工现场的危险源在性质和形式上与其他行业有着显著的差异，具有其独特的安全风险。建筑施工中的危险源可以从不同角度进行分类。

（一）按危险源在事故发生发展过程中的作用分类

1.第一类危险源

根据能量意外释放理论，能量或危险物质的无意释放是导致伤亡事故的物理本质。因此，生产过程中可能发生意外释放的能量载体或危险物质，被称为第一类危险源。

第一类危险源的根源在于能量和有害物质。在施工现场，危险源的存在是客观事实，因为施工活动往往需要特定的能量和物质支持。在施工过程中，所有能够产生或供给能量的能源及其载体，若在一定条件下未能得到有效控制，便可能释放能量并造成危险，这些能源和载体就是最根本的危险源。此外，施工现场中存在的有害物质，在特定情况下可能对人体生理机能和正常代谢功能造成伤害，甚至损坏设备和物品的效能，同样构成最根本的危险源。

为了防止第一类危险源引发事故，必须采取措施，约束或限制能量和危险物质的释放，从而实现对危险源的有效控制。

在正常情况下，生产过程中涉及的能量和危险物质应受到严格约束或限制，从而避免意外释放及事故的发生。一旦这些安全措施遭到破坏或失效，事故就可能随之发生。导致安全措施遭到破坏或失效的各种因素，被称为第二类危险源。

2.第二类危险源

第二类危险源的主要来源包括物的故障、人的失误和环境因素。

（1）物的故障。物的故障指的是机械设备、设施、装置等在使用或运行过程中，因其性能（包括安全性能）不足，未能实现预期功能（包括安全功能）的一种现象。物体的不安全状态往往存在于起因物上，表现为不符合安全要求的物体条件或物质条件。从安全功能的角度看，物的不安全状态本质上也是物的故障。

物的故障可能是设计或制造缺陷所致，也可能是安装、搭设、维修、保养、使用不当，或因磨损、腐蚀、疲劳、老化等因素引发。除此之外，故障还可能由对设备性能认识不足、检查人员失误、外部环境变化等因素引起。虽然物的故障发生规律不可知，但通过定期检查、维修保养、分析总结等手段，故障往往能够得到有效控制，从而避免或减少其对施工安全带来的风险。因此，掌握各类故障发生的规律和故障率，对于防止因故障引发的事故至关重要。

（2）人的失误。人的失误是指在操作过程中，人的行为偏离了预定的标准或未能达到规定功能的现象。人的失误包括人的不安全行为以及管理方面的失误。具体而言，人的失误可能导致能量或危险物质控制系统的故障，从而破坏其安全防护功能，进而引发事故。

（3）环境因素。施工现场的作业环境，如温度、湿度、噪声、振动、照明或通风等因素，也会对人的操作行为和物体的性能产生影响。这些环境因素可能成为引发人的失误或物体故障的催化剂，进而增加事故发生的风险。

（二）按引起事故的类型分类

按引起事故的类型分类不仅涵盖了常见的生产性危险，还与企业职工伤亡事故的统计处理及职业病的分类标准相符，具有较强的实用性。因此，在施工现场对危险源的识别和分类时，通常采用这一方法来指导实际操作。在建筑工程施工过程中，危险源种类繁多，而不同的危险源引发的事故类型也各不相同。其中，最为常见的几类事故包括高处坠落、物体打击、触电、机械伤害、坍塌和火灾等。每一种事故类型的发生，都与特定的危险源密切相关，且通常伴随严重的伤害或损失。

（三）按导致事故和职业危害的直接原因进行分类

在生产过程中，危险因素和有害因素根据其性质和表现形式通常被划分为六大类：物理性危害因素、化学性危害因素、生物性危害因素、心理与生理性危害因素、行为性危害因素以及其他危害因素。这种分类方法详尽且具体，能够清晰地反映不同危害源的特点。它适用于固定生产经营场所中风险管理人员的危险源识别与分析工作。通过适当的选择、调整和归类，这些分类可以成为危险源排查表的一部分，为安全控制措施提供基础支持。

对于建筑工程施工来说，危险源的分类通常是根据危险因素控制的难易程度以及这些危险源可能造成的影响效果来进行的。这一分类方法不仅体现了施工环境的特殊性，还将施工中的各种危险因素按照其对安全的影响力和控制的可操作性分为不同的等级。具体而言，建筑工程施工的危险源通常分为"重大危险源"和"一般危险源"两大类，施工单位和监理单位也按照这种分类方式对危险源进行监控和管理。

1.物理性危害因素

物理性危害因素在建筑施工过程中较为常见，主要包括噪声、振动、辐射等。这些因素往往不易被察觉，但长期暴露在这种环境下的工人会面临听力损失、身体损伤甚至更严重的健康问题。建筑工地中的机械设备、混凝土搅拌机、施工工具等产生的噪声和振动，都是常见的物理性危害源，需要特别注意其对工人健康的影响。

2.化学性危害因素

化学性危害因素主要涉及建筑施工中使用的各种化学材料，如油漆、涂料、溶剂、清洁剂等。这些物质如果使用不当或没有充分的安全防护措施，可能对施工人员的呼吸系统、皮肤甚至眼睛造成严重危害。尤其在密闭或通风不良的环境下，化学物质的挥发性会加剧其危害性，因此，在施工现场必须采取有效的通风措施并使用个人防护装备。

3.生物性危害因素

生物性危害因素在建筑施工中可能并不十分显著，但在一些特殊的施工环境中仍然存在潜在的风险。例如，在旧建筑物的拆除过程中，可能暴露霉菌、细菌或其他有害生物，这些都可能影响工人的健康。特别是长期接触潮湿环境或不洁净场所的施工人员，需要特别注意避免生物性危害的影响。

4.心理与生理性危害因素

施工现场环境通常复杂且工作节奏较快，工人可能面临较大的心理压力和生理负担。长时间的高强度工作可能导致工人出现精神疲劳、焦虑甚至抑郁等心理问题；而不良的作业环境和不合理的作息安排，也容易导致工人出现身体上的不适，如肌肉疲劳、骨骼损伤等。因此，施工单位应重视工人的心理健康和身体健康，合理安排工作与休息时间，提供良好的工作环境。

5.行为性危害因素

行为性危害因素指的是由于工人的不安全行为或操作不当引发的危险。在建筑工程中，工人往往需要面对复杂的工作环境和较高的安全要求，但有时由于操作不规范、疏忽大意或对安全规定不够重视，容易引发安全事故。无论是未佩戴个人防护装备，还是未按规定操作机械设备，都是常见的行为性危害源。因此，加强对工人的安全培训，提升其安全意识，是减少此类事故发生的关键。

二、建筑工程施工危险源监控

在建筑工程施工中，危险源的动态监控是确保安全的重要环节。这一过程基于对施工现场潜在危险源的识别和评价，通过按照既定的安全目标和控制标准，对施工现场的管理和作业活动进行实时监督与检查。若发现存在超出容许风险的危险源时，必须立即采取有效措施，以防止这些危险源引发安全事故，造成人员伤害或财产损失，从而确保施工活动能够顺利按计划进行。总的来说，危险源的控制旨在确保施工安全，减少各类安全事故的发生。

（一）一般安全风险监控

根据职业健康安全相关法规，以下情况可视为一般风险的标志：一是可能导致轻微伤害的事故；二是各相关方提出的合理抱怨或要求。

对于一般风险的监控，要求严格遵循现有的规章制度和操作规程，同时加强日常检查，确保在发现问题时能够及时采取整改措施，避免问题的进一步恶化。在这一过程中，所有参与者都应树立"人人都是安全员"的意识，从而确保能在问题出现时就加以遏制，防止事故的发生。

（二）重大危险源监控

建筑施工过程中，某些分部分项工程具有较高的危险性，这些工程可能导致严重的群体伤亡，甚至可能引发较大的社会影响。因此，识别和控制这些重大危险源，成为建筑施工企业安全管理中的重要任务。重大危险源的管理涉及施工企业的安全管理体系和现场安全控制，必须得到高度重视。

针对施工中的重大危险源，项目监理单位应根据施工单位所进行的危险源辨识和分类工作,结合相应的管理措施,制定详细的安全监理实施细则。施工现场的危险源可以分为一般危险源和重大危险源两大类。若现场涉及符合上述条件的中型及以上项目,或存在危险性较大的分部分项工程,这些内容应当列入施工危险源清单,并明确标定为重大危险源。对于这两类性质和影响程度不同的危险源,施工单位应采取不同的管理措施进行监控。

同样,监理单位在编制安全监理实施细则时,也应将施工中的重大危险源纳入重点监控清单,确保对这些危险源实施重点监理和控制措施。通过这种分类管理和精细化的监控,确保施工现场的各类危险源能够得到及时有效的识别与应对,从而大大降低安全事故发生的风险,保障施工安全的顺利推进。

1.重大危险源管理基本要求

施工单位和监理单位必须建立健全安全管理制度,特别是针对危险性较大的工程。通常,相关管理制度会在企业的安全技术管理制度中做出具体规定。

在进行中型及以上规模工程,或具有较大危险性的分部分项工程的施工前,施工单位需要编制详细的专项施工方案。对于某些规模较大的、危险性较高的分部分项工程,施工单位还应按照相关规定组织专家进行专项方案论证。

2.项目监理单位对重大危险源的监控

监理单位在各阶段的工程安全监理工作中,必须始终将重大危险源作为重点监控内容。根据建设部《落实监理单位安全监理职责的实施意见》和《建筑工程监理规范》的要求,监理单位应在事前审核、事中监督检查以及事后整改过程中,完成以下关键工作:

(1)事前审核

①审核施工单位所编制的地下管线保护措施是否符合强制性标准。

②检查基坑支护与降水、大型土方开挖与边坡防护、模板支撑、大型起重吊装、高大异形脚手架、爆破拆除等专项施工方案是否符合相关标准。

③核实施工现场临时用电、安全用电及电气防火措施是否符合要求。

④检查冬季、雨季等特殊气候条件下的大型复杂工程施工方案是否符合标准。

⑤审查施工总平面布置图，确保临时设施如办公、宿舍、食堂、道路等设置符合安全生产要求，且排水、防火措施符合标准。

⑥审核施工单位的专项方案中应急救援措施以及对关键施工过程和部位的安全防护措施是否有效。

（2）事中监督检查

①监督施工单位严格按照施工组织设计中的安全技术措施及专项施工方案组织施工，及时制止违规作业。

②定期巡视施工现场，检查危险性较大的作业情况，特别是高大模板支撑、大型设备安装拆卸、高大异形架体和网架结构施工等活动，确保按照监理实施细则的要求进行实时监控。

③核查施工现场起重机械、整体提升脚手架、模板等自升式架设设施及安全设施的验收手续。

④检查施工现场的安全标志和安全防护措施，确保符合强制性标准，同时核实安全生产费用的使用情况。

⑤督促施工单位进行现场自查，并加强对重点施工过程的专项检查。对于发现的隐患和违规行为，要督促施工单位整改或停工整改，同时对施工单位的自查情况进行抽查。

（3）监督整改及效果跟踪

对于特殊和复杂的安全隐患，监理单位需要严格监督施工单位的整改工作，确保安全措施落实到位。总之，监理单位在重大危险源的控制过程中，必须及时行使法定职权，确保施工现场的安全。

3.对于危险性较大的分部分项工程的监控

监理单位除了要按照专项施工方案和监理实施细则对施工活动进行监控外，还应重点检查施工单位的相关资料，确保施工过程符合安全要求。

（1）对施工单位资料的检查内容

①核查施工现场的安全管理体系是否正常运行。

②确认施工单位是否按照危险性较大的分部分项工程的专业施工方案进行施工，并进行自我控制。

③检查专项施工方案是否经过专家论证并根据意见进行修改完善，且在现场实际执行。

④确认专项施工方案是否具备监控方案，并指定专人进行监控，记录重大危险源及其周围环境的监控情况。

⑤对于涉及重大危险源的施工作业，核实施工单位是否进行了安全技术交底，相关特种作业人员是否持有合格的操作证书。

⑥确认是否有验收记录及定期检查记录，整改情况是否符合标准要求，并是否已制订专项应急救援及处置措施。

（2）监理单位在重大危险源监控中应完善的资料内容

①编制并实施重大危险源施工活动的监理实施细则。

②对重大危险源作业的关键部位与工序进行监理，并有详细的监理记录。

③对重大危险源进行定期检查，并保存检查记录。对于存在安全隐患的情况，出具限期整改通知单，并对整改反馈情况进行复查确认。

4.施工单位对危险源控制的一般要求

（1）施工单位需针对每一项重大危险源制定管理方案，并明确控制措施、程序和实施细则。

（2）施工单位应制定相应的应急处置预案，确保在发生事故时能够快速响应。事故应急处置预案是控制重大危险源的核心组成部分，应定期进行演练，并根据实际情况对预案进行修订和完善。

（3）对于控制重大危险源的措施及方案，关键在于执行。在施工过程中，施工单位应严格按照制定的安全技术和专项施工方案，控制施工部位和过程，防止重大安全事故的发生。

第二节 建筑工程施工安全隐患与处理程序

一、建筑施工安全隐患

（一）隐患定义

隐患是指可能引发安全事故，但未被提前识别或未采取必要防护措施的危险源或不利环境因素。隐患还包括那些对人身健康或安全构成潜在威胁、可能导致财产损失的起因或情形。安全隐患的核心在于，其通过安全检查或数据分析被发现后，需由责任人制定纠正和预防措施，限期整改，并跟踪验证其整改效果。

根据国家安全生产监督管理总局发布的《安全生产事故隐患排查治理暂行规定》，"安全生产事故隐患"是指生产经营单位在其生产经营活动中，由于违反安全生产的法律法规、规章制度及相关标准，或因其他因素导致的可能引发事故的危险状态、不安全行为或管理缺陷。

在建筑工程中，隐患的排查和治理是安全监理的重要内容之一。由于安全隐患具有隐蔽性和滞后性的特点，尽早识别潜在的安全问题，制定针对性的控制措施和管理方案，并在实施前期进行预防和处理，能够有效避免工程质量和安全事故的发生。

（二）隐患常见原因分析

建筑工程施工具有一些典型特征，例如，施工周期长、产品具有固定性和多样性、工艺复杂多变、场地狭窄、露天作业频繁，以及高强度的体力劳动和较高的流动作业人员比例。这些特点导致了施工环境的局限性、作业条件的恶劣性以及高空作业的危险性，同时增加了安全管理的难度和个体劳动保护的挑战性。因此，施工生产中存在诸多不安全因素，容易引发安全隐患和事故。

从工程安全事故的调查分析来看，尽管每次事故的具体类型和情形有所不同，但安全事故通常由多种原因共同作用引发。通过系统工程学的原理和数理统计方法分析发现，绝大多数事故源于违章行为，其次是设计与勘察的缺陷以及其他相关因素。深入探讨各类安全隐患的内在成因及其相互影响，是做好事故预防工作的前提条件。以下为安全事故发生的主要原因：

1.施工单位的违章行为与管理缺失

施工单位的违章作业、违章指挥以及安全管理的缺位是导致安全隐患和事故的主要原因。部分安全事故并非由于技术无法解决，而是因违章操作引起的。这些问题包括未制定完善的安全技术措施、缺乏安全技术知识、不进行逐级的安全技术交底，安全生产责任制落实不到位等。此外，违章指挥和作业，施工现场管理不到位，都是引发安全事故的直接因素。

2.设计缺陷

部分安全事故源于工程项目设计和施工准备阶段的缺陷。这表明设计阶段的失误是安全事故的一个重要原因。例如，不按照相关法律法规或工程建设强制性标准进行设计，导致方案存在不合理性；未考虑施工过程中的安全防护需求；对于施工中涉及安全的重要部位和环节，设计文件中未作详细说明或未提出具体的防范指导意见。此外，对于使用新型结构、新材料、新工艺的建筑工程，若设计中缺乏对施工作业人员的安全保障和事故预防措施，也容易导致安全隐患。

3.勘查文件的失真或使用不当

地质勘察不认真、钻孔布置和深度不符合要求等问题会导致勘察文件失真或报告内容不准确，无法真实反映地下实际情况。如果施工单位使用过时或不当的勘察文件，可能引发基础、主体结构及装饰施工中的严重问题，进而导致重大安全事故。

4.不合格的安全物资和设备

施工现场使用劣质或不合格的安全防护用具、材料、机械设备及施工机具，是导致安全隐患和事故的重要原因。例如，低质量的防护用具或设备可能在关键时刻失效，造成严重后果。因此，施工单位在采购或租赁安全物资时，必须确保其具有合法的生产许可证和产品合格证，以杜绝不合格物资流入施工现场。

5.安全资金投入不足

长期以来，为追求经济效益，部分建设单位和施工单位在工程投入中削减安全生产资金，甚至挤占安全费用。由于缺乏必要的安全保障资金，许多正常的安全生产措施无法落实，这成为安全隐患难以消除和事故频发的根本原因之一。

6.应急救援制度不完善

部分施工单位未制定有效的生产安全事故应急预案，或虽然制定了预案但形同虚设，未落实应急救援人员、设备和物资。一旦发生安全事故，缺乏及时的应急响应和处理，往往会加重事故后果，延误救援时机。

（三）施工安全隐患原因分析

施工安全隐患的形成受多种因素影响。在建筑工程中，一处安全隐患的出现，可能源自单一原因，也可能是多种原因共同作用的结果。要精准分析安全隐患的成因，必须对其特征、表现以及隐患在施工中的实际情况和环境条件进行具体分析。以下是施工安全隐患原因分析的基本步骤：

（1）对施工现场进行全面调查研究，观察并记录所有相关现象，必要时使用拍照手段，将施工现场的环境、条件以及可能引发安全隐患的特征全面掌握。

（2）收集并查阅与安全隐患相关的全部设计资料和施工资料，确保对施工项目各个环节的技术文件、操作记录及安全保障措施有充分了解。

（3）系统整理施工过程中可能引发安全隐患的所有因素，从多角度梳理潜在问题，为进一步分析提供基础。

（4）对收集到的资料及观察到的现象进行深入剖析，通过逐一比对和综合分析，找出最有可能引发安全隐患的核心原因。

（5）针对潜在隐患的成因，开展必要的计算与数据分析，以科学手段确认其可行性和准确性。

（6）在复杂或疑难情况下，可邀请设计单位、施工专家等相关专业人员提供意见,以确保分析的全面性与权威性。

二、建筑施工安全隐患处理程序

在建筑工程施工过程中,由于多种内外部因素的影响,安全隐患的存在几乎是不可避免的。这些隐患可能源于施工过程中的各种不确定因素、技术问题、管理疏忽等,因此,在施工阶段及时发现、处理并消除安全隐患至关重要。为了确保施工过程的安全性,监理工程师必须依据科学的安全隐患处理程序,采取有效的措施加以应对。以下是建筑施工安全隐患的标准处理程序:

(一)发现安全隐患后的初步判断与整改通知

当施工过程中发现安全隐患时,监理工程师应首先进行隐患的评估与判断,明确隐患的性质与严重程度。如果判断该隐患属于安全事故隐患,监理工程师须立刻签发《安全监理整改通知单》,要求施工单位及时整改。整改通知单应具体列出隐患的位置、现状及潜在的危险性,明确整改的时限与标准。施工单位在接到通知后,需要制定具体的整改方案,并填写《安全整改通知回复单》,报送监理工程师进行审核。经过监理工程师审定后,施工单位方可按照整改方案进行处理。

在某些情况下,整改方案可能需要经过设计单位的确认,以确保方案的技术可行性。如果整改工作已完成,监理工程师还应组织相关人员进行现场检查和验收,确保整改措施落实到位,安全隐患彻底消除。

(二)严重安全隐患的处理

对于那些被认定为严重的安全事故隐患,监理工程师必须采取更为严格的措施。总监理工程师应签发《安全监理暂时停工报告书》,指示施工单位暂停施工,直至隐患得到有效整改。在此过程中,施工单位应立即采取临时的安全防护措施,避免因停工而导致进一步的安全风险。监理工程师还应将停工措施报告建设单位,并要求施工单位尽快提出整改方案。

与一般隐患处理不同,严重安全隐患的整改方案通常需要设计单位的参与和确认，确保整改方案能够从技术层面有效解决问题。整改方案经监理工程师审核后，施工单位可开始进行具体的整改处理。整改后的处理结果同样需要通过严格的检查和验收，以确认隐患已被完全消除。

（三）施工单位的整改方案

施工单位在接到《安全隐患监理通知单》或《安全监理暂时停工报告书》后，应立即着手对安全隐患进行调查和分析，找出产生隐患的根本原因，并制定针对性的整改方案。整改方案应包括以下几个方面的内容：

1. 隐患详细信息

包括隐患发生的部位、性质、现状、发展变化等，以及隐患可能对施工带来的影响。

2. 现场调查数据

施工单位应收集与隐患相关的所有数据和资料，作为整改决策的重要依据。

3. 隐患原因分析

对安全隐患的形成原因进行详细的分析，找出根源，以便制定相应的预防措施。

4. 整改方案

提出解决隐患的具体措施，包括施工技术、人员管理、安全设施等方面的改进。

5. 临时防护措施

如果整改方案实施过程中存在施工安全风险，施工单位应提出临时防护措施，保障施工现场人员安全。

6. 责任划分

明确整改责任人，确保责任落实。整改完成后的验收人员也需指派明确。

7. 防范措施

为防止类似隐患的再次发生，施工单位应提出预防措施，并对相关责任人员进行培训。

整改方案制定后，施工单位须将其报送总监理工程师审查。经总监理工程师确认后，施工单位应根据方案进行整改，并在整改过程中接受监理工程师的检查与指导。

（四）监理工程师对整改方案的分析与审核

监理工程师在接收到施工单位提交的安全隐患整改处理方案后，应进行详细审核，特别是对隐患原因的分析进行深入剖析，找出引发安全隐患的根本原因。在必要的情况下，监理工程师可组织设计单位、施工单位、供应单位和建设单位等相关各方参与分析讨论，确保隐患的起因得到全面、客观的评估。

在充分了解隐患的根本原因之后，监理工程师应对整改方案进行审核，并提出修改建议，确保方案的可操作性和效果。审核通过后，监理工程师将下达整改指令，要求施工单位按照既定方案进行整改。整改过程中，监理工程师应安排专人进行跟踪检查，确保整改措施落实到位。

当整改措施实施完毕，施工单位应组织相关人员进行自查，确认整改是否符合要求。自查合格后，施工单位将整改结果报送监理工程师，后者将组织相关人员对整改结果进行严格的检查与验收。整改结果合格后，监理工程师会签署验收报告，确认安全隐患已经消除。

（五）隐患处理报告的整理与归档

在安全隐患整改完毕并经过验收合格后，施工单位须撰写安全隐患处理报告，并报送监理单位存档。报告的主要内容包括：

1.整改过程描述

详细说明整改工作的实施过程，包括发现隐患、调查分析、整改措施等。

2.调查与核查情况

报告应附上隐患调查时收集到的所有数据和资料，确保处理过程的透明性。

3.隐患原因分析结果

对隐患产生的原因进行总结,分析其发生的背景与原因。

4.处理依据

明确整改的法律依据、技术标准和安全要求等。

5.整改方案审核

报告应附上经监理工程师审核确认的整改方案。

6.实施过程中的数据与记录

包括整改过程中的原始数据、验收记录等。

7.验收结论

明确整改后的检查与验收结果。

8.处理结论

对隐患处理的最终结论进行总结,确认隐患已被消除。

第三节 建筑工程安全事故的特点与处理

一、建筑工程安全事故的特点

建筑工程安全事故是指在建筑工程施工过程中,由于各种原因导致的不幸事件,这些事故可能造成施工人员的伤亡,或是引发财产和设备损失,严重时甚至会导致工程的停工或废弃。根据事故的性质和影响,建筑工程安全事故通常可以分为不同的类型。重大安全事故是指由于管理或操作不当,造成工程倒塌、机械设备破坏或安全设施失效,进而导致人员伤亡或重大经济损失的事件。

（一）严重性

建筑工程安全事故的发生往往带来极大的社会影响。此类事故直接影响人员生命安全和财产安全,可能造成重大人员伤亡或巨大经济损失。尤其是在发生重大安全事故时,可能造成群体性死亡或严重的财产损失。

近年来，建筑工程安全事故的死亡人数和事故发生率在各类行业中名列前茅，仅次于交通事故和矿山事故，成为社会关注的焦点之一。

（二）复杂性

建筑工程的施工具有较强的复杂性，这使得影响建筑工程安全的因素种类繁多。建筑工程安全事故的成因复杂且多样，即使是同一类型的事故，其背后的原因也可能是多方面的。导致安全事故的原因可以是直接的，也可能是间接的，或者是由多个因素共同作用的结果。因此，事故的分析需要考虑多重可能性，包括直接原因、间接原因以及潜在的深层次原因，这使得安全事故的判定与处理更加复杂。

（三）多发性

建筑工程中的安全事故，通常会集中在特定的部位、工序或作业活动中频繁发生。例如，物体打击、触电、高处坠落、坍塌、起重机械故障、中毒等事故类型都是建筑工程中常见的安全隐患。这些多发性的事故给安全管理带来了较大的挑战，需要施工单位在日常工作中时刻关注，汲取过去的教训，积累经验，采取有效的预防和控制措施。加强事前的安全预控和事中的严格控制，是防范多发性安全事故的有效手段。

二、事故报告与调查规定

（一）对施工单位事故报告要求

当事故发生时，现场的相关人员必须立即将事故情况报告施工单位的负责人。施工单位负责人接到报告后，应根据属地管理原则，向事故发生地的县级以上事故主管部门以及其他相关部门进行汇报。在紧急情况下，现场人员也可直接向当地主管部门报告。对于实行工程总承包的项目，事故报告由工程总承包单位负责提交。

（二）建设行政主管部门的要求

建设主管部门接到报告后，应迅速通知安全生产监管部门、公安机关和工会等相关部门。如有必要，还应通知人民检察院派员参与。对于不同规模的事故，应按照以下程序逐级上报：

（1）对于较大、重大或特别重大的事故，应逐级上报至国务院建设主管部门。

（2）一般事故应逐级上报至省、自治区、直辖市的建设主管部门。

（3）各级建设主管部门在报告事故时，还须同步报告本级人民政府。

（4）在报告过程中，各级建设主管部门报告事故的时间不应超过两小时。如有特殊情况，建设主管部门可以越级上报。

（三）事故报告内容

事故报告应包含以下内容：

（1）事故发生的具体时间、地点、工程项目名称以及相关单位的名称。

（2）事故的简要经过，包括事故发生的背景和过程。

（3）事故造成的人员伤亡情况，包括已确认的伤亡人数和下落不明人员的估算，以及初步评估的直接经济损失。

（4）对事故初步原因的判断。

（5）事故发生后采取的应急措施以及控制事故发展情况。

（6）事故报告单位或负责人。

（7）如在事故报告后情况发生变化，特别是伤亡人数出现新的变化，应在事故发生后30日内及时进行补报。

（四）事故调查处理依据

事故调查和处理应依据以下文件和资料。

（1）法律法规和规章：主要依据《生产安全事故报告和调查处理条例》，同时参考国家相关部门以及地方政府发布的规章、条例等关于生产安全事故调查处理的规定。

（2）相关标准与技术规范：根据事故的性质，适用相关的国家标准、行业技术规范及安全规程。例如，发生基坑或边坡支撑坍塌事故时，应参照《建筑基坑支护技术规程》《建筑边坡安全技术规范》以及《建筑施工安全检查标准》等技术规范进行处理。

（3）事故调查资料：调查过程中所收集的所有资料，包括事故调查笔录、现场影像资料和勘查数据等。

（4）工程相关资料：包括施工合同（或分包合同）、施工组织设计、施工方案、技术交底记录、安全教育培训材料及施工现场的其他管理记录等。

三、事故调查处理原则

（一）实事求是、尊重科学的原则

事故的调查和处理必须紧紧依据事实，严格遵循法律法规。调查过程不仅需要揭示事故发生的各类内外部原因，还应深入剖析事故发生的机制和发展规律。通过这些分析，能够制定出有效的预防措施，明确事故的性质和责任划分，并依法进行处理。此外，事故调查处理的结果为政府今后加强安全生产管理、有效防范重特大事故提供了数据支持，也为宏观监管提供了依据。

（二）坚持"四不放过"原则

建筑工程安全事故的处理应遵循"四不放过"原则，具体包括：

（1）安全事故原因未查清不放过。必须彻底查明事故的起因，确保所有相关环节和责任得到审实。

（2）职工和事故责任人受不到教育不放过。事故发生后，应对相关责任人和职工进行必要的教育和培训，防止类似事件再次发生。

（3）事故隐患不整改不放过。如果事故过程中存在隐患，必须要求相关方采取措施进行整改，消除安全隐患。

（4）事故责任人不处理不放过。对事故责任人必须依法追责，确保事故责任得到妥善处理。

（三）公开、公正的原则

事故处理应以事实为基础，严格依法办事。调查必须深入分析事故发生的各个环节，找出造成事故的所有原因，并进行公正、客观的分析处理。在整个过程中，所有的事故情况、原因分析以及处理结果应当向社会公开，以便获得公众的理解与支持。更重要的是，通过这种公开透明的事故处理，能够起到警示作用，进一步提升社会各界对安全问题的重视，推动更有效的事故防范和伤亡减少。

（四）分级管辖的原则

事故的调查处理应根据事故的严重程度进行分级管理，具体安排如下。

（1）一般事故：由县（市、区）级安全监管部门、建设行政主管部门、公安机关、工会等相关部门组成事故调查组进行处理。必要时，可邀请人民检察院派员参与调查。调查组须经同级人民政府批准。

（2）较大事故：由设区的市级有关部门组成事故调查组进行处理，同样需要同级人民政府的批准。

（3）重大事故：由省（市、自治区）各级有关部门组成事故调查组，经过同级人民政府批准后，开展调查和处理工作。

（4）特别重大事故：此类事故由国务院批准，国家安全监管总局及相关部门共同组成事故调查组进行处理。

分级处理的原则确保了事故调查与处理能够根据事故的不同性质，调动适当的资源进行深入调查，从而实现更为高效和有针对性的处理。

四、建筑工程安全事故分析

（一）建筑工程安全事故的原因

建筑工程安全事故的发生是多种因素共同作用的结果，其原因复杂且多样。常见的原因包括设计缺陷、施工人员违章操作、管理单位对安全管理的疏忽、使用的安全物资不合格以及安全生产投入的不足等。具体的原因分析可以参见本书其他章节的详细内容。在对建筑工程安全事故发生的原因进行分析时，应从事故的直接原因和间接原因、主要原因和次要原因等不同层次进行分层分析，全面揭示事故的本质。下面是常见的几种原因类别：

1. 直接原因

直接导致事故发生的因素，通常包括物质、机械、环境等不安全的状态，或者人的不安全行为。这些直接因素通常是导致伤亡事故的根本原因。如工艺设计缺陷、设备材料质量问题、人员违章操作、野蛮施工等，都是直接促成事故发生的原因。

2. 间接原因

这些原因通常是由管理、培训、组织等方面的缺陷引发的，属于事故发生的背景因素。间接原因往往不直接导致事故的发生，但它们为事故的发生创造了条件。例如，工人缺乏足够的安全培训，或者安全操作规程不完善、执行不力，现场安全检查不到位等，都是间接原因。

3. 主要原因

导致事故发生的最核心、最直接的原因，是事故的根本原因。这些因素通常直接与事故结果相关，并且在事后调查中起到决定性作用。

4. 次要原因

虽然与事故发生有密切联系，但这些因素并非事故发生的决定性因素，属于次要原因。它们在事故发生过程中起到了辅助作用，但不是最关键的因素。

（二）安全事故原因分析

1. 分析步骤

分析建筑工程安全事故的原因是一个循序渐进的过程，以下是分析时的主要步骤。

（1）整理和阅读调查材料。在事故发生后，首先需要整理和阅读所有相关的调查材料,以全面了解事故的基本情况。调查材料应包括以下几个关键内容。

①受伤部位:记录受害人身体受伤的部位。

②受伤性质:分析受害人所受伤害的类型,如骨折、灼伤、中毒等。

③起因物:指引发事故的物体、材料或设备等。

④致害物:直接造成伤害或中毒的物体或物质。

⑤伤害方法:指致害物与受害人接触的方式,如撞击、切割、灼伤等。

⑥不安全状态:指事故发生时物质条件的异常状态,如设备老化、环境恶劣等。

⑦不安全行为:指员工在操作过程中存在的错误行为,如不按规程作业、忽视安全操作等。

(2)确定直接原因并逐层分析间接原因。根据事故调查材料,首先要确定直接导致事故的因素。这些直接原因通常能够在事故发生的瞬间直接引发伤害或损失。确定直接原因后,进一步分析间接原因,探讨导致直接原因出现的背景因素,如管理失误、制度不完善、设备老化等。

间接原因通常与直接原因存在一定的关联,往往是通过影响或加剧直接原因的发生,才使事故得以发生。例如,某个操作人员在设备故障时违章操作,造成了事故。设备故障是直接原因,而员工违章操作则是间接原因。通过深入分析,能帮助我们更全面地了解事故的全貌。

(3)明确责任人。通过对直接原因和间接原因的分析,明确事故中的责任者。事故调查应找出直接责任人和领导责任人,并根据他们在事故发生中的作用和责任,确定主要责任者。这一环节对于事故的处理尤为重要,因为它直接关系到后续的责任追究和改进措施的落实。

2.制定事故预防措施

在对事故原因进行全面分析后,下一步是制定有效的预防措施。预防措施的目标是防止类似事故的再次发生,确保建筑工程的安全生产。根据事故的原因分析,预防措施的制定应从以下几个方面着手:

(1)改善劳动生产条件和作业环境。为确保工人的安全,首先要改善劳动条件和作业环境。例如,保障工地的通风、光照、电力供应等基础设施，确保施工场所符合安全要求。良好的作业环境能显著降低安全事故的发生概率。

（2）提高安全技术水平。除了改善物理环境外，提高安全技术措施也是预防事故的重要途径。这包括引进先进的安全技术设备、加强安全设施的维护保养，确保各类机械设备的正常运行，并定期进行安全检测。

（3）强化安全教育和培训。教育和培训是防止建筑工程安全事故的基础措施。必须确保所有参与施工的人员都接受过正规的安全培训，并且通过考核合格才能上岗。培训内容应涵盖各类安全操作规程、急救措施以及施工过程中常见的安全隐患等。此外，企业还应定期进行安全演习和再培训，强化员工的安全意识。

（4）严格执行安全管理制度。建筑工程中的安全管理制度应完备且可操作，尤其是现场管理人员要严格遵守安全管理规定，做好日常的安全检查和督导工作。安全管理人员应定期检查施工现场的安全隐患，并及时采取措施予以整改。加强对施工队伍的安全考核，确保每一项操作都符合安全要求。

（5）本质安全措施的实施。在设计和施工过程中，应该尽可能采用本质安全的措施，减少或消除可能引发安全事故的危险因素。例如，在工艺设计上进行优化、在建筑材料选择上严格把关、在施工工艺上采取先进的技术等，这些措施能够从根本上提高工程的安全性，减少事故的发生。

通过这些具体的预防措施，不仅能够有效预防事故的发生，还能为建筑工程的安全管理提供长远的指导。安全生产的改进是一个持续的过程，只有通过不断的技术进步、管理创新和安全文化建设，才能从根本上提升建筑行业的安全水平。

（三）事故责任分析

在查明建筑工程安全事故的原因后，必须进行详细的责任分析。其主要目的是通过对责任的明确追究，促使事故责任人、单位领导和广泛的施工人员吸取教训，从而增强安全意识，改进工作中的安全管理。事故责任分析应该依据事故调查时所确认的事实，以及事故发生的直接和间接原因。通过分析事故发生过程中各方人员的职责、分工以及他们在事故中所起的具体作用，来界定其应承担的责任。具体来说，需要根据以下几个方面进行责任追究：

（1）必须追究造成不安全状态的最初责任。这通常涉及相关组织和管理人员的责任，尤其是在安全管理制度、现场管理等方面可能存在的问题。对于那些违反安全管理规定，未能及时排查和消除隐患的责任人，应当明确追责。

（2）应根据技术规范的性质、明确程度和技术难度，追究那些明显违反技术要求的责任。如果事故发生的原因涉及操作不当或技术失误，而这些操作或失误严重违背了行业的技术标准或安全规定，那么相关责任者就应当为其行为承担责任。

（3）对于那些发生在未知领域或无法预见的原因所导致的事故，应明确指出，在没有相关技术依据的情况下，不予追究责任。这类责任通常是由于缺乏经验或技术前沿问题所造成的，无法通过现有的标准进行判断，因此不应苛求。

在分析事故责任时，根据事故责任的不同程度，责任人可被划分为直接责任者、主要责任者、重要责任者和领导责任者，具体划分如下。

（1）直接责任者：通常是指在事故中直接操作或决策，导致事故发生的人员。他们的行为往往是事故发生的直接触发因素，必须承担事故发生的最直接责任。

（2）主要责任者：指那些未能履行应尽职责，未采取必要的安全措施，导致事故发生的人员或单位。虽然他们可能没有直接导致事故的发生，但其行为或管理失误在事故发生中起到了决定性作用。

（3）重要责任者：这些责任人虽然在事故中所起的作用较小，但也与事故发生有一定的关联。可能是在工作过程中疏忽或未能及时发现隐患，从而导致事故的发生。

（4）领导责任者：作为单位或项目的负责人，其未能有效管理和领导安全生产工作，对事故的发生负有间接或直接的责任。他们的职责是监督和组织安全工作，确保安全生产要求得到落实。

针对不同责任者，处理意见应依据事故发生的情节轻重，采取相应的处理措施。虽然教育和警示是处理事故责任的主要手段，但在一些严重事故的情况下，还应依据相关法律规定，依法对责任人进行经济处罚、行政处分，甚至追究刑事责任。这样不仅能惩戒当事人，防止类似事件的发生，还能在社会上树立遵守安全规范的正确示范。

五、建筑工程安全事故处理

监理工程师应当熟知各级政府建设行政主管部门处理建筑工程安全事故的基本程序，尤其是在处理建筑工程安全事故的过程中，明确自己应承担的职责。这不仅有助于及时处理本职工作范围内的质量安全事故，还能在伤亡事故发生时，配合相关部门进行处理，分析并确定事故原因，从而采取有效的防范措施，履行好事故处理中的监理职责。

（一）一般规定

建筑工程安全事故的调查和处理由事故发生地的市、县以上建设行政主管部门、安全监督管理部门、公安部门、工会等相关部门共同组成，必要时可以邀请人民检察院派员参与，并须经同级人民政府批准。特别重大安全事故需由国务院批准组织调查处理；重大事故由省、自治区、直辖市组织调查处理；较大安全事故由设区市组织调查处理；一般事故则由县（市、区）组织调查处理。如果事故发生单位属于国务院部委管理的，则由国务院相关主管部门或其授权部门，联合其他相关部门，组织调查和处理。

在处理事故过程中，监理工程师除了配合事故调查组的工作外，还应特别关注施工企业在事故处理中的职责，特别是坚持"四不放过"的原则，即事故原因未查清不放过、事故责任人未受教育不放过、隐患未整改不放过、责任人未处理不放过。

（二）事故处理

1.配合事故处理

在事故调查组开展工作后，监理工程师应积极、客观地提供相关证据。如果监理方没有责任，监理工程师应全力配合事故调查组的工作；如果监理方存在责任，则应主动回避，但仍应配合调查工作，确保事故原因能够得到全面调查。

2.技术处理支持

事故调查处理过程中，监理单位的协助内容较多，主要集中在施工管理、技术支持以及涉及外部问题的协助。其中，技术领域是最为关键的一部分。监理工程师在收到事故调查组提出的技术处理意见时，应组织相关单位研究，并要求各单位按要求制定技术处理方案。技术方案应建立在事故原因已经查清的基础上，并且确保技术处理方案有充分的依据。如有必要，监理工程师应建议建设单位或事故调查组邀请专家进行技术论证，确保技术方案的可靠性和可行性。

3.施工方案编制与监控

一旦技术处理方案得到确认，监理工程师应要求施工单位根据方案制定详细的施工方案。必要时，监理工程师还需编制实施细则，确保施工过程中的安全控制，特别是对关键部位和关键工序，应派专人进行全程监控，确保施工安全。

4.验收与结案

施工单位完成自检后，监理工程师应组织相关各方对处理结果进行检查验收。必要时，进行结果鉴定，并要求事故单位编写事故处理报告，审核签认后进行资料归档。

（三）事故调查报告

1.限额范围内事故报告

对于限额以内的质量安全事故，由事故责任单位自行组织处理，并编制相关事故处理报告。报告需经整理单位审核，主要内容包括以下几方面：

（1）伤亡事故的调查报告书。

（2）现场调查资料（如记录、图纸、照片等）。

（3）技术鉴定报告和试验结果。

（4）物证和人证的调查材料。

（5）直接经济损失和间接经济损失的评估。

（6）医疗机构出具的关于伤亡人员的诊断结论及相关影印件。

（7）企业或其主管部门对事故编制的结案报告。

（8）处分决定及事故相关人员的检查材料。

（9）相关部门对事故处理的批复文件。

（10）事故调查组全体成员的姓名、职务及签字确认。

2.一般事故调查报告

针对一般质量安全事故，即根据《条例》由主管部门联合相关部门组织调查处理的事故，调查报告应按照《条例》和相关部门的规定要求，依照规定的内容、程序编制。报告的完整性和规范性需满足相关制度要求，确保能够全面反映事故原因、处理过程和整改措施。

（四）签发《工程复工令》，恢复正常施工

对于由施工单位和监理单位自行处理的建筑工程质量安全事故，应按照《建筑工程监理规范》《建筑工程安全监理规程》及工程合同文件等相关程序完成处理。在处理完成并通过审核后，由总监理工程师签发《工程复工令》，允许工程恢复正常施工。此时，项目监理机构将进入新的质量安全过程控制阶段。

若事故由事故调查组负责调查处理，监理单位应全力配合。待事故调查组查明事故原因、批准事故防范措施实施方案或确认整改措施落实到位后，经建设单位同意后，总监理工程师方可签发《工程复工令》。随后，项目监理机构进入新的施工安全控制循环，持续确保后续施工过程的安全性和质量可靠性。

结 束 语

　　建筑工程建设与项目管理是现代工程领域中至关重要且充满挑战的学科之一。本书通过系统的阐述，从建筑结构的分类到项目管理的各个环节，为读者提供了全面而深入的理论与实践指导。通过学习本书内容，我们可以更加清晰地认识到建筑工程建设过程中质量控制、成本管理、安全监控等环节的重要性，同时也了解了当前行业所面临的一些实际问题与解决路径。然而建筑工程项目管理仍然存在诸多挑战，例如，如何在复杂多变的施工环境中优化资源配置、提高管理效率，以及如何平衡进度、安全和成本之间的关系。这些问题的解决离不开理论的不断深化与实践的积累。

　　展望未来，建筑工程领域将随着技术的不断进步和社会需求的日益多样化而持续发展。我们需要进一步探索智能化施工、绿色建筑和可持续发展等新兴方向，并在项目管理中充分利用数字化技术与大数据分析，以提高行业整体效率与科学性。同时，加强专业人才的培养与跨学科合作也是推动建筑工程管理创新的重要路径。本书仅是对建筑工程建设与项目管理知识体系的一次初步梳理和总结，未来仍有许多值得深入研究与探讨的领域。笔者希望通过本书的内容，能够为从业者、研究者和学生提供有益的参考，同时期待在实践和研究中不断完善和发展这一学科，为建筑行业的进步贡献更多力量。

参考文献

[1]刘晓铮.住宅建筑结构安全性检测鉴定与加固技术[J].居舍，2024（35）：35-38.

[2]关景文.装配式建筑的兴起对室内设计的影响[J].居舍，2024（35）：22-24.

[3]徐同生.高层混凝土建筑抗震结构设计分析[J].中华建设，2024（12）：91-93.

[4]朱吉华.混凝土建筑结构住宅项目全寿命周期内工程造价的投资控制[J].中国水泥，2024（12）：104-106.

[5]俞传熙.建筑工程中钢筋混凝土工程施工关键技术分析[J].中国水泥，2024（12）：110-112.

[6]吴祥高.建筑房屋工程钢筋混凝土灌注桩施工技术分析[J].中国建筑金属结构，2024，23（11）：78-80.

[7]许达佳.建筑材料质量管理控制工作研究[J].居舍，2024（34）：53-55.

[8]杨伟.建筑工程中框架剪力墙结构工程施工技术分析[J].居业，2024（11）：22-24.

[9]刘滔.建筑工程项目管理质量控制策略[J].建材发展导向，2024，22（22）：108-110.

[10]李鹏飞.钢筋混凝土加固施工技术及其工程应用[J].散装水泥，2024（5）：56-58.

[11]胡志远.建筑工程项目成本管理优化策略[J].住宅与房地产，2024（29）：108-110.

[12]周东.建筑工程造价控制中施工项目成本核算的优化策略[J].陶瓷，

2024（9）：190-193.

[13]徐军.建筑工程项目成本控制的常见问题及对策建议[J].中国市场，2024（20）：150-153.

[14]周子涵.建筑工程项目管理及施工质量控制探讨[J].建筑与预算，2024（5）：28-30.

[15]魏正虎.基于危险源管理的建筑施工现场安全管理[J].大众标准化，2024（9）：79-81.

[16]杨忠阳.面向危险源的装配式建筑施工安全管理研究[J].工程技术研究，2024，9（9）：132-134.

[17]张云松.建筑工程项目管理质量控制策略[J].建材发展导向，2024，22（4）：34-36.

[18]刘永红，冯建春，郑丽，等.建筑工程监理对工程安全监督管理的探究与实践[J].城市建设理论研究（电子版），2019（9）：153.

[19]黄勇生.建设工程监理组织结构模式及其有效性研究[J].建材与装饰，2016（41）：186-187.

[20]乔文庆.建设工程监理组织结构模式及其有效性研究[J].山西建筑，2013，39（25）：216-217.